농기계 운전 기능사

응시에서부터 합격으로 가는 길

- 한눈에 알아보는 **출제비율**
- 한눈에 확인하는 **출제기준(필기, 실기)**
- 한눈에 살펴보는 **필기응시절차**
- **CBT**(컴퓨터 이용 시험) 필기 자격 시험 체험하기

한눈에 알아보는 출제비율

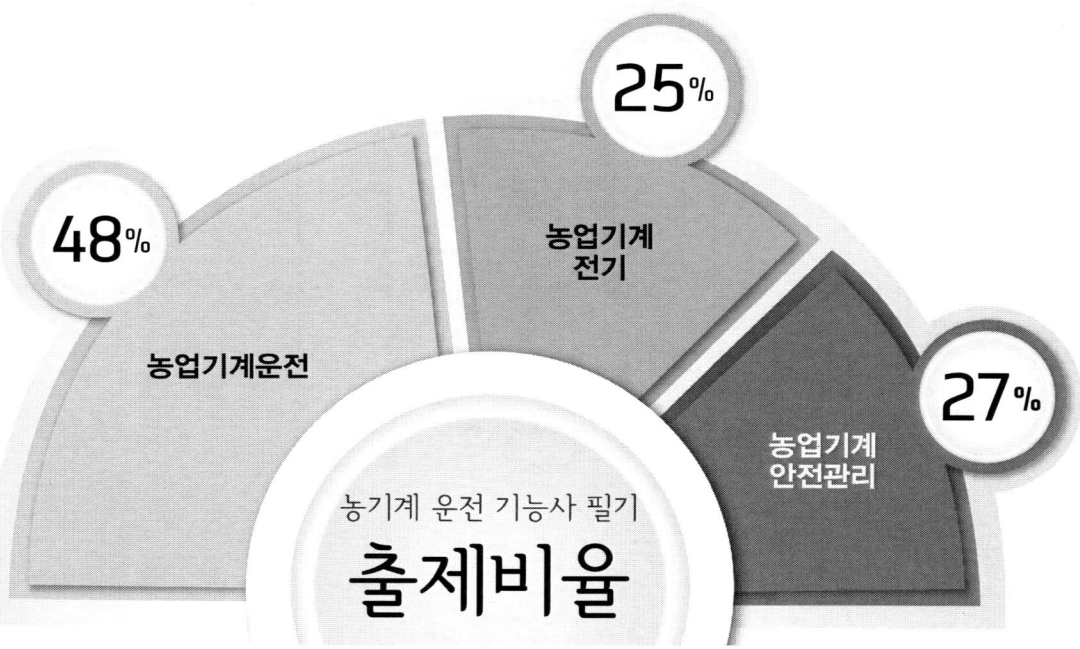

| PART 1 농업기계의 이해와 경영합리화
PART 2 농작업 기계
PART 5 주요 농업기계
　　= 21문항 | PART 3 농업기계 기관(엔진)
　　= 8문항
PART 4 농업기계 전기
　　= 15문항 | PART 6 안전관리 일반
PART 7 도로교통법
　　= 16문항 |

학습법!

1 자신이 가장 쉽게 접근할 수 있는 단원부터 공략하라!

2 안전관리를 공략하라! 16문항, 즉 27점을 확보할 수 있다!

3 처음 공부하는 분들은 최근 기출문제를 여러번 익혀 출제유형을 파악하라!

4 이론, 예상문제를 한번 더 확인하고 자신의 방식대로 공부하라!

한눈에 확인하는 출제기준(필기)

농기계 운전 기능사

적용기간 : 2024.1.1. ~ 2027.12.31.

▶ 직무내용 : 농업기계를 운전, 조작, 점검·관리하는 업무를 수행

필기검정방법	객관식	문제수	60	시험시간	1시간

농업기계 운전	1. 농업기계 운전에 요구되는 농업기계 일반에 관한 사항	1. 내연기관의 일반사항 3. 농업기계 합리적 이용	2. 농업기계 효율과 성능 4. 가솔린·디젤기관의 구조와 작동원리
	2. 농업기계운전 및 조작에 관한 사항	1. 농업용 트랙터 운전 3. 콤바인 운전 5. 동력분무기 조작 7. 목초 수확기 조작 9. 다목적 관리기 운전 11. 농업기계 보관·관리 13. 농업기계 안전운전	2. 경운기 운전 4. 이앙기 운전 6. 동력살분무기 조작 8. 예취기 조작 10. 농업용 굴착기 운전 12. 농업기계 점검·정비
	3. 농작업에 관한 사항	1. 작업기 탈부착 및 조정작업 3. 파종·정식 작업 5. 예초 및 제초 작업 7. 건조 작업	2. 경운·정지 작업 4. 방제 및 관수 작업 6. 수확 작업
농업기계 전기	1. 기초전기지식	1. 직류와 교류 3. 전류, 전압 및 전력	2. 전기저항
	2. 축전지	1. 축전지의 구조 3. 축전지의 관리	2. 충전과 방전
	3. 전동 및 발전장치	1. 전동기의 원리와 종류	2. 발전기의 원리와 종류
	4. 점화장치	1. 점화플러그 3. 조정기	2. 점화코일
	5. 등화장치	1. 등화장치의 구조	2. 등화장치의 종류
	6. 전기계기	1. 전기계기의 구조 및 종류	2. 전기계기의 사용 및 취급
농업기계 안전관리	1. 안전기준	1. 안전관리의 정의 및 목적 3. 안전관리의 조직	2. 안전사고 원인과 사고방지 4. 산업안전보건법
	2. 기계 및 기기에 대한 안전	1. 농업기계의 안전	2. 일반작업의 안전
	3. 공구 취급에 대한 안전	1. 수공구의 취급안전	2. 전동공구의 취급안전
	4. 전기 및 위험물의 취급 안전	1. 전기 취급안전 3. 위험물 취급안전	2. 가스 취급안전 4. 유류 취급안
	5. 안전관리	1. 작업복장 및 작업안전 3. 안전수칙 5. 유해물질 관리	2. 보호구 및 보호표시 4. 안전장치
	6. 농업기계 운반	1. 운반계획 수립	2. 상하차 및 고정

한눈에 확인하는 출제기준(실기)

농기계 운전 기능사

적용기간 : 2024.1.1. ~ 2027.12.31.

▶ 직무내용 : 농업기계를 운전, 조작, 점검·관리하는 업무를 수행
▶ 수행준거 : 1. 경운기를 운전, 조작, 점검·관리할 수 있다.
　　　　　　2. 농업용 트랙터를 운전, 조작, 점검·관리할 수 있다.
　　　　　　3. 콤바인을 운전, 조작, 점검·관리할 수 있다.
　　　　　　4. 이앙기를 운전, 조작, 조작, 점검·관리할 수 있다.

실기검정방법		작업형	시험시간	1시간 정도
취급 조작에 관한 사항	1. 콤바인 취급 조작에 관한사항		1. 점검·관리를 할 수 있어야 한다. 2. 예취 및 탈곡작업을 할 수 있어야 한다.	
	2. 이앙기 취급 조작에 관한사항		1. 점검·관리를 할 수 있어야 한다. 2. 이앙작업을 할 수 있어야 한다.	
	3. 농업용 트랙터 취급 조작에 관한사항		1. 점검·관리를 할 수 있어야 한다. 2. 농업용 트랙터 작업을 할 수 있어야 한다.	
점검 및 코스 운전에 관한 사항	1. 경운기 코스 운전		1. 트레일러를 부착할 수 있어야 한다. 2. +코스 전후진 운전을 할 수 있어야 한다.	
	2. 농업용 트랙터 코스 운전		1. 트레일러를 부착할 수 있어야 한다. 2. ㄷ코스 전후진 운전을 할 수 있어야 한다.	

한눈에 살펴보는 필기응시절차

1. 시험일정확인
기능사검정 시행일정은 큐넷 홈페이지를 참고합니다.

2. 원서접수
- 큐넷 홈페이지(www.q-net.or.kr)에 접속하여 로그인 합니다.
- 원서접수를 클릭하면 [자격선택] 창이 나타납니다. 접수하기를 클릭합니다.
- [종목선택] 창에서 응시종목을 [농기계운전기능사]로 선택하고 [다음] 버튼을 클릭합니다. 간단한 설문 창이 나타나고 다음을 클릭하면 [응시유형] 창에서 [장애여부]를 선택하고 [다음] 버튼을 클릭합니다.
- [장소선택] [시험일자] [입실시간] 등등 확인 후 선택하고 접수하기를 클릭한 후 결제를 합니다.

3. 필기시험 응시 (유의사항)
- 신분증은 반드시 지참해야 하며, 필기구도 지참합니다.
- 시험장에 주차장 시설이 거의 없으므로 가급적 대중교통을 이용합니다.
- 시험 20분 전부터 입실이 가능합니다.
- CBT 방식(컴퓨터 시험)으로 시행합니다.
- 공학용 계산기 지침 시 감독관이 리셋 후 사용 가능합니다.
- 문제풀이용 연습지는 해당 시험장에서 제공하므로 시험 전 감독관에 요청합니다.

4. 합격자 발표 및 실기시험 접수
- 합격자 발표 : 합격 여부는 필기시험 후 큐넷 홈페이지에서 조회 가능합니다.
- 실기시험 접수 : 큐넷 홈페이지에서 접속할 수 있습니다.

기타 사항은 큐넷 홈페이지(www.q-net.or.kr)를 접속하거나 1644-8000에 문의해주시기 바랍니다.

CBT 필기 자격 시험 체험하기
컴퓨터 이용 시험

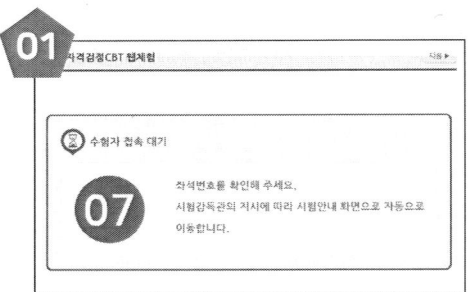

좌석번호를 확인하고 대기

수험자(본인)의 정보를 확인

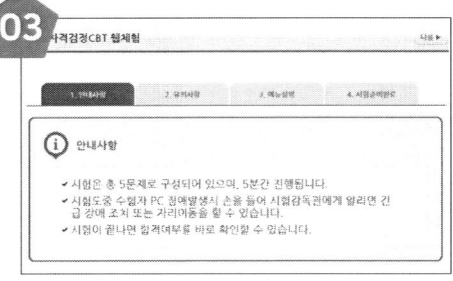

안내사항을 확인

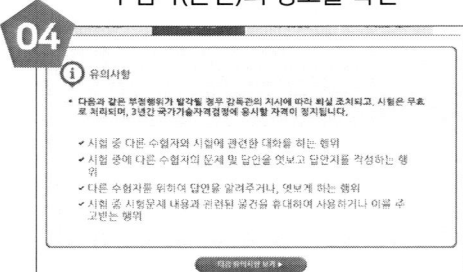

유의사항을 확인

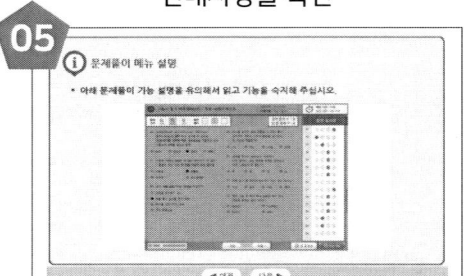

문제풀이 메뉴를 확인하고 숙지

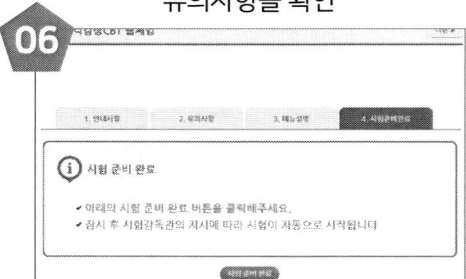

시험 준비 완료를 클릭

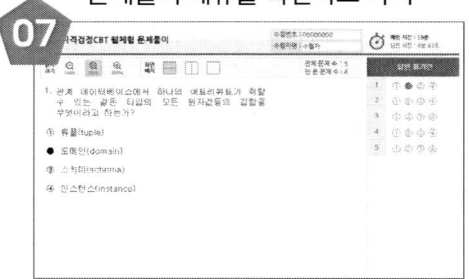

문제풀이

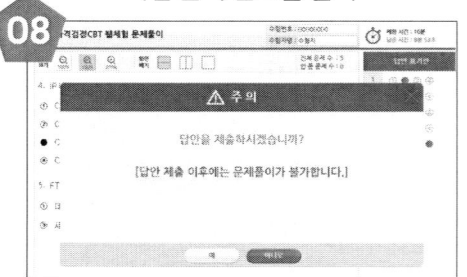

시험문제를 다 풀고 하단 답안 제출을 클릭

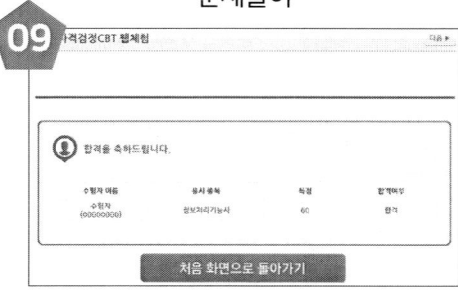

합격여부를 확인한 후 처음화면으로

Craftsman Farm Machinery Operator

농기계 운전 기능사 필기

GoldenBell

불법복사는 지적재산을 훔치는 범죄행위입니다.
저작권법 제97조의 5(권리의 침해죄)에 따라 위반자는 5년 이하의 징역 또는
5천 만원 이하의 벌금에 처하거나 이를 병과할 수 있습니다.

머리말 preface

  4차 산업의 눈앞에서도 절대 주식(主食)은 호도할 수 없는 현실이기에, 농자천하지대본(農者天下之大本)의 마음을 담아 이 교재를 집필하였습니다.

  필자는 다년간 교육 일선에서 농업기계 관련 강의와 실습을 병행하고 있습니다. 초보자가 알기 쉬운 방법을 찾기 위해 고심하던 중, 2017년부터 **농기계 운전 기능사** 출제기준이 변경됨에 따라, 새로운 필기시험 항목에 맞도록 운전&정비 통합 문제집을 편성 한 바 있습니다. 그리고 2018년 겨울, 새로운 문제들을 대거 추가하고, 운전과 정비를 분리한 **농기계 운전 기능사**를 새롭게 선보이려 합니다.

  농기계 운전 기능사 교재는 7개 파트로 구성하였으며, 각 파트마다 요점정리와 예상문제를 실었습니다. 예상문제는 해설을 달았고, 정답은 해당 페이지 아래에 배치함으로써 신속하게 정·오답을 알 수 있게 하였습니다. 초심자들의 이해를 돕기 위해 다양한 이미지 자료들을 수록하였으며, 신설된 안전사고 예방 및 도로 교통법 문제들도 엄선 수록하였습니다. 또한 책의 뒷부분에는 기출문제를 배치하여, 수험생 여러분들이 시험을 보기 전 마지막 준비를 도와 드립니다.

  수험생 여러분들의 합격을 기원합니다.

  저는 앞으로도 개정을 거듭하여 묵묵히 현업에 종사하는 분들에게 길잡이가 되도록 노력하겠습니다.

2019년 새해를 맞이하며
강진석

차례 contents

① 농업기계의 이해와 경영합리화

1. 농업기계   08
2. 농기계 운영(경영)   09
- 출제 예상 문제   12

② 농작업 기계

1. 경운의 의미   16
2. 경운작업기   17
3. 경기작업기(쟁기)   18
4. 정지작업기(쇄토작업)   19
5. 중경용 기계   19
6. 파종기   20
7. 이식기   22
8. 관개용 기계   23
9. 분무기   26
10. 살포기와 퇴비살포기   28
11. 수확작업기(콤바인)   29
12. 목초 수확기계   32
- 출제 예상 문제   35

③ 농업기계 기관(엔진)

1. 내연기관의 일반   58
2. 내연기관의 구조   61
3. 기관의 성능   66
4. 기관의 연료   67
5. 윤활장치   72
6. 시간별 점검사항   75
7. 기관의 명칭   76
- 출제 예상 문제   77

4 농업기계 전기

1. 전기 기초 … 94
2. 전기 부품 … 96
3. 전기의 형태 … 99
4. 축전지 … 99
5. 전기 장치 … 102
6. 농업기계 계기 … 110
- 출제 예상 문제 … **118**

5 주요 농업기계

1. 동력경운기 … 138
2. 트랙터 … 141
3. 수확작업기(콤바인) … 150
4. 이앙기 … 154
- 출제 예상 문제 … **156**

6 안전관리 일반

1. 산업재해 개요 … 174
2. 무재해 개요 및 정의 … 174
3. 배기가스의 유동성 및 발생농도 … 175
4. 안전표지와 색깔 … 176
5. 공구사용법 … 177
6. 작업장 안전 보건 조치사항 … 183
7. 농작업 안전사고 예방 … 184
8. 방제 안전사고 예방 … 186
9. 사고 시 응급처치 … 187
10. 측정기 … 189
11. 수기 가공 … 192
- 출제 예상 문제 … **193**

7 도로교통법

1. 도로교통법 용어와 신호기 210
2. 제한 속도와 통행 방법 212
3. 제1종 운전면허 적성기준 215

! 부록 - 안전사고 예방

1. 일반 안전수칙 230
2. 기계 안전수칙 238
3. 전기 안전수칙 240
4. 기타 안전수칙 242
5. 안전 보건 표지 245

4. 주의 표지 216
5. 규제 표지 217
6. 지시 표지 218
7. 보조 표지 219
- 출제 예상 문제 220

Q 부록 - 과년도 기출문제 모음

- 과년도기출문제 / 2
- 복원기출문제 / 49

PART 1

농업기계의 이해와 경영합리화

PART 1. 농업기계의 이해와 경영합리화

01 농업기계

1 농업기계란?
① 농산물을 생산하기 위해 농작업을 수행하는 기계
② 농림축산물의 생산 및 생산 후 처리 작업과 생산시설의 환경 제어 및 자동화 등에 사용되는 기계, 설비 및 부속 기자재

2 농업기계의 목적
① 토지 생산성 향상
② 단위 노동 시간당 생산량 향상(노동생산성 향상)
③ 농업인의 중노동에서 해방
④ 인건비 절감으로 농가 소득 증대

3 농업기계의 범위
① 주행형 기계 : 트랙터, 동력 경운기, 이앙기, 콤바인, 관리기, 운반차 등
② 시설 농업용 기계 : 시설하우스의 구조, 각종 자동화 장비 및 설비
③ 소형 건설기계 : 소형 굴삭기, 로더 등
④ 각종 작업기 : 쟁기, 로타베이터(로타리), 해로우, 트레일러, 축산기계 등

4 농업기계의 조건
기술적, 경제적 합리성과 취급성, 안정성, 감가상각비 등이 요구된다.
① 자연환경에 직접 노출되어 사용되므로 환경에 대한 적응성이 높아야 한다.
② 농업을 하고자하는 사람이면 누구나 사용할 수 있도록 간단하면서 안전해야 한다.

③ 내구성이 좋아야 한다.
④ 유지, 관리가 쉽고 편리해야 한다.

5 농업기계의 분류
① 농업 동력원 : 엔진, 전동기, 트랙터, 관리기 등
② 농작업기 : 포장용 농작업기(field machinery), 농산기계
③ 자주식 작업기 : 이앙기, 콤바인, 바인더, 관리기 등

> **Tip**
> 자주식 : 자기(기계) 스스로 주행을 하면서 작업을 할 수 있는 방식의 기계

6 농작업기의 부착형태
① 견인식 : 작업기를 동력원에 연결하여 견인하는 형태(트레일러)
② 장착식 : 동력원의 3점 링크에 작업기를 장착하여 작업기의 상하를 조정할 수 있는 형태(로터베이터(로터리), 땅속작물수확기, 제초기 등)
③ 반장착식 : 동력원이 작업기의 일부 하중을 받쳐주고 나머지 하중은 작업기에 부착된 차륜이 지지하는 형태(베일러)
④ 자주식 : 동력원과 일체가 되어 있는 형태(콤바인, 이앙기, 바인더 등)

02 농기계 운영(경영)

1 경영의 목적
기계에 소요되는 비용 산출, 투자에 대한 효과분석, 적합한 기계의 종류와 크기 선정, 대체 시기, 이용과 유지관리 등을 통한 효율적인 관리로 농가의 경영비를 절감하는데 목적이 있다.

2 구입시 고려사항
① 기계의 형식 : 제작연도, 기능, 크기, 성능 등
② 기계의 구입가격
③ 기계의 품질 : 작업기의 호환성, 편리성, 쾌적함, 안전
④ 기계 운영비
⑤ 기계의 정비성(A/S포함)

> **Tip**
> 농지의 경사지가 15°이상이 될 경우 작업의 방법을 변경하여, 농업기계의 기울기가 15°이하가 되도록 작업해야 전복사고를 예방할 수 있다.

3 포장능률

효율을 100%로 보았을 때의 작업 가능 면적(이론 작업 면적)이다.

$$A = \frac{SW}{10}$$

A = 이론적 작업면적
S = 작업속도(km/h)
W = 작업기의 작업 폭(m)

4 유효 포장능률

작업기가 실제 작업할 수 있는 단위 시간당 작업 면적이다.

$$A_e = \frac{1}{10} \epsilon_f SW$$

A_e = 작업기의 유효포장능률(ha/h)
ϵ_f = 포장효율(소수)
S = 작업속도(km/h)
W = 작업폭(m)

5 부담면적

① 농업기계의 작업능률과 사용 적기, 부담면적, 각종 효율(포장효율, 실작업 시간율, 작업 가능 일수율)등을 추정하고, 이 모든 것을 고려한 면적이다.
② 농업기계를 구입할 때에는 꼭 이 부분을 검토하고 구입해야 한다.

$$A = \frac{1}{10} \epsilon_f \epsilon_u \epsilon_d SWUD$$

A = 부담면적(ha) U = 작업시간
S = 작업속도(km/h) ϵ_f = 포장효율(소수)
W = 작업폭(m) ϵ_u = 실작업 시간율(소수)
D = 작업적기 일수 ϵ_d = 작업가능 일수율(소수)

6 농업기계 이용비

기계의 이용 시간이 짧아지면 단위시간당 이용비가 증가하기 때문에 경영의 손실이 발생할 수 있다.

(1) 이용비의 종류(내구연한 10년 트랙터 기준)

① 고정비 : 이용시간에 관계없이 소요되는 비용(구입가격의 15% 내외)
　　　　　ex) 감가상각비(9%), 이자(2%), 차고비(1%), 보험료(1%) 등
② 변동비 : 기계의 이용시간에 비례하여 소요되는 비용(구입가격의 7% 내외)
　　　　　ex) 연료비, 윤활유비, 관리비, 수리비, 소모성 부품, 노임 등

(2) 감가상각비

시간이 지남에 따라 마모, 노후화 등으로 인하여 떨어지는 기계의 가치를 말한다.

① 직선법 : 내구연한동안 등분하여 일정하게 떨어지는 가치

$$D_s = \frac{P_i - P_s}{L}$$

P_i = 기계의 구입가격(원)
P_s = 기계의 폐기 가격(원)
L = 내구연한(년)

② 감쇠 평형법 : 매년 잔존 가치의 일정 비율을 감가 상각비로 결정하는 방법

$$D_d = B_{j-1} - B_j$$
$$B_{j-1} = P_i(1 - \frac{x}{L})^{j-1}$$
$$B_j = P_i(1 - \frac{x}{L})^j$$

B_{j-1} = j년째 연초의 잔존가치
B_j = j년째 연말의 잔존가치
P_i = 기계의 구입 가격
L = 내구 연한

③ 연수 가산법 : 내구 연한이 지난 후 기계의 잔존가치를 0으로 결정하는 방법

$$D_y = \frac{(L-j)+1}{\sum L} P_i$$

7 농업기계의 합리적인 이용

(1) 경영 면적의 확대

단위면적당 고정비를 감소시키고 경영면적을 확대해야 한다.

(2) 이용 기술의 향상

① 농업기계에 대한 운전 기술은 작업능률과 정도를 향상시킬 수 있는 방법이다.
② 정비 기술은 내구성을 높이고 이용비를 절감할 수 있는 방법이다.
③ 농기계는 활용 기간이 짧기 때문에 장기보관 시 철저히 관리한다.
④ 경영일지를 작성하여 평가하고 손실을 줄일 수 있는 방법을 찾는다.

(3) 안전한 이용

① 인체의 특징과 생활습관을 고려하여 설계되어야 한다.(제조업체)
② 운전자의 안전운전(안전수칙 준수)
③ 안전장치 설치(회전체, 돌기부, 틈새 등 위험부분의 접촉이 일어나지 않게 해야함)
④ 환경정비(농로, 진입로, 경사지 등 포장을 정비)

PART 1 출제 예상 문제

01 농업기계화의 목적이라고 할 수 없는 것은?
① 과중한 노동으로부터 해방
② 생산 비용의 증대
③ 토지 생산성의 향상
④ 노동 생산성의 향상

해설 농업기계화의 목적은 과중한 노동으로부터 해방, 토지 생산성의 향상, 노동 생산성의 향상, 생산비용의 절감 등이 있다.

02 농업기계를 구입하고자 할 때 고려해야 할 사항으로 볼 수 없는 것은?
① 기술적인 합리성
② 경제적 합리성
③ 취급성 및 안전성
④ 감가상각비

해설 농업기계를 구입하고자할 때 고려해야 할 사항으로는 기술적 합리성, 경제적 합리성, 취급성 및 안전성, A/S등이 포함된다.

03 주행형 농업기계에 해당되지 않는 것은?
① 소형 굴삭기 ② 농용 트랙터
③ 동력 경운기 ④ 콤바인

해설 소형 굴삭기는 건설기계에 포함된다.

04 농업기계의 구비조건이 아닌 것은?
① 자연환경에 직접 노출되어 사용되므로 환경에 대한 적응성이 높아야 한다.
② 내구성이 떨어져야 한다.
③ 누구나 사용할 수 있도록 간단하면서 안전해야 한다.
④ 유지, 관리가 쉽고 편리해야 한다.

해설 내구성이 좋아야 생산성 향상에 도움이 된다.

05 자주식 기계에 해당되지 않는 것은?
① 로터베이터 ② 이앙기
③ 콤바인   ④ 바인더

해설 자주식이란 기계에 주행장치가 있어 주행을 하면서 작업을 할 수 있는 방식의 기계이며, 로터베이터는 정지 작업기에 해당된다.

06 이론작업량이 0.6ha/h이고 포장효율이 60%이면 시간당 실제 작업량은 몇 ha/h 인가?
① 0.36   ② 0.26
③ 2.26   ④ 0.22

해설 $A = A_{th}$(이론작업량)$\times \eta$(효율)
$A = 0.6\text{ha/h} \times 0.6 = 0.36\text{ha/h}$

07 농기계 이용경비를 산출할 때 윤활유 비용은 보통 연료비의 몇 %범위로 추정하는가?
① 2~5%
② 10~15%
③ 25~30%
④ 35~50%

해설 일반적으로 윤활유 비용은 연료비의 10~15% 범위로 추정한다.

08 농용기관의 장기보관 시 조치 사항 중 맞지 않은 것은?
① 흡배기 밸브는 완전히 열린 상태로 보관한다.
② 기관, 트랜스미션 케이스의 윤활유를 점검 보충한다.
③ 냉각수를 완전히 비워둔다.
④ 가솔린 기관의 연료를 완전히 비워둔다.

해설 흡배기 밸브는 완전히 닫힌 상태로 보관을 해야만 밸브 스프링의 장력을 유지할 수 있다.

Answer 1.② 2.④ 3.① 4.② 5.① 6.① 7.② 8.①

09 농업기계화의 장점이라고 할 수 없는 것은?
① 작업능률의 향상
② 노동 생산성의 향상
③ 힘든 노동으로부터의 해방
④ 노임 및 투자비의 증가

해설 농업기계화로 토양 생산성, 노동생산성, 중도동에서의 해방

10 농업기계를 구입하고자 할 때에 우선 검토해야 할 사항이 아닌 것은?
① 지방의 기후
② 기체의 크기 결정
③ 취급성과 안전성
④ A/S(애프터 서비스)의 난이도

해설 농업기계를 구입하고자할 때 고려해야할 사항으로는 기술적 합리성, 경제적 합리성, 취급성 및 안전성, A/S등이 포함된다. 지방의 기후는 농업기계의 활용 시 이용효율을 계산하기 위해 필요하다.

11 농업기계 사용의 목적이 아닌 것은?
① 토지 생산성 향상
② 노동 생산성 향상
③ 농업기계 생산성 향상
④ 인건비 절감으로 농가 소득 증대

해설 농업기계화로 토지 생산성, 노동생산성, 중노동에서의 해방

12 주행형 농업기계가 아닌 것은?
① 자동화 장비
② 트랙터
③ 동력 경운기
④ 콤바인

해설 자동화 장비는 일정한 공간에 고정되어 사람이 수행해야할 일을 처리하는 장비

13 농업기계로써 갖춰야 할 조건이 아닌 것은?
① 자연환경에 직접 노출되어 사용되므로 환경에 대한 적응성이 좋아야 한다.
② 내구성이 좋아야 한다.
③ 연료 소비율이 높아야 한다.
④ 누구나 사용할 수 있도록 간단하면서 안전해야 한다.

해설 연료소비율이 높으면 일당 연료를 많이 소비한다는 뜻이다. 즉 연료소비율이 낮은 조건을 갖추어야 한다.

14 자주식 농업기계가 아닌 것은?
① 이앙기   ② 콤바인
③ 관리기   ④ 엔진

해설 자주식 : 기계가 주행을 하면서 작업을 할 수 있는 방식

15 농작업기의 부착형태가 아닌 것은?
① 견인식   ② 장착식
③ 반장착식 ④ 연결식

해설 농작업기 부착형태는 견인식, 반장착식, 장착식 등이 있다.

16 트랙터의 작업기 3점 링크 부착형태의 부착방식은?
① 견인식   ② 장착식
③ 반장착식 ④ 자주식

해설 3점을 연결하여 트랙터에 장착, 사용하는 작업기로 이런 형태를 장착식이라고 한다. 반장착식은 베일러 연결, 견인식은 트레일러 연결이 대표적이다.

17 다음 중 고정비에 해당하는 것은?
① 연료비   ② 윤활유비
③ 차고지   ④ 노임

해설
• **고정비** : 이용시간에 관계없이 소요되는 비용(기계 구입비용의 15% 정도)
• **변동비** : 사용시간에 따라 소요되는 비용

Answer 9.④ 10.① 11.③ 12.① 13.③ 14.④ 15.④ 16.② 17.③

18 시간이 지남에 따라 마모, 노후화 등으로 인하여 기계의 가치가 떨어지는 것을 무엇이라고 하는가?

① 고정비 ② 변동비
③ 감가상각비 ④ 내구연한

해설 마모, 노후화 등으로 인하여 일어나는 기계 가치의 상실을 감가상각비라고 하고 기계의 내구연한에 의해 크게 좌우된다.

19 작업적기를 36일, 적기내의 작업불능 일수를 8일, 작업기 1대의 시간당 포장 작업량을 0.5ha, 1일 작업 가능 시간을 8시간, 실 작업률을 70%라 하면 작업기 1대의 작업적기 내 작업면적은 몇 ha인가?

① 68.4 ② 78.4
③ 88.4 ④ 98.4

해설 작업적기 실작업일수 = 36-8=28일
작업기 1대의 작업량=0.5ha×8시간=4ha
실작업율=70%
작업면적(유효포장율)=28일×4ha/일×0.7
=78.4ha

20 농업기계 구입가격이 200만원 폐기 가격이 20만원, 내구연한이 8년이라고 할 때 연간 감가상각비를 직선법으로 구하면?

① 100,000원 ② 225,000원
③ 250,000원 ④ 275,000원

해설 감가상각비$(D_s) = \dfrac{P_i - P_s}{L}$
$= \dfrac{200만원 - 20만원}{8년}$
$= 225,000원$

21 농업기계를 트럭에 적재 또는 경사지 작업 시 안전한 경사도는?

① 15°이하 ② 20°이하
③ 30°이하 ④ 40°이하

해설 트랙터는 무게중심이 바퀴 축 중심보다 위쪽에 위치하기 때문에 전복위험이 크므로 경사지 15°이하에서 사용해야 안전하다.

22 포장기계가 갖추어야할 설계요건을 설명한 사항 중 잘못 된 것은?

① 작업 목적에 적합해야 한다.
② 충분한 내구성을 가져야 한다.
③ 작업능률이 커야 한다.
④ 기계의 중량은 최대로 커야 한다.

해설 기계의 중량은 용도에 따라 무거워야할 때도 있지만 (도로에서 견인력 향상을 위해), 대체적으로 가벼운 것이 유리하다.(연약지에서 침하를 적게 할 때)

23 농기계의 가장 합리적인 이용 방법은?

① 단위면적당 고정비를 감소시키고 경영면적을 확대한다.
② 단위면적당 변동비를 증대시키고 경영면적을 축소한다.
③ 단위면적당 고정비를 증대시키고 경영면적을 확대한다.
④ 단위면적당 변동비를 감소시키고 경영면적을 확대한다.

해설 가장 합리적인 이용방법은 단위면적당 변동비, 고정비는 감소시키고 경영면적은 확대해야 한다.

24 기계의 구입 가격이 600만원, 폐기 가격이 60만원, 내구연한이 10년이면 직선법에 의한 이 기계의 감가상각비는 얼마인가?

① 54,000(원/년)
② 540,000(원/년)
③ 660,000(원/년)
④ 3,600,000(원/년)

해설 감가상각비는 연도가 지나감에 따라 기계의 소유가치가 감소하는 비율을 나타낸다.
감가상각비 $= \dfrac{구입 가격 - 폐기 가격}{내구연한}$
$= \dfrac{600만원 - 60만원}{10년}$
$= \dfrac{540만원}{10년} = 54만원/년$

Answer 18.③ 19.② 20.② 21.① 22.④ 23.① 24.②

PART 2

농작업 기계

PART 2 농작업 기계

01 경운(耕耘)의 의미

작물이 잘 자랄 수 있도록 토양의 상태를 경토로 준비하는 것을 경운이라고 한다. 경운은 1차 경운과 2차 경운으로 구별된다.

1 경운의 목적

① 뿌리의 활착을 촉진시킨다.
② 잡초 발생을 억제한다.
③ 작물의 생육을 촉진할 수 있는 환경을 개선한다.
④ 잔류물을 지하로 매몰하고, 매몰된 잔류물은 부식과 단립화를 촉진하여 지력을 좋게 한다.
⑤ 경토의 유실을 최소화할 수 있다.

2 경운의 구분

① **1차경** : 토양을 경기, 반전하는 작업
② **2차경** : 쇄토, 정지하는 작업
③ **최소경운** : 경운에 소요되는 비용과 에너지를 최소화하고 토양의 유실을 방지하기 위한 경운 방법
  - 기계에 의한 토양다짐을 최소화 할 수 있다.
  - 수분 유지가 우수하다.
  - 투입 에너지와 소요 노동력을 줄일 수 있다.
  - 토양유실이 감소된다.
④ **무경운** : 경운하지 않고 작물을 재배하는 방법

 Tip

경반은 시간이 경과됨에 따라 다짐이 일어나기 때문에 3년 이상이 되면 심경을 해주어야 하며, 비닐하우스, 시설하우스의 토양에는 염류 집적현상이 발생하게 되는데 이를 해결할 수 있는 방법 또한 심경 또는 심토파쇄를 하는 것이다.

02 경운작업기

1 경운작업기의 종류

① **쟁기(경기)작업** : 쟁기 또는 플라우로 굳어진 흙을 절삭, 반전 파괴하여 큰 덩어리로 파쇄하는 작업(1차경)
② **쇄토작업** : 로터리(로터베이터), 해로우 등을 사용하여 쟁기 작업된 흙을 다시 작은 덩어리로 파쇄하는 작업(2차경)
③ **균평작업** : 배토판, 디스크 해로우 등을 사용하여 지면을 평탄하게 하는 작업
④ **심토파쇄작업** : 심토파쇄기를 사용하여 경반층을 파쇄하는 작업
⑤ **두둑작업** : 리스터를 사용하여 두둑을 만드는 작업(휴립작업)
⑥ **고랑 작업** : 트랜처를 이용하여 고랑을 만든 작업

2 경운작업기의 분류

① **견인식** : 플라우, 쟁기, 디스크 플라우, 디스크 해로우등
② **구동식** : 로터리, 로터베이터, 해로우등
③ **견인구동식** : 플라우, 로터리

3점 링크, 3점 히치, 3점 연결 등 모두 같은 용어로 트랙터에 작업기를 연결하는 방식이다. 상부링크(Top 링크)와 2개의 하부링크(Low링크)로 구성되어 작업기를 부착하는데 사용된다. 부착 방법은 하부링크의 왼쪽을 연결, 하부링크의 오른쪽 연결, 마지막으로 상부링크를 연결하고 구동력이 필요할 경우에는 P.T.O의 동력을 전달 할 수 있는 유니버설조인트 순서로 연결한다.

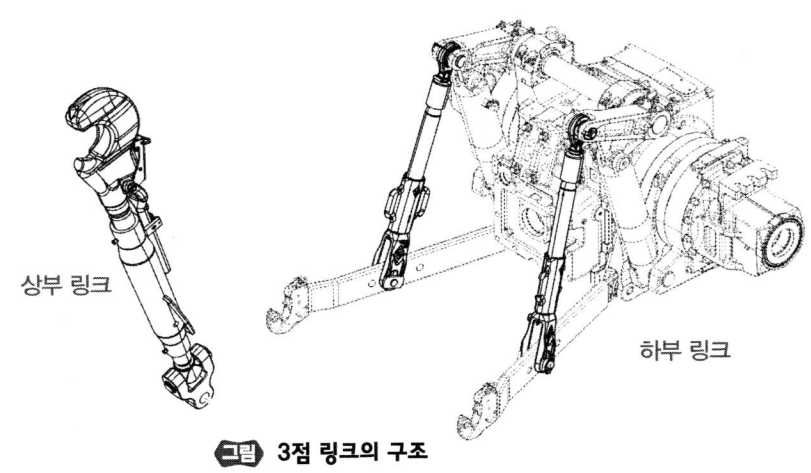

그림 3점 링크의 구조

03 경기작업기(쟁기)

1 쟁기의 3요소

① 보습 : 토양에 처음 접촉하는 부위로 등폭형, 부등폭형, 삼각형의 모양의 금속판으로 되어 있으며 흡입각에 맞게 경토를 절단하고 발토판으로 끌어 올리는 작용을 한다.

② 발토판(몰드보드) : 보습에서 절단된 흙을 파쇄하고 반전하는 역할을 한다.
- 원통형 발토판
- 타원주형 발토판
- 나선형 발토판
- 반나선형 발토판

③ 지측판(landside) : 안정된 경심과 경폭을 유지하는 역할을 한다. 바닥쇠라고도 한다.

2 경기작업 저항의 종류

① 보습 또는 보습날에 의한 역토 절단 저항
② 발토판 위에서 역토의 가속도에 의한 관성 저항
③ 역조의 절단 및 비틀림에 의한 변형 저항
④ 발토판과 역조 사이의 마찰 저항
⑤ 토양 반력에 의한 바닥쇠의 저면 및 측면의 마찰 저항
⑥ 지지륜의 구름 저항

이랑쟁기

삭쟁기

그림 쟁기의 종류

04 정지작업기 (쇄토작업)

쇄토와 균평 또는 쇄토와 고랑을 만들기를 동시에 수행할 수 있도록 만들어진 기계이다.

1 쇄토기(정지작업기)의 종류

① 쇄토기
② 균평기
③ 진압기
④ 두둑 및 고랑 만드는 기계

작두형 날

2 경운날의 종류

① **작두형 날** : 경운축에 수직으로 연결되는 머리가 짧고 곧으며, 앞 끝 부분이 좌우로 휘어진 형태로 경운기, 관리기에 사용된다. 흙을 자르면서 쇄토하는 형태이다.

② **L자형 날** : L자형으로 80~90° 굽은 형태로 트랙터에 사용된다. 흙을 큰힘으로 충격을 가하여 파쇄하는 형태이다.

③ **보통형 날** : 좌우 어느쪽으로도 휘지 않고 끝 부분의 단면이 작아지는 형태로 마르고 단단한 토양에 사용한다.

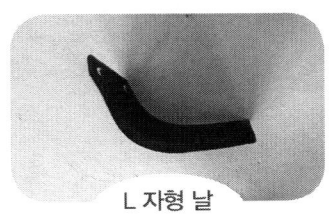
L 자형 날

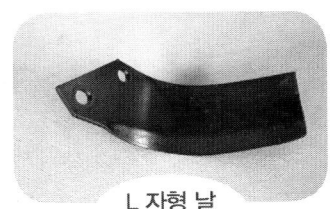
L 자형 날

그림 경운날의 종류

05 중경용 기계

1 중경의 목적

중경이란 작물의 생장조건 개선을 목적으로 실시하는 작물 및 포장관리 작업을 말하며, 토양 상태의 개선, 토양의 수분 유지, 잡초 제거 등을 통하여 생장 조건을 개선할 수 있다.

2 작업의 종류

① 중경작업 : 이랑 및 작물의 포기 사이를 경운, 쇄토하여 토양의 통기성과 투수성을 촉진시키고 잡초 발생을 억제하여 작물의 생장 환경을 개선하는 작업
② 제초작업 : 잡초를 제거하는 작업으로써 잡초를 뽑거나 뿌리를 잘라 고사시키는 작업
③ 배토작업 : 작물의 줄기 밑부분을 흙으로 돋우어 주는 작업
　　① 뿌리의 지지력을 강화　　　② 도복(쓰러짐) 방지
　　③ 이랑의 잡초를 제거하는 효과

06 파종기(씨앗을 심는 기계)

1 파종법

① 산파 : 종자를 흩어뿌리는 방식
② 조파 : 종자를 간격이 일정한 줄에 연속적으로 파종하는 방식 (동시에 시비가능)
③ 점파 : 일정 간격의 줄에 일정 간격으로 한알 또는 몇 개의 종자를 파종하는 방식 (옥수수)

> **Tip**
> 파종기가 한번에 한줄을 심으면 1조식, 2줄을 심으면 2조식이라고 한다.

2 산파기

종자를 살포하는 방식의 파종기로 비료를 살포할 때도 사용이 가능하다. 동력살분무기가 산파기에 속한다.

3 조파기의 구성요소

① 호퍼 : 종자를 부어 종자배출장치에 들어가기 전에 종자가 모여 있는 곳(깔대기 모양의 통)
② 종자배출장치 : 규정된 양의 종자를 종자도관으로 유도하는 장치
　● 롤러식 : 원통표면에 같은 간격으로 종자가 들어갈 수 있는 오목한 반구형의 구멍 또는 홈을 파고 롤러가 회전함에 따라 종자를 배출하는 방식
　● 원판식 : 원주 또는 안쪽에 종자가 들어가 홈을 설치하고, 원판이 회전함에 따라 홈에 담긴 종자를 이동하여 자체 무게로 배출되도록 하는 방식

- 벨트식 : 호퍼 밑에 구멍을 낸 벨트를 설치하고 벨트가 회전함에 따라 구멍에 들어간 종자를 배출하는 방식
③ 종자도관 : 종자 배출장치에서 배출된 종자를 파종 골까지 안내하는 관
④ 구절기 : 종자가 떨어질 골을 파는 장치 – 삽형, 호우형, 구두형, 단판형, 복원판형
⑤ 복토기 : 종자도관에서 전달된 종자가 구절기가 파놓은 골에 들어간 후 흙을 덮어주는 장치
⑥ 진압륜(진압기) : 복토된 흙을 다질 때 사용되는 바퀴

그림 파종기

4 점파기의 구성요소

점파기는 종자를 일정한 간격으로 한알 또는 몇 알씩 파종하는 작업기이다.
① 종자배출장치
② 종자판 : 수평으로 회전하며 판 둘레의 구멍을 통하여 종자를 배출한다.
③ 차단장치 : 필요 이상의 종자가 종자판 구멍으로 유입되는 것을 차단하기 위한 장치
④ 떨어뜨림 장치 : 구멍 속의 종자를 배출시키기 위한 장치

5 감자파종기의 형태

씨감자를 하나씩 일정한 가격으로 파종하는 점파식 파종기이다.
① 엘리베이터형 반자동식
② 종자판형 반자동식
③ 픽커힐 전자동식
④ 픽커힐

그림 감자파종기

07 이식기 (모종을 옮겨심는 기계)

1 이식 작업

(1) 이식기란?

채소 등과 같은 작물의 모종을 토양으로 옮겨 심는 작업을 하는 데 이용한다.

(2) 이식작업의 장점

① 솎아내기 관리가 용이하다.
② 제초작업 등이 용이하다.
③ 제식거리를 일정하게 할 수 있다.

그림 이식기

2 이앙기

(1) 이앙기 모의 크기

모의 크기는 엽령으로 나눌 수 있다. 벼 이앙 모의 경우 엽령이 2.5정도 이하의 것을 치묘, 그 이상인 것을 중묘, 이보다 큰 것을 성묘라고 한다.

(2) 이앙 육묘 상자

플라스틱을 소재로 사용하고 상자의 크기는 안쪽 길이 580mm, 폭 280mm, 깊이 30mm이며, 바깥쪽 길이는 650mm이다.

(3) 파종기

육묘상자에는 필요한 양의 종자를 균일하게 파종해야 한다. 최근 사용되는 형태는 롤러형 종자 배출 장치이며, 상토, 관수, 파종, 복토작업이 일관화된 파종기를 많이 사용한다.

(4) 이앙기의 구조

엔진(기관), 플로트, 차륜, 모탑재대, 식부장치, 각종 조절 레버 등이 있다.

① 엔진(기관) : 보행용 이앙기의 기관은 2~3kw정도의 출력을 사용하고 승용이앙기는 3~5kw를 사용하였으나 최근 승용이앙기 중 8조식의 경우에는 15kw이상의 기관을 사용하기도 한다.

PART 2 농작업 기계

② **차륜(바퀴)** : 경반에 의해 기체를 지지해주면 구동하는 장치, 무논(물논)상태에서 작업을 하기 때문에 견인력을 좋게 하기 위해 물칼퀴 형태로 되어 있다.

③ **플로트(식부깊이 조절장치)** : 경반인 지면에 의해 지지하는 역할을 하며 식부깊이 조절레버를 조작하면 플로트가 상하로 이동하면서 식부깊이를 조절할 수 있다.

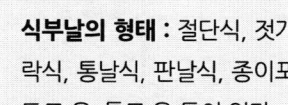

식부날의 형태 : 절단식, 젓가락식, 통날식, 판날식, 종이포트묘 용, 틀묘 용 등이 있다.

④ **식부장치** : 모를 심는 장치이다.
⑤ **묘떼기량 조절레버** : 묘떼기량 조절레버를 움직이면 식부장치는 일정하게 회전하고 모탑 제대를 조절하여 묘떼는 양을 조절하게 된다.
⑥ **횡이송 장치** : 간헐적 운동에 의한 이송과 연속운동에 의한 이송을 한다.
⑦ **종이송 장치** : 모의 자체 무게에 의하여 이루어짐

(5) 동력전달 장치

동력원인 엔진에서 모든 동력을 지원해주는 역할을 한다.

① 주행장치로의 동력 전달
② 유압장치로의 동력 전달
③ 식부부로의 동력 전달

[그림] 이앙기

08 관개용 기계(물을 공급하는 기계)

부족한 물을 인위적으로 공급하는 것을 관개라고하며, 관개용 기계로는 양수기, 스프링클러 등이 있다.

1 펌프의 종류

(1) 원심펌프

① 원심펌프의 구조
  • 회전차 : 여러 개의 깃이 회전하며, 깃의 수는 보통 4~8매로 둥근 형태로 되어 있다.

- 안내깃 : 회전차에서 전달되는 물을 와류실로 유도하여 속도 에너지 얻게 해주는 장치
- 와류실 : 송출관쪽으로 보내는 나선형 동체
- 흡입관 : 흡입수면에 놓이는 관
- 풋밸브 : 액체를 흡입할 때는 열리고 액체가 흐르지 않을 때는 닫히는 체크밸브의 형태
- 송출관 : 와류실과 송출구로 전달해주는 수송관

② 원심펌프의 종류
- 볼류트펌프 : 스크류형으로 되어 있는 방과 프로펠러로 되어 있는 가장 간단한 형태이다. 프로펠러를 고속으로 회전시켜 원심력을 발생시켜 물을 송출하는 형태의 펌프이다.
- 터빈펌프 : 원심펌프의 일종으로 안내날개가 달린 펌프

양수 고도는 30m이하로 소형이며 가장 많이 사용되는 형태의 펌프이다.

(2) 축류 펌프와 사류펌프

① 축류펌프 : 회전하는 회전차 깃의 양력에 의해 액체를 앞쪽으로 펌핑하는 힘을 발생시킴
- 액체의 흐름이 축과 평행한 방향으로 일어나며 프로펠러 펌프라고도 한다.
- 가동날개식과 고정날개식의 두 종류가 있다.
- 양수량이 변화하여도 축동력은 일정하다.
- 높은 효율을 유지한다.
- 원심펌프에 비하여 가볍고 형태도 간단하다.

② 사류펌프 : 원심펌프와 축류펌프의 중간형식임
- 외관은 축류펌프에 가까우나 케이싱의 회전차 부분이 약간 부풀어오른 형태가 특징이다.
- 양정이 10m까지 가능하다.
- 원심펌프에 비항 경량이고 가격이 싸다.

수동력 : 원동기에 의하여 펌프를 운전하는데 필요한 동력

$$Lw = \frac{rHQ}{75 \times 60}(\mathrm{ps}) = \frac{rHQ}{102 \times 60}(\mathrm{Kw})$$

Lw = 수동력
Q = 유량, m³/min
H = 전양정, m
r = 비중량, kg/m³

(3) 왕복펌프

흡입밸브와 배출밸브를 장치한 실리더 속을 피스톤 또는 플랜저를 왕복 운동시켜 송수하는 형태의 펌프

① **피스톤형** : 피스톤의 왕복운동에 의하여 양수하는 것
- **단동펌프** : 피스톤이 왕복운동을 하지만 한쪽 방향으로만 양수하는 형태
- **복동펌프** : 피스톤이 왕복운동을 할때 양쪽 방향으로 양수하는 형태

② **플랜저형** : 피스톤은 커넥팅로드로 연결이 되는 형태로 되지만 플랜저형은 굵은 봉의 형상이 왕복운동을 하면서 양수하는 형태

(4) 회전펌프

① **회전펌프** : 흡입구와 배출구를 갖는 밀폐된 용기와 로터 사이의 빈자리에 액체를 포함시켜, 로터의 회전에 따라서 액체를 배출시키는 형태

② **기어펌프**
- **내접기어펌프** : 하나기어는 큰 원의 형태로 안쪽에 치차가(기어) 있고, 로터와 연결된 작은 기어가 서로 맞물려 돌아갈 때 액체 케이싱과 치차 사이에 들어가서 배출구 쪽으로 밀어내는 형태의 펌프
- **외접기어펌프** : 한 쌍의 치차를 로터로 회전하는 펌프(동일한 기어형태를 맞물림)

③ **베인펌프** : 배인은 깃(날개)이라는 뜻으로 케이싱 내의 흡입구와 배출구 사이에 캠을 마련하고 회전차(깃)을 이용하여 자흡작용과 송액작용을 할 수 있는 펌프

(5) 펌프의 동력과 효율

① **양정** : 흡수면과 양수면과의 수직 거리

② **수동력(수마력)** : 펌프에 의하여 액체에 공급되는 동력, 유량과 양정, 액체의 비중량과 비례

$$L_w = \frac{\gamma H Q}{102 \times 60} (KW)$$

L_w = 수동력 H = 전양정(m)
Q = 유량(m³/min) γ = 비중량(kg/m³)

③ **효율**
- **체적효율** : 행정 체적부피와 흡인된 액체의 부피에 상당하는 비율
- **수력효율** : 펌프내에서 생기는 수력 손실
- **기계효율** : 동력이 전달되면서 나타나는 다양한 마찰력에 의한 손실

2 스프링클러(살수기)

물을 양수하여 파이프에 송수하고 노즐로 살수하는 장치이다.

(1) 살수기의 구성요소

① 펌프 : 동력을 전달받아 액체의 압력을 발생시키는 장치
② 원동기 : 펌프를 회전시킬 수 있는 동력을 발생시키는 장치
③ 배관 : 펌프가 일정압력으로 밀어줄때 액체를 전달해주는 장치
④ 노즐 : 압력의 차이를 발생시켜 액체를 비산시켜주는 장치

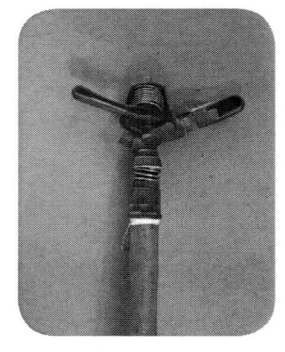

그림 스프링클러

(2) 스프링클러의 배치

① 바람이 없는 경우 : 살수 지름의 65%
② 바람이 3m/sec : 살수 지름의 60%
③ 바람이 3~4m/sec : 살수 지름의 50%
④ 바람이 4m/sec이상 : 살수 지름의 22~30%

09 분무기(농약을 뿌리는 기계)

분무기란 액체상의 농약에 압력을 가하여 액체를 목표물에 전달하는 기계이다.

1 분무기의 종류

(1) 인력분무기

사람의 힘으로 조작하여 약액을 분무하는 기계(분무기)

① 약액 전달 과정 : 흡입관 → 펌프 → 약액탱크 → (가압된 약제를 노즐로 보내는) 호스 → 분무관 → 노즐
② 인력분무기의 종류 : 어깨걸이식, 배낭식, 배부자동식

(2) 동력분무기

동력을 이용하여 분무 약제를 가압하여 살포하는 기계(분무기)

① 약액 전달 과정 : 펌프 → 공기실 → 압력조절장치 → 노즐로 보내는 호스 → 분무관 → 노즐
　　　　　　　　　　　　　　　　　　　　　└ 여수량 약액통

② 동력 분무기의 종류
- 붐분무기 : 진행방향에서 수직한 긴 붐에 여러 개의 노즐을 설치하여 넓은 면적을 살포하는 장치(승용관리기, 트랙터에 부착하여 활용함)
- 동력 살분무기 : 송풍기에서 나오는 고속의 기류를 이용하여 약액을 미립화시키고, 송풍에 의하여 아주 작은 입자를 공중으로 날게하는 장치(미스트기라고도 함)
- 연무기 : 공중위생용으로 널리사용되며 살출제와 살균제의 살포에 많이 사용된다.
- 공기운반분무기(SS기) : 흔히 Speed Sprayer라고 하며 과수원에서 널리 사용된다.

동력 살분무기 형태 : 충돌판식, 충돌망 부착 와류노즐식, 공기 분사식, 충돌 프로펠러식, 공기충동식

2 노즐

(1) 노즐이란?

분무기와 연무기에서 액체를 미립화하거나 분사하는 기능을 하는 부품

(2) 노즐의 종류

① 선형 노즐 종류 : 선형노즐, 균형선형노즐, 쌍성형 노즐, 편심선형노즐
② 원추형 노즐 종류 : 원추공형노즐, 원추실형노즐, 강우노즐, 총포노즐
③ 기타 노즐 종류 : 범람노즐(활면노즐, 전향판노즐), 직사 노즐

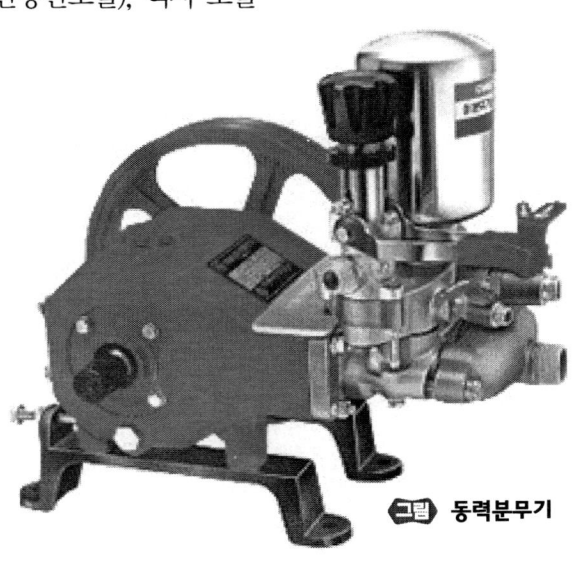

그림 동력분무기

10. 살포기와 퇴비살포기

1 살포기

비료나 종자 같은 고체상의 입자나 분말을 살포하는 기계이다. 그 종류는 다음과 같다.

① 원심 살포기 : 회전하는 원판 위에 분제를 공급하여 분제가 원심력을 받으면서 원판 위에 있는 안내 깃을 따라 이동하다가 비산하도록 하는 형태

② 낙하 살포기 : 줄 간격을 일정하게 만들고 대상 낙하 살포하는 방식으로 살포 폭에 균일하게 뿌릴 수 있는 형태

[그림] 비료 살포기

③ 붐 살포기 : 긴 붐에 여러개의 분두를 설치하고 중앙에 있는 강력한 송풍기의 힘으로 살포하는 형태

2 퇴비 살포기

① 퇴비 살포기란 : 논 밭에서 퇴비를 운반하여 살포하는 기계
② 퇴비 살포기의 구성 : 운반 트레일러, 퇴비상자, 퇴비이송장치, 비이터, 동력전동장치, 살포장치 등
③ 살포날(비이터)의 형태 : 칼날형, 나선형, 이빨형, 막대형

[그림] 퇴비 살포기

11 수확작업기(콤바인)

작물을 베는 작업에서 탈곡, 정선까지 행해지는 일련의 작업을 수확작업이라고 한다.

1 예취장치

(1) 예취장치란? 작물을 베어 주는 장치를 말한다.

(2) 예취장치의 종류

① 왕복식 예취장치 : 예취장치에서 가장 많이 사용되는 형태로 아래 칼날은 고정이며 윗 칼날을 크랭크장치를 이용하여 왕복하면서 작물을 베는 형태

② 회전식 예취장치 : 회전축을 중심으로 직선형, 곡선형, 완전 원판형, 톱날형, 유성 회전형, 별날형의 형태로 작물을 베는 형태

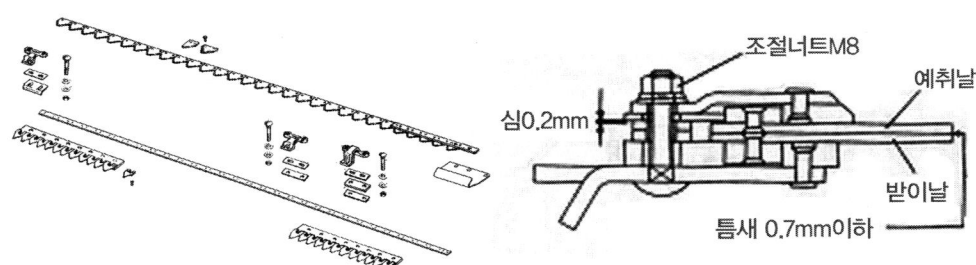

[그림] 콤바인 예취부

2 전처리장치

(1) 전처리장치란?

작물을 벨 때 도복된 작물은 일으켜 세우고, 절단부에 무리한 부하를 주거나, 작물을 쓰러뜨리지 않고 절단할 때 사용하는 장치. 즉, 예취작업 전에 행해져야 하는 작업을 하게 된다.

(2) 전처리 장치의 종류

① 디바이더 : 분초기라고도 하며, 수확기가 통과하면서 한 행정으로 일을 하는 작업 폭을 결정해 주고 미예취부를 분리시키는 역할을 한다.

② 걷어올림장치(Pick-up Device) : 체인에 플라스틱을 연결하여 만든 돌기를 부착하여 예

취장치 앞쪽에 설치되어 있으며 수평면과 65~80°의 각도로 경사진 체인 케이스 속에서 회전한다. 예취가 잘될 수 있도록 작물을 정확히 세워주는 기능을 한다.

③ 리일(reel) : 작물의 절단시 작물 윗쪽을 받아서 완전한 절단이 가능하도록 하는 일, 도복된 작물을 걷어올리는 일, 절단한 줄기를 가지런히 반송장치에 인계하는 일을 수행한다.

3 탈곡장치

(1) 탈곡장치란?

곡립을 이삭에서 분리하여 곡립, 부서진 줄기와 잎, 기타 혼합물로 이루어지는 탈곡물에서 곡물을 분리하는 장치이다.

(2) 탈곡장치의 구성

고속으로 회전하는 원통형 또는 원추형의 급동과 고정된 원호형의 수망으로 이루어져 있다.

(3) 탈곡 장치의 구비조건

① 탈곡이 깨끗하게 이루어지며 탈곡된 곡립이 가능한 많이 분리되어야 한다.
② 곡립이 파손되거나 탈부되는 일이 적은 것이 좋다.
③ 탈곡 물량의 소요 동력이 작고, 작물의 종류, 상태, 양에 쉽게 적응할 수 있는 것이 좋다.

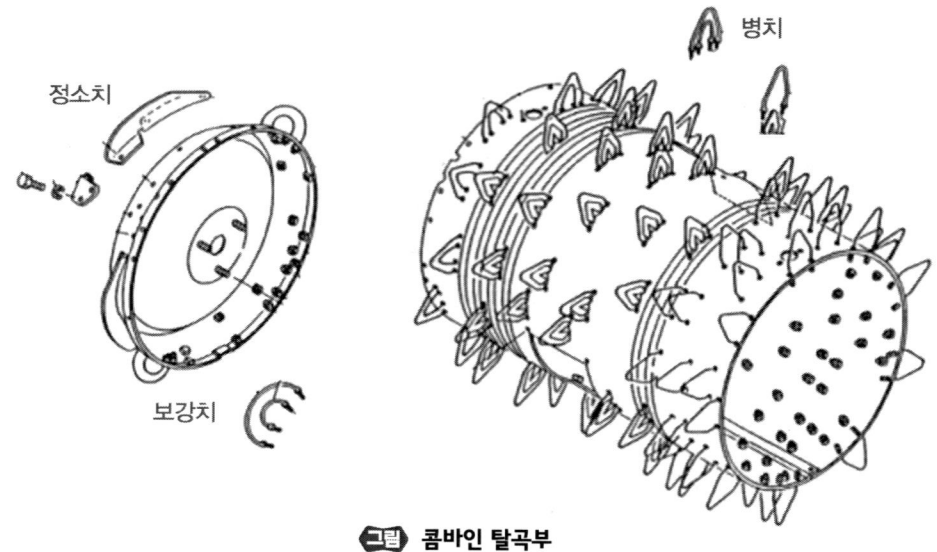

그림 콤바인 탈곡부

(4) 급치 급동식 탈곡장치

① 급치 급동식 탈곡장치 : 급동, 수망, 급치와 절치 등으로 구성되어 있다.

② 급치의 종류
- 정소치(제1종 급치) : 폭이 넓은 급치로 큰 흡입각을 갖도록 설치한다.
- 보강치(제2종 급치) : 정소치 다음에 배열되어 정소치에서 탈립되지 않은 것을 탈립시키는 급치
- 병치(제3종 급치) : 탈립을 하기 위하여 두 가지 이상의 것을 한 곳에 나란히 설치하는 형태의 급치

4 선별장치

(1) 선별장치란?

탈곡실에서 배출된 짚 속에는 분리되지 않은 곡립이 있는데 이를 곡물만 분리하는 장치를 선별장치라고 한다.

(2) 선별 방법

① 공기 선별 방식
- 송풍팬의 의한 방법
- 흡인 팬에 의한 방법
- 송풍과 흡입팬을 병용하는 방법

② 진동 선별 방식
- 송풍팬과 요동체를 병용하는 방식
- 송풍팬과 요동체와 흡인팬을 병용하는 방식

③ 곡립의 크기에 따른 선별(구멍체 선별) : 곡립의 크기는 길이, 폭, 두께로 구분한다.
- 장방향 구멍체 이용한 곡립 선별
- 원 구멍체에 의한 곡립 선별

④ 기류에 의한 선별
- 송풍기의 분류
  - 기체가 축방향으로 유동하는 축류식
  - 회전차에 들어온 공기가 회전차와 함께 회전하면서 나타나는 원심력을 이용하는 원심식
  - 위의 두가지 특성을 이용한 사류식

5 반송장치

① 스크류 켄베이어방식(나사반송기, 오우거(auger)) : 수평, 경사, 수직으로 반송할 수 있는 구조로 간단하고 신뢰성이 높은 반송기이다.

② 버킷 엘리베이터 : 곡물을 수직방향으로 끌어 올리는데 사용되는 형태, 탈곡기, 선별기, 건조기, 사료 가공기계 등에 사용되며, 평벨트에 버킷을 고정한 구조로 되어 있다.

③ 드로우어 : 회전하는 날개에 의하여 곡립을 목적지까지 회전력에 의해 전달하는 방식이다. 단, 반송 높이와 반송 거리에는 제한이 있다.

보통형 콤바인   자탈형 콤바인

그림 콤바인

12 목초 수확기계

1 목초의 수확작업 체계

예취 → 압쇄 → 반전 → 집초 → 끌어올림 → 세절 → 결속 → 끌어올림 → 운반 → 건조 → 반송 → 보관

2 목초 예취기의 종류

① 왕복식 모워 : 칼날 받침판이 고정되고 절단날이 좌우로 왕복하며 절단하는 모워

② 로터리 모워 : 고속으로 회전하는 칼날을 이용하여 목초를 절단하는 예취기

③ 프레일 모워 : 수평축에 프레일(frail) 예취날을 장착하고, 이를 고속으로 회전시켜 목초를 전방으로 밀면서 절단하는 모워

3 사료 수확기(forage harvester)

사일리지의 원료가 되는 목초를 예취하고 세절하여 이를 풍력으로 불어 올려 운반차에 적재하는 목초 수확기이다.

① 프레일형 : 프레일 모워를 부착하고 절단된 목초를 세절하여 고속으로 회전시켜 운반차에 적재하는 형태의 수확기
② 모워바형 : 어태치먼트를 교환할 수 있는 부분과 세단된 목초를 불어 올리기 위한 본체가 결합된 형태

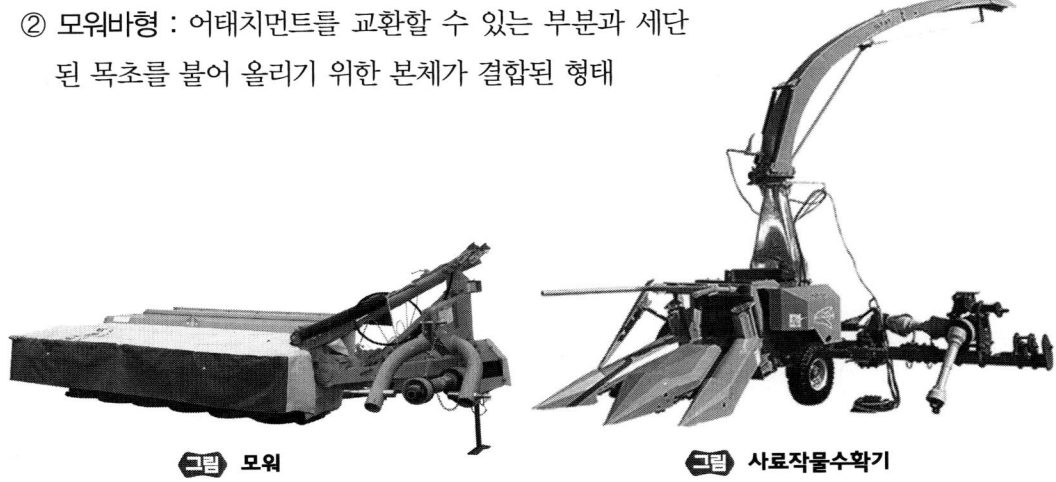

그림 모워   그림 사료작물수확기

4 헤이 컨디셔너

① 예취한 목초의 자연건조를 촉진하기 위하여 줄기를 압착하는 등 건조가 용이한 상태로 목초를 처리하는 기계
② 장점 : 건조시간 단축, 줄기와 잎의 건조 차이를 감소, 과건조에 의한 잎의 손실을 감소
③ 사용작물 : 알팔파, 수단글래스 등 줄기가 굵은 목초
④ 건초 조제에 사용되는 기계
  ● 헤이테더 : 목초의 반전을 주목적으로 함
  ● 헤이레이크 : 집초를 주목적으로 함

> **Tip**
> 건초를 만드는 과정 : 반전 → 확산 → 집초열 반전 → 집초

그림 헤이레이크

5 헤이 베일러

① 건초를 압축하여 묶는 기계
② 헤이 베일러의 종류 : 각형(사각형)베일러, 원통인 라운드 베일러
③ 각형(사각형)베일러(플런저형 베일러)
- 사각형으로 건초를 묶는 기계
- 플런저 베일러의 주요부분은 목초를 끌어올리는 장치, 압축실 입구까지 운반하는 장치, 목초를 왕복 플런저로 압축하는 장치, 목초의 압축 밀도를 조절하는 장치, 베일의 길이를 조절하는 장치, 결속장치로 되어 있으며 결속하는 순서도 이와 같다.
④ 라운드 베일러(원형베일러)
- 원통형으로 건초를 묶는 기계
- 걷어올림 원통, 압축장치, 송입롤러, 성형벨트, 노끈 매는 장치로 구성되어 있다.

그림 베일러   그림 랩 피복기

6 사료 절단기

① 목초, 볏짚, 옥수수줄기 등과 같은 줄기를 세단하는데 사용되는 기계를 사료 절단기라고 한다.
② 사료절단기의 종류 : 플라이휠형, 원통형
③ 플라이휠형 : 회전날은 반경 방향으로 플라이휠에 부착하며, 회전날은 보통 2~6개로 구성된다. 회전날은 직선날과 곡선날이 있으며 직선날은 날이 두꺼워 옥수수 줄기 등을 절단하는데 적합하고, 곡선날은 날이 얇아 풀을 절단하는데 적합다.
④ 원통형 : 나선형날은 보통 2~6개가 부착되어 있으며, 절단된 재료를 높은 곳으로 불어 올리기 위하여 송풍기를 부착하는 경우도 있다.

PART 2 출제 예상 문제

01 경운작업의 일반적인 목적으로 틀린 것은?
① 뿌리 내릴 자리와 파종할 자리에 알맞은 흙의 구조를 마련함
② 잡초를 제거하고 불필요하게 과밀한 작물을 제거함
③ 흙과 비료 또는 농약을 잘 분리하는 효과가 있음
④ 등고선 경운이나 지표의 피복물을 적절히 설치하여 토양의 침식을 방지함

해설 경운작업은 흙과 비료 또는 농약을 잘 섞어주는 역할을 한다.

02 다음 중 경운작업의 목적이 아닌 것은?
① 뿌리내릴 자리와 파종할 자리에 알맞은 흙의 구조를 마련해 준다.
② 잡초를 제거하고 불필요하게 과밀한 작물을 솎아 준다.
③ 작물 잔유물 등 유기물의 부식과 단립화를 방지한다.
④ 작물의 이식, 관개, 배수, 수확 등에 알맞은 토양의 표면을 조성한다.

해설 중복되는 내용이므로 꼭 기억해야 한다.

03 2차경은 1차경이 실시된 다음에 시행하는 경운작업이다. 다음 중 2차경이 아닌 것은?
① 파종작업
② 쇄토작업
③ 균평작업
④ 중경제초작업

해설 1차경이란 딱딱한 토양을 쟁기로 갈아주는 작업이며 2차경은 쇄토하고 평탄하게 해주는 작업이다. 파종작업은 씨앗을 심는 작업으로 경운작업에 해당되지 않는다.

04 최소경운방법의 장점이 아닌 것은?
① 에너지를 절약한다.
② 토양수분을 보전한다.
③ 경운 장소 내에서 기계주행을 최소화한다.
④ 제초작업을 도모한다.

해설 최소경운 : 경운에 소요되는 비용과 에너지를 최소화하고 토양의 유실을 방지하기 위한 경운 방법

05 작업기에서 착탈 방법의 안전사항 중 옳은 방법은?
① 작업기의 탈착은 15°이내 경사지에서 실시한다.
② 작업기의 탈착은 반드시 3인 이상이 해야 한다.
③ 작업기는 부착 후 수평 조절을 해야 한다.
④ 작업기의 탈착은 기체 본체를 완전히 후진하여 상부 링크부터 연결한다.

해설 작업기의 탈착은 평탄한 곳에서 1인이 해야 하며 작업기 부착은 하부 링크(왼쪽→오른쪽), 상부 링크, 유니버설 조인트 순서로 한다.

06 다음 중 농업기계가 아닌 것은?
① 플라이어
② 스피드 스프레이어
③ 범용 트랙터
④ 동력 살분무기

해설 플라이어는 농업기계가 아니고 수공구이다.

Answer 1.③ 2.③ 3.① 4.④ 5.③ 6.①

07 다음 중 농작업기가 아닌 것은?
① 트랙터
② 동력 분무기
③ 콤바인
④ 이앙기

해설 동력 분무기는 농약을 살포하는 작업을 하고 콤바인은 벼를 베는 작업을 한다. 이앙기는 이앙작업을 하지만 트랙터는 부착기를 부착하여 활용해야 하므로 트랙터라고 하지 농작업기라고는 하지 않는다.

08 양수기에 사용되는 윤활제는?
① 엔진오일   ② 기어오일
③ 그리스   ④ 유압오일

해설 양수기에서는 윤활제로 그리스를 사용한다. 엔진오일은 엔진에 활용, 기어오일은 미션부 또는 기어부에 활용, 유압오일은 유압 펌프에 의해 작업기를 움직이고자 할 때 각각 사용한다.

09 다음 중 회전 구동력을 얻어서 경운작업을 수행하는 구동형 경운기의 구동방식으로 가장 널리 이용되는 것은?
① 로터리식   ② 크랭크식
③ 스크루 식 ④ 스로틀 식

해설 회전 구동력으로 경운작업을 하는 경운기의 구동방식은 로터리식이다.

10 로터리 작업기의 경운피치와 작업속도, 로터리의 회전속도 및 동일 수직면 내에 있는 경운날의 수와의 관계를 설명한 것이다. 바른 것은?
① 회전속도와 작업속도가 일정하면 경운피치는 경운날의 수에 비례한다.
② 경운날의 수와 회전속도가 일정하면 작업속도가 빠를수록 경운피치는 작다.
③ 작업속도와 경운날의 수가 일정하면 회전속도가 빠를수록 경운피치는 작다.
④ 경운피치는 작업속도와 회전속도에 비례한다.

해설 경운 피치 : 경운날이 회전할 때 첫 번째 날이 바닥의 흙을 자르고 두 번째 날이 흙을 자르게 되는데 그때의 거리를 경운 피치라고 한다.

11 정지 작업기인 로터리의 구동 방식이 아닌 것은?
① 측방구동식
② 복합구동식
③ 중앙구동식
④ 분할구동식

해설 복합구동식은 존재하지 않는다.

12 압력이 142psi(lb/in²)는 몇 kg/cm² 인가?
① 1
② 5
③ 8
④ 10

해설 psi는 Pound per Square Inch의 약자이다.
1pound=0.453592kg이고 1inch=2.54cm이다.
단위를 환산하는 문제이다.

$$1\text{psi} = \frac{0.453592\text{kg}}{2.54^2 \text{cm}^2} = \frac{0.453592\text{kg}}{6.4516\text{cm}^2}$$
$$= 0.070306 kg/cm^2$$

$$142\text{psi} = 142 \times 0.070306 ≒ 9.98358 kg/cm^2$$

13 다음 중 관리기의 주 클러치의 형식은?
① 건식 단판식 원판 마찰클러치
② V벨트 클러치
③ 건식 다판식 원판 마찰클러치
④ 원뿔 마찰클러치

해설 관리기의 동력전달을 위하여 엔진에서 주행을 위한 트랜스미션으로 동력이 전달될 때는 V벨트를 이용하고 벨트의 장력의 여부에 동력을 제어한다.

Answer 7.① 8.③ 9.① 10.③ 11.② 12.④ 13.②

14 경운기계에 관한 설명 중 틀린 것은?
① 스프링 해로우는 자갈이나 뿌리가 많은 토양의 쇄토기로 적합하다.
② 스파이크 해로우는 작용각이 클수록 작용 깊이가 증가한다.
③ 쇄토의 원리에는 절단, 충격, 압쇄, 관입 등이 있다.
④ 원판 경운은 경운, 쇄토 등에 사용된다.

해설 스파이크 해로우는 작용각이 클수록 부하가 증가하므로 작용 깊이는 감소한다.

15 다음 중 동력 경운기용 로터리의 경심조절은 무엇으로 하는가?
① 미륜
② 로터리 칼날
③ 경운기 앞 웨이트
④ 갈이 축과 갈이칼 장착 폭

해설 경심 조절은 미륜으로 조절한다.

16 로터리 작업 시 후진할 때 주의사항은?
① 엔진을 정지한다.
② 로터리 동력을 차단한다.
③ 주위를 살핀다.
④ 저속으로 후진한다.

해설 로터리는 칼날이 회전하기 때문에 후진 시 넘어질 수 있으므로 로터리 칼날 회전을 차단한다.(PTO차단)

17 우리나라에서 휴대용 예취기에 가장 많이 사용되는 엔진은?
① 공랭식 가솔린 기관
② 수랭식 가솔린 기관
③ 공랭식 디젤 기관
④ 수랭식 디젤 기관

해설 휴대용 예취기(배부식 예취기)는 가벼워야 하므로 공랭식 가솔린 기관을 사용한다. 무게를 순서대로 나열하면, 공랭식 가솔린기관 < 공랭식 디젤기관 < 수랭식 가솔린기관 < 수랭식 디젤기관

18 대형 4륜트랙터용 로터베이터에 사용되는 경운날은?
① 작두형 날
② 특수날
③ 보통날
④ L자형 날

해설 작두형 날은 경운기에서 사용되며 소형트랙터는 L자형, 대형트랙터는 특수 날을 사용한다.

19 경운기 로터리에 사용되고 있는 경운날은?
① 작두형 날
② 특수날
③ 보통날
④ L자형 날

해설 경운기 로터리의 경운날은 작두형 날을 사용한다.

20 쟁기의 경운 작업방법이 아닌 것은?
① 왕복경법
② 회경법
③ 순차경법
④ 지그재그 경법

해설 쟁기의 경운 작업 방법에는 왕복경법, 회경법, 순차경법 등이 있고, 지그재그 경법은 존재하지 않으며 농약을 살포할 때에 지그재그 살포 방법이 있다.

21 동력 경운기로 로터리 경운작업 중 후진할 때 가장 안전한 방법은?
① 경운 변속레버를 중립에 놓는다.
② 경운 축을 회전시킨다.
③ 스로틀 레버를 저속으로 조절한다.
④ 사이드 클러치를 잡는다.

해설 스로틀 레버를 저속으로 조절하여 속도를 줄여 후진해야 한다.

Answer 14.② 15.① 16.② 17.① 18.② 19.① 20.④ 21.③

22 동력 경운기의 표준 경폭은?

① 쟁기 10cm, 로터리 30cm
② 쟁기 20cm, 로터리 60cm
③ 쟁기 30cm, 로터리 70cm
④ 쟁기 40cm, 로터리 80cm

해설 쟁기의 표준경폭은 20cm, 로터리는 60cm로 하는 것이 일반적이다.

23 플라우의 크기는 어떻게 표시되는가?

① 경폭
② 무게
③ 보습의 크기
④ 볏

해설 플라우는 경폭에 의해 크기를 표시한다.

24 경운작업과 작업기가 잘못 짝지어진 것은?

① 1차 경운 – 쟁기
② 2차 경운 – 로터베이터
③ 두둑작업 – 트랜처
④ 심토파쇄작업 – 심토파쇄기

해설
- 1차 경운 : 쟁기
- 2차 경운 : 로터베이터
- 두둑작업 : 휴립기
- 심토파쇄작업 : 심토파쇄기
- 얕은고랑파기 : 구굴기
- 깊은고랑파기 : 트랜처

25 발토판 쟁기에서 흡인의 기능으로 다음 중 가장 적합한 것은?

① 바닥쇠와 보습의 마모방지
② 안정된 경심유지
③ 좌우로 이동시켜 경폭 조절
④ 쟁기의 회전 조절

해설
- 보습 : 토양을 절삭하는 기능
- 몰드보드 : 절삭한 토양을 반전하는 기능
- 지측판 : 측압 등 다양한 힘의 작용에도 경심과 경폭을 일정하게 유지해 주는 기능

26 플라우에서 직접 토양을 절삭하는 부분은?

① 보습(share)
② 발토판(moldboard)
③ 지측판(landside)
④ 결합판(frog)

해설
- 보습 : 토양을 절삭하는 기능
- 몰드보드 : 절삭한 토양을 반전하는 기능
- 지측판 : 측압 등 다양한 힘의 작용에도 경심과 경폭을 일정하게 유지해 주는 기능

27 경기작업의 저항의 종류가 아닌 것은?

① 보습 또는 보습날에 의한 역토 절단 저항
② 발토판 위에서 역토의 가속도에 의한 구름 저항
③ 발토판과 역조 사이의 마찰 저항
④ 지지륜의 구름저항

해설 발토판 위에서 역토의 가속도에 의한 관성저항이 발생한다.

28 정지 작업기에 해당되지 않는 것은?

① 쇄토기(로터베이터)
② 균평기
③ 진압기
④ 쟁기

해설 쟁기는 정지 작업기에 해당되지 않으며, 경기작업기에 해당된다.

29 다음 중 쟁기에서 마모가 가장 잘 되는 부품은?

① 원판
② 발토판
③ 보습
④ 지측판

해설 어느 기계를 사용하느냐에 따라 약간의 차이는 있으나 이 질문에서는 트랙터의 경우이다. 트랙터에 쟁기를 부착할 경우에는 보습이 가장 마모가 큰 반면, 경운기용 쟁기는 지측판이 가장 마모가 심하다.

Answer 22.② 23.① 24.③ 25.② 26.① 27.② 28.④ 29.③

PART 2 농작업 기계

30 로터리의 경운 폭이 차바퀴 폭보다 넓은 때 적절한 로터리 작업방법은?
① 연접 경운법
② 한고랑 떼기 경법
③ 안쪽 제침 회경법
④ 바깥쪽 제침 회경법

해설 경운폭이 차바퀴 폭보다 넓기 때문에 연접하여 바로 작업하는 것이 가장 효과적이다. 이러한 방법을 연접 경운법이라고 한다.

31 쟁기의 구조가 아닌 것은?
① 이체   ② 비임
③ 히치   ④ P.T.O

해설 P.T.O는 동력취출 장치이며 쟁기는 이 장치가 필요 없다.

32 경운기 쟁기에서 가장 마모가 심한 부분은?
① 보습   ② 바닥쇠
③ 볏   ④ 술 바닥

해설 트랙터용 쟁기의 가장 마모가 심한 부분은 보습이다. 경운기용 쟁기의 가장 마모가 심한 부분은 바닥쇠이다.

33 트랙터 몰드보드 플라우의 3대 구성요소가 아닌 것은?
① 보습   ② 바닥쇠
③ 콜터   ④ 몰드보드

해설 콜터 및 앞쟁기는 쟁기의 보조장치이다.

34 몰드보드 플라우의 구조에서 날 끝이 흙속으로 파고들며 수평 절단하는 것은?
① 보습
② 바닥쇠
③ 발토판
④ L자형 빔

해설 • 보습 : 뒤집고자 하는 밑단의 흙을 절단하고 이를 발 토판(몰드보드)까지 올리는 작용
• 발토판 : 역토를 파쇄하고 반전하는 역할

35 플라우의 부분 중 지측판의 역할로 맞는 것은?
① 흙의 반전작용
② 플라우 자체의 안정유지
③ 경폭의 조정
④ 절삭작용

해설 지측판(바닥쇠) : 안정된 경심과 경폭을 유지하는 역할

36 트랙터에 쟁기를 부착하는 순서가 올바른 것은?
① 오른쪽 하부링크 - 상부링크 - 왼쪽 하부링크
② 왼쪽 하부링크 - 상부링크 - 오른쪽 하부링크
③ 상부링크 - 왼쪽 하부링크 - 오른쪽 하부링크
④ 왼쪽 하부링크 - 오른쪽 하부링크 - 상부링크

해설 트랙터의 작업기를 부착하는 순서는 작업기 쪽으로 트랙터를 천천히 후진하여 하부링크에 위치를 맞추고 하부링크 중 왼쪽을 먼저 부착하고 오른쪽을 부착한다. 그 이유는 과거 트랙터는 오른쪽에만 상하를 조절할 수 있는 레버가 있었기 때문이다. 왼쪽, 오른쪽 하부링크의 연결 후 상부링크를 연결한다. 로터베이터는 이·파정 후 마지막에 유니버셜 조인트까지 부착하여 사용한다. (최근 하부링크는 좌우조절장치를 모두 갖춘 트랙터도 있다.)

37 경운기용 쟁기 중 이체의 밑 부분으로서 토양을 반전할 때 나타나는 측압에 견디고 쟁기의 안정을 유지하는 기능을 담당하는 것은?
① 히치
② 바닥쇠(지측판)
③ 보습
④ 볏

해설 • 보습 : 토양을 절삭하는 기능
• 몰드보드 : 절삭한 토양을 반전하는 기능
• 바닥쇠(지측판) : 측압 등 다양한 힘의 작용에도 경심과 경폭을 일정하게 유지해 주는 기능

Answer 30.① 31.④ 32.② 33.③ 34.① 35.② 36.④ 37.②

38 트랙터용 플라우의 구조와 기능에 대한 설명으로 틀린 것은?

① 플라우 장착의 3점은 보습 끝, 보습날개, 몰드보드 끝을 말한다.
② 원판형 콜터는 토양을 수직으로 절단한다.
③ 지측판은 플라우의 진행방향을 유지하여 준다.
④ 수평 및 수직 흡인은 경심, 경폭 및 진행방향을 일정하게 유지하는 작용을 한다.

해설 장착의 3점은 3점 링크를 이야기 하면 상부링크 1개, 하부링크 2개로 구성된다.

39 쟁기 작업 시 견인력을 증가시키는 방법 중 잘못된 것은?

① 경사지 상승 시 앞부분이 들리는 것을 방지하기 위해 앞바퀴에 웨이트를 부착시킨다.
② 쟁기 작업 시에는 앞바퀴 웨이트를 부착시킨다.
③ 견인력을 증가시키기 위해 앞바퀴 웨이트 외에 프론트 웨이트를 추가로 부착시킨다.
④ 로터리 작업 시에는 뒷바퀴 웨이트를 부착시키나 쟁기작업에서는 뒷바퀴 웨이트는 뗀다.

해설 트랙터의 견인력을 좋게 하기 위해서는 프론트 웨이트 및 각 바퀴에 웨이트를 추가해야 한다. 또 다른 방법으로는 타이어의 공기압을 적게 하여 접지압을 높이는 방법도 사용된다.

40 배토작업의 효과로 바르지 않은 것은?

① 뿌리의 지지력을 강화한다.
② 도복을 방지한다.
③ 잡초가 잘 자랄 수 있도록 해준다.
④ 이랑의 잡초를 제거하는 효과가 있다.

해설 배토작업의 효과 : 뿌리의 지지력 강화, 도복(쓰러짐) 방지, 이랑의 잡초를 제거하는 효과

41 다음 중 후진을 하며 작업을 하여야 하는 작업기는?

① 제초파쇄기
② 중경 제초기
③ 비닐 피복기
④ 심경용 구굴기

해설 비닐 피복작업을 위해서는 일반적으로 비닐이 작업기보다 폭이 넓기 때문에 후진으로 작업하는 경우가 대부분이다. 휴립(두둑만들기) 작업도 후진작업이다.

42 다음 중 P.T.O클러치를 사용하는 경우로 가장 적절한 것은?

① 가공 시 부하를 줄 때
② 감속비를 증대시킬 때
③ 견인력을 증대시킬 때
④ 동력의 단속이나 발진 할 때

43 관리기용 두둑성형기(휴립기)의 작업방법 설명 중 틀린 것은?

① 두둑 작업은 천천히 전진하면서 작업한다.
② 미륜을 떼어내고 두둑 성형판을 장착한다.
③ 서로 다른 나선형의 경운날을 좌우가 대칭되도록 로터리에 부착한다.
④ 두둑의 모양과 크기에 따라 두둑 성형판을 조절해 주어야 한다.

해설 두둑 작업은 천천히 후진하면서 작업을 해야 한다.

44 다음 중 소형 다목적 관리기로 할 수 없는 농작업은?

① 쟁기작업
② 로터리 경운 작업
③ 고랑 만들기 작업
④ 이앙작업

해설 이앙작업은 이앙기로 해야 한다.

Answer 38.① 39.④ 40.③ 41.③ 42.④ 43.① 44.④

45 관리기 작업기에서 후진을 하면서 작업을 해야 하는 것은?

① 로터리
② 두둑 성형기
③ 제초 파쇄기
④ 심경용 구굴기

해설 두둑 성형기 작업의 상태를 보면서 작업을 해야하므로 후진으로 작업해야 한다.

46 관리기에서 구굴기의 사용 용도와 가장 거리가 먼 것은?

① 농수로 및 배수로 작업
② 두둑성형 및 비닐피복작업
③ 딸기, 채소 재배 등의 두둑 작업
④ 전작물(밭작물)의 복토 및 북주기 작업

해설 구굴기란 작물을 심거나 시비를 위한 골(고랑)을 파는 작업기이다. 그러므로 두둑성형 및 비닐피복작업을 할 수 없으며, 두둑성형과 비닐피복작업을 동시에 하기 위해서는 휴립피복기를 사용해야 한다.

47 관리기 부속 작업기 중 비닐 피복의 각종 차륜의 작동 순서로 올바른 것은?

① 철차륜 - 배토판 - 디스크 차륜 - 스펀지 차륜
② 철차륜 - 배토판 - 스펀지 차륜 - 디스크 차륜
③ 디스크 차륜 - 배토판 - 스펀지 차륜 - 철차륜
④ 배토판 - 철차륜 - 디스크 차륜 - 스펀지 차륜

해설 구동륜이 철차륜을 지나면 배토판으로 흙을 모아주고 비닐을 덮기 위한 스펀지 차륜이 작동을 한다. 최종적으로 디스크 차륜은 바닥에 깔려져 있는 비닐을 흙으로 덮어주는 기능을 한다.

48 관리기의 취급 및 보관 시 주의사항으로 틀린 것은?

① 연료 급유 시 엔진을 정지한다.
② 실내 운전 중이나 시설하우스내의 작업 시에는 환기에 주의한다.
③ 장기간 보관 시 압축 하사점 위치에 보관한다.
④ 전기 시동식은 배터리(-)선을 분리한다.

해설 장기간 보관 시 압축 상사점 위치에 보관하고 연료인 가솔린(휘발유)는 빼서 보관한다.

49 관리기 조향클러치의 적정 유격으로 가장 적합한 것은?

① 1~2mm ② 6~8mm
③ 12~14mm ④ 15~17mm

해설 관리기와 경운기의 조향클러치 적정 유격은 1~2mm로 조정한다.

50 다음 중 바퀴형 트랙터의 견인계수가 가장 큰 것은?

① 목초지
② 건조한 점토
③ 사질토양
④ 건조한 가는 모래

해설 트랙터의 무게가 일정하므로 하중을 지지해주는 입자들의 응집력이 클수록 견인계수는 커진다.

51 보행형 다목적 관리기에서 경운 변속의 방법으로 알맞은 것은?

① 주행 속도의 변환
② P.T.O 변속레버의 변환
③ P.T.O 스프로켓 기어의 교환
④ 체인 케이스의 조립 위치 변경

해설 보행형 다목적 관리기의 경운변속 방법은 P.T.O 변속레버의 변환과 체인케이스의 조립 위치를 변경하는 방법이 있다.

Answer 45.② 46.② 47.② 48.③ 49.① 50.② 51.②, ④

52 다목적 관리기의 농작업에서 후진하면서 작업해야 하는 것은?
① 예초기 작업
② 절단 파쇄기 작업
③ 휴립 피복기 작업
④ 중경 제초기 작업

해설 다목적 관리기의 농작업에서 후진으로 작업을 해야하는 작업은 휴립작업(두둑성형작업), 피복작업(비닐덮기작업)이 대표적이다.

53 보행관리기로 할 수 없는 작업은?
① 경운 쇄토작업
② 비닐피복작업
③ 배토작업
④ 수도작 탈곡작업

해설 수도작 탈곡작업은 콤바인이 할 수 있는 작업이다.

54 파종기법에 해당되지 않는 것은?
① 산파
② 조파
③ 점파
④ 전파

해설
• 산파 : 종자를 흩어 뿌리는 방식
• 조파 : 종자를 간격이 일정한 줄에 연속적으로 파종하는 방식
• 점파 : 일정 간격의 줄에 일정 간격으로 한 알 또는 몇 개의 종자를 파종하는 방식

55 파종기가 구비하여야 할 주요장치가 아닌 것은?
① 구절장치
② 종배장치
③ 복토장치
④ 배토장치

해설 파종기의 주요장치 : 호퍼(종자보관함), 종배장치(종자배출장치), 구절기(씨앗이 떨어질 자리를 파주는 장치), 복토장치(씨앗을 흙으로 덮어주는 장치), 진압기(공극이 있는 땅을 눌러주는 장치)

56 한 줄에 일정한 간격으로 1~3개의 종자를 파종하는 방법으로 옥수수, 콩류 등의 종자 파종에 적합한 파종법은?
① 점파
② 산파
③ 연파
④ 조파

해설
• 산파 : 종자를 흩어 뿌리는 방식
• 조파 : 종자를 간격이 일정한 줄에 연속적으로 파종하는 방식
• 점파 : 일정 간격의 줄에 일정 간격으로 한 알 또는 몇 개의 종자를 파종하는 방식

57 파종기에 시비장치를 부착하여 파종과 동시에 시비작업을 할 수 있는 파종기는?
① 조파기
② 점파기
③ 산파기
④ 홈파기

해설 시비작업은 일반적으로 조파기 형태의 파종기와 동시에 사용하는 것이 일반적이다.

58 격자형의 묘상자에 사토를 넣고 파종, 복토하여 육묘한 것으로 모를 틀에서 밀어내어 이식하는 것은?
① 조파묘
② 산파묘
③ 매트묘
④ 송이 포트묘

해설
• 조파묘 : 과거 이앙기의 형태로 사각형의 격자모양 상자에 사토를 넣고 파종, 복토하여 육묘하는 모종방법
• 산파묘 : 사각형의 판위에 사토를 넣고 골고루 뿌려 파종하고 복토하여 육묘하는 모종방법

59 조파기를 구성하는 장치가 아닌 것은?
① 쇄토기
② 구절기
③ 복토기
④ 진압바퀴

해설 조파기는 호퍼, 종배장치, 구절기, 복토기, 진압바퀴 등으로 구성되어 있다.

Answer 52.③ 53.④ 54.④ 55.④ 56.① 57.① 58.① 59.①

60 감자 파종기의 종자 공급방식에 해당되지 않는 것은?

① 엘리베이터형 반자동식
② 종자판형 반자동식
③ 픽커힐 전자동식
④ 콘베이어식

해설 감자 파종기의 형태에는 엘리베이터형 반자동식, 종자판형 반자동식, 픽커힐, 픽커힐 전자동식 등이 있다.

61 배부식 예초기에서 사용되는 클러치 형식은?

① 벨트식 클러치
② 마찰식 클러치
③ 원심식 클러치
④ 밴드식 클러치

해설 회전속도가 빨라지면 원심력에 의해 클러치가 확장되고 회전축과 연결된 원판은 마찰력에 의해 회전하는데 이를 원심 클러치라고 한다.

62 이앙작업 시 고정되어 조절하기 어려운 것은?

① 작업속도
② 식부 조간거리
③ 주간 거리
④ 식부날 회전속도

해설 이앙기는 조간거리는 30cm내외로 고정되어 있다.

63 다음 중 보행형 산파이앙기에서 식부깊이 조정방법으로 알맞은 것은?

① 주행속도를 조절
② 플로트의 높낮이 조절
③ 묘탑재대 높이의 조절
④ 묘탑재대의 이송 속도를 조절

해설 식부깊이는 플로트의 높낮이 조절로 하지만 묘떼기량은 모탑재대의 높이 조절로 한다.

64 이앙기 작업에서 3.3m²당 주수를 80~85로 하려면 조간거리가 30cm일 때 주간거리는?

① 9cm
② 13cm
③ 17cm
④ 21cm

해설 30cm가 1조이므로 면적은 3.3m²
$3.3m^2 = 0.3m \times x$ ∴ $x = 11m$
11m에 85개를 심어야하기 때문에
$y = \dfrac{1100cm}{85개} = 12.941cm$
∴ $y = 13cm$

65 4조식 이앙기로 작업할 때 결주가 생기는 원인이 아닌 것은?

① 분리침이 마모되었다.
② 파종량이 불균일하다.
③ 세로이송 롤러가 작동불량이다.
④ 주간 간격이 좁다.

해설 결주란 심어지지 않는 것을 말한다. 주간 간격이 좁다는 것은 묘 사이를 좁게 심는다는 의미 이므로 결주의 발생 원인이 아니다.

66 다음 중 이앙기에서 독립 브레이크를 사용하여야 할 때는?

① 도로 주행 중
② 모판을 실었을 때
③ 작업 중 선회할 때
④ 위급 상황이 발생했을 때

해설 독립 브레이크는 이앙기와 트랙터에 있는 사용되는 장치로 작업 중 회전반경을 줄여주기 위한 장치이다. 고속으로 농로 및 도로를 주행할 때는 독립브레이크를 절대사용해서는 안 된다.

Answer   60.④   61.③   62.②   63.②   64.②   65.④   66.③

67 보행 이앙기의 식부 본수 및 식부 깊이 조절에 대한 설명 중 잘못된 것은?
① 묘 탱크 전판을 위로 올리면 식부본수는 적어진다.
② 스윙 핸들로 식부깊이를 조절한다.
③ 연한 토양에는 식부 깊이를 낮게 조정한다.
④ 플로트를 표준위치 보다 높게 하면 식부는 깊어진다.

해설 스윙 핸들은 조향을 위한 장치이다.

68 기계 이앙 시 유압장치는 어느 위치에 놓는가?
① 완전히 내린다. ② 1/2 내린다.
③ 1/2 올린다. ④ 완전히 올린다.

해설 이앙 시에는 유압으로 식부부를 하향 조정해야 하므로 완전히 내린다.

69 이앙기 식입 포오크와 분리침 끝의 간격은?
① 0.1~0.5mm ② 0.7~2mm
③ 5~7mm ④ 10~12mm

해설 이앙기 식입 포오크와 분리침 끝의 간격은 0.1~0.5mm로 한다.

70 다음은 동력 수도 이앙기의 식부 본수 조절 방법이다. 횡이송 조절 방법에 대한 설명 중 맞는 것은?
① 묘를 분리할 때 상하쪽을 많게 또는 적게 하는 방법에 따라 본수가 달라진다.
② 묘 탑재판이 좌우로 움직이는 속도에 따라 분리침 작동 횟수가 달라진다.
③ 분리침의 길이를 조절하여 묘의 상하 폭을 조절하는 방법에 따라 본수가 달라진다.
④ 묘를 분리할 때 길이 폭을 적게 하고 많게 하는 방법에 따라 본수가 달라진다.

해설 횡이송 조절은 묘 탑재판이 좌우로 움직이는 속도에 따라 분리침 작동 횟수를 다르게 하는 조절 장치이다.

71 이앙기에서 모가 일정한 깊이로 심어지게 하고 기체침하를 방지하는 구성요소는 무엇인가?
① 식부암
② 사이더 마커
③ 더스트 실
④ 플로우트

해설
• 식부암 : 모를 심기위해 식부침을 회전시키는 장치
• 사이더 마커 : 일정하게 이앙하기 위하여 전진 후 회전하여 돌아오기 위한 기준선을 그려주는 장치
• 더스트 실 : 식부암에서 식부포오크를 통하여 물이 들어가는 것을 방지해주는 부품

72 이앙기의 식부장치에서 많이 볼 수 있는 링크는?
① 4절 링크
② 6절 링크
③ 8절 링크
④ 10절 링크

해설 4절 링크를 사용한다.

73 동력 이앙기에서 유압장치가 작동되지 않을 때의 점검사항과 관계가 없는 것은?
① 유압케이블 레버의 점검
② 유압 펌프의 점검
③ 체인케이스의 점검
④ 센서 로드의 점검

해설 체인케이스는 유압장치가 아닌 변속기의 일종으로 동력을 전달해 주는 장치이다.

74 기계 이앙기는 모의 종류에 따라 여러 형식으로 구분되는데 다음 중 해당되지 않는 형식은?
① 줄묘식
② 산파식
③ 조파식
④ 원심식

해설 원심식은 원심력에 의해 흩어뿌리는 방식이다.

Answer 67.② 68.① 69.① 70.② 71.④ 72.① 73.③ 74.④

75 이앙기에서 모가 심어지는 개수(묘취량)를 조절하는데 이용되는 부위는?
① 플로트 높이
② 주간 조절
③ 탑재판의 높낮이
④ 조향클러치

해설
- **플로트의 높이조절** : 식부깊이를 조절
- **주간 조절** : 식부침이 묘를 하나심고 그 다음 심을 때의 거리 조절
- **탑재판의 높낮이** : 탑재판은 묘를 올려놓고 일정하게 회전하는 식부암의 식부침에 의해 묘를 떼어내게 되므로 심어지는 모의 개수를 조절
- **조향클러치** : 이앙기가 회전을 해야 할 경우 원하는 방향으로 회전시켜주는 기능

76 농업용 펌프에서 볼류우트 펌프(volute pump) 특징 중 맞는 것은?
① 구조가 복잡하다.
② 안내 날개가 없다.
③ 안내 날개가 있다.
④ 양수 량이 많다.

해설 원심펌프의 종류 중 하나이며 체적형과 비체적형이 있다. 터빈펌프와 달리 회전속도에 따라 압력이 변하며, 안내날개가 없어 소음, 진동 X, 양수량 ↓

77 펌프의 양수량이 감소될 때 원인이 아닌 것은?
① 흡입관 안에서 공기가 새어 들어올 때
② 임펠러가 마멸되었을 때
③ 풋트밸브와 임펠러에 오물이 끼었을 때
④ 전기의 주파수 증가로 전동기의 회전이 증가되었을 때

해설 전기의 주파수가 증가하면 전동기의 회전수가 증가하기 때문에 양수량이 증가한다.

78 양수기 설치 시 주의할 사항 중 맞는 것은?
① 가능하면 수원에서 먼 위치에 설치한다.
② 흡입호스는 직각이 되도록 설치한다.
③ 흡입수면에 가까운 높이로 흡입수면 보다 높은 위치에 설치한다.
④ 흡입호스로 약간의 공기가 들어갈 수 있도록 설치한다.

79 원심펌프의 설치 시에 풋트밸브 설치법 중 맞는 것은?
① 물속 지면 위 20cm위치에 경사지게 설치
② 물속 지면에 닿게 하여 수직으로 설치
③ 물속의 지면에서 1m이상 위로 수직 혹은 경사지게 설치
④ 물속의 지면 위 60cm이상 수직으로 설치

해설 풋트 밸브는 흡입된 액체가 반대로 흘러가지 않도록 하는 장치이다.

80 2행정 가솔린 기관을 사용하는 동력예초기에서 연료와 엔진오일의 혼합비로 가장 적당한 것은?
① 5 : 1   ② 15 : 1
③ 25 : 1   ④ 35 : 1

해설 우리나라에서 사용하고 있는 2행정 가솔린 기관의 배부식 동력 예초기는 연료와 2행정 엔진오일을 25:1로 혼합하여 사용한다.

81 원심펌프의 취급상 유의점에서 알맞은 것은?
① 원심펌프의 볼베어링에는 모빌유를 사용하되 점도가 낮을수록 동력소모가 적다.
② 장시간 공 운전을 실시하여 펌프의 가동상태를 점검한다.
③ 그랜드 패킹에서는 소량의 물이 방울로 떨어져야 한다.
④ 정지 시에는 먼저 원동기를 정지시키고 뒤에 토출밸브를 닫는다.

Answer 75.③ 76.② 77.④ 78.③ 79.④ 80.③ 81.③

82 스프링클러는 다음 중 어느 작업을 하는 농업기계인가?

① 경기 작업
② 탈곡작업
③ 방제작업
④ 관수작업

해설 스프링클러는 물을 공급하는 장치이므로 관수작업에 사용한다.

83 양수기 운전 시 주의해야 할 사항 중 틀린 것은?

① 베어링의 윤활유가 검은 색깔로 변했는지 확인한다.
② 그랜드 패킹에서 물방울이 떨어져서는 안 된다.
③ 음향에 유의하고 흡입관에 다른 물질이나 공기가 유입되는지를 확인한다.
④ 베어링의 온도가 60℃이상 되어서는 안 된다.

해설 양수기는 그랜드 패킹을 이용하여 회전축에서 발생되는 열을 식혀주기 때문에 물방울이 떨어져야 정상이다.

84 물을 양수기로 양수하고 가압하여 송수하며, 자동적으로 분사관을 회전시켜 살수하는 것은?

① 버티칼 펌프
② 동력살분무기
③ 스프링 클러
④ 스피드 스프레이어

해설 스프링클러는 물을 양수하여 파이프에 송수하고 노즐로 살수하는 장치이다. 펌프, 원동기, 배관 노즐이 주요 구성품이다.

85 양수기에 대한 설명 중 옳지 않은 것은?

① 펌프에 물을 붓지 않고 공회전하면 기체가 파손되기 쉽다.
② 볼트 너트가 풀려 있는지 조사한다.
③ 윤활 부분에 기름을 주입한다.
④ 축 받침 온도는 60℃ 이상 유지 시켜야 한다.

해설 축 받침 온도는 60℃ 이하로 유지한다.

86 양수 작업 중 발열이 심한 경우 점검할 부분이 아닌 것은?

① 주유구
② 풋 밸브
③ 그리스 컵
④ V벨트

해설 풋 밸브는 양수기 내에 역류를 방지하기 위한 부분으로 발열과는 무관하다.

87 다음 펌프의 운전 중 수격 작용이 생기고 있을 때 그 대책이 아닌 것은?

① 관내의 유속을 증가시킬 것
② 급격히 밸브를 폐쇄하지 말 것
③ 관내의 유속을 낮게 할 것
④ 조압수조(surge tank)를 관로에 붙일 것

해설 방수관의 밸브를 갑자기 개폐함으로써 생기는 압력이 발생하는 작용을 수격작용이라고 한다.

88 어떤 양수 장치에 의하여 공동현상이 일어나고 있을 때 조치사항이 아닌 것은?

① 물의 누설을 많이 시킨다.
② 펌프의 설치 위치를 낮춘다.
③ 펌프의 회전수를 적게 한다.
④ 펌프의 흡입관을 크게 한다.

해설 공동현상(캐비테이션)은 액체가 흘러갈 때 관내에 마찰과 액체의 속도가 빨라지면서 액체가 관내에서 소용돌이치는 현상이다.

Answer   82.④   83.②   84.③   85.④   86.②   87.①   88.①

89 원심펌프의 운전 중 진동이 생기는 원인이 아닌 것은?

① 회전체의 밸런스가 불량하다.
② 기초가 연약하다.
③ 그랜드 패킹이 마멸되었다.
④ 배관의 연결이 불량하다.

해설 그랜드 패킹은 회전축에 윤활역할과 열의 발생을 최소화 해주는 장치이다.

90 원심펌프의 주요장치가 아닌 것은?

① 회전차
② 와류실
③ 풋 밸브
④ 피스톤

해설 〈원심펌프의 주요장치〉
- 회전차 : 여러 개의 깃으로 회전하며, 깃의 수는 보통 4~8매로 둥근 형태로 되어 있다.
- 안내깃 : 회전차에서 전달되는 물을 와류실로 유도하여 속도 에너지를 얻게 해주는 장치
- 와류실 : 송출관 쪽으로 보내는 나선형 동체
- 흡인관 : 흡입수면에 놓이는 관
- 풋 밸브 : 액체를 흡입할 때는 열리고 액체가 흐르지 않을 때는 닫히는 체크밸브의 형태
- 송출관 : 와류실과 송출구로 전달해주는 수송관

91 수차나 펌프 등 운전 시 일어나는 캐비테이션의 방지책이 아닌 것은?

① 곡관을 적게 한다.
② 회전수를 느리게 한다.
③ 흡입관을 짧게 한다.
④ 흡입관을 굵게 한다.

해설 캐비테이션은 빠른 속도로 흡인되는 액체가 관내에서 빠른 속도로 이동하면서 발생하기 때문에 흡입관을 굵게 해 예방할 수 있으며 흡입관을 짧게 하는 것은 예방책이 아니다.

92 원심펌프의 취급상 유의점으로 알맞은 것은?

① 장기 보관 시 원심펌프 내의 물은 여름철에만 빼낸다.
② 장시간 공회전 운전을 실시하여 펌프의 가동상태를 점검한다.
③ 전동기로 운전할 경우 갑자기 정전이 되었을 때는 스위치를 끊는다.
④ 정지 시에는 먼저 원동기를 정지시키고 뒤에 토출밸브를 닫는다.

93 인력 분무기에는 없고 동력 분무기에만 있는 것은?

① 펌프
② 공기실
③ 노즐
④ 압력조절장치

해설 압력조절장치는 동력 분무기에만 존재하는 부품이다.

94 양수기를 수리할 때 그랜드 패킹의 조임을 어느 정도 조정해야 가장 적당한가?

① 양수작업 시 물이 새지 않는 정도
② 양수작업 시 물이 1분당 1~2 방울 새는 정도
③ 양수작업 시 물이 1분당 5~6 방울 새는 정도
④ 양수작업 시 물이 1분당 15 방울 이상 새는 정도

해설 그랜드 패킹에서 물방울이 1분당 5방울 정도 떨어지는 것이 적당하다.

95 원심펌프의 장점을 설명한 것 중 틀린 것은?

① 구조가 간단하고 취급이 용이하며, 고장이 적다.
② 물속에 흙과 같은 불순물이 있어도 양수에 지장이 없다.
③ 성능과 효율이 비교적 좋은 편이다.
④ 전동기와 직결하여 사용할 수 없다.

해설 원심펌프는 전동기와 직결하여 사용할 수 있고, 전동기와 직결하여 사용할 수 없는 것은 단점이다.

Answer 89.③ 90.④ 91.③ 92.③ 93.④ 94.③ 95.④

96 원심펌프에 해당 되는 것은?
① 축류 펌프
② 사류 펌프
③ 볼류트 펌프
④ 왕복펌프

해설 원심펌프는 볼류트 펌프와 터빈펌프가 있다.

97 동력분무기의 공기실이 하는 가장 주된 역할은?
① 흡입압력을 일정하게 유지하여 준다.
② 약액의 흡입량을 일정하게 유지하여 준다.
③ 약액의 배출량을 일정하게 유지한다.
④ 약액 속에 공기를 혼입시킨다.

해설 동력분무기에 일정한 압력을 유지하기 때문에 배출량을 일정하게 유지한다.

98 원심펌프의 그랜드 패킹 부분에는 어느 정도의 누수가 적당하다고 보는가?
① 1분당 5방울 정도
② 1분당 10방울 정도
③ 1분당 15방울 정도
④ 가는 물방울이 계속해서 누수 되어야 함

해설 그랜드 패킹에서 물방울이 1분당 5방울 정도 떨어지는 것이 적당하다.

99 동력분무기의 주요 구조와 관계가 없는 것은?
① 플랜저 펌프
② 송풍기
③ 공기실
④ 압력조절장치

해설 송풍기는 동력분무기에 해당되지 않는 부품이다. 고동력 살분무기에 해당된다.

100 동력분무기 노즐의 배출량이 30L/min 노즐의 유효 살포 폭이 10m, 10a 당 살포량이 167L/10a 일 경우 노즐의 살포작업 속도는?
① 0.1m/s
② 0.2m/s
③ 0.3m/s
④ 0.4m/s

해설 ① 10a당 살포시간 = $\frac{167l/10a}{30l/min}$ = 5분 34초
∴ 334초
② $10a = 1,000㎡ = 10m \times x$
∴ $x = 100m$
∴ 속도(v) = $\frac{100m}{334초}$ = 0.2994m/s ∴ 0.3m/s

101 동력분무기 운전준비에 관한 사항 중 잘못된 것은?
① 크랭크 오일은 SAE 20~30을 규정량 넣는다.
② 운반 중 나사의 이완이 있으니 각종 볼트너트 이상 유무를 확인한다.
③ V패킹과 플런져 간의 유막형성을 위하여 3~4시간마다 그리스컵을 2~3회 조여준다.
④ 엔진과 연결된 V벨트는 동력전달이 확실히 되도록 팽팽하게 힘껏 조정한다.

해설 엔진과 연결된 V벨트는 동력전달을 위해 팽팽하게 하면 마모가 빨라져 수명을 단축시킬 수 있다.

102 분무기의 장점 중 틀린 것은?
① 음향이나 진동이 비교적 적고 내구성이 좋다.
② 구조가 복잡하나 취급수리가 용이하다.
③ 액체 이용의 장점을 갖는다.
④ 배관장치로 대면적에 설치하면 고정적이나 고능률의 시설이 된다.

Answer 96.③ 97.③ 98.① 99.② 100.③ 101.④ 102.②

103 2ton의 중량물을 4초 사이에 10m 이동시키는데 몇 마력이 소요되는가?

① 약 36.7ps
② 약 46.7ps
③ 약 56.7ps
④ 약 66.7ps

해설 $1ps = 75 kg_f \cdot m/s$
∴ $L(ps) = \dfrac{2,000 kg \times 10m}{4 \times 75} = 66.66667 ps$

104 동력분무기가 압력이 오르지 않는 원인이 아닌 것은?

① 여과기 주위에 이물질이 끼었다.
② 압력계 입구가 막혀있다.
③ 플랜저가 파손되었다.
④ 그리스 컵에 그리스가 가득 채워져 있다.

105 동력분무기 취급 시 상용 압력은 몇 kg/㎠인가?

① 2~5kg/㎠
② 12~15kg/㎠
③ 20~25kg/㎠
④ 36~40kg/㎠

해설 정확한 치수보다는 20~25kg/㎠에 가까운 치수를 선택해야 한다.

106 동력 분무기 분무작업 중에 여수량은 액제 흡입량에 몇%가 유지되도록 하는가?

① 0~5%
② 10~20%
③ 25~30%
④ 35~40%

해설 여수량이란 분무하고 남은 잔량을 여수량이라고 하면 흡입량의 10~20% 유지해야한다.

107 동력분무기에서 약액이 일정하게 분사되게 유지해주는 것은?

① 펌프와 실린더   ② 공기실
③ 노즐   ④ 밸브

해설 약액이 일정하게 분사되는 것은 일정한 압력을 유지시켜주는 공기실이 있기 때문이다.

108 분무기 노즐 중 분무각도와 거리를 조절할 수 있는 것은?

① 스피드 노즐형   ② 환상형
③ 직선형   ④ 철포형

109 다음 중 병충해 방제 작업에서 액체와 분제를 모두 살포할 수 있는 것은?

① 연무기
② 동력 분무기
③ 동력 살립기
④ 동력 살분무기

해설 • 연무기 : 소독을 하기위하여 연막형태로 액체를 살포하는 기계
• 동력 분무기 : 액체를 압력에 의해 입자를 작게 하여 살포하는 기계
• 동력 살립기 : 입제비료를 살포하는 기계

110 동력 분무기 운전 중 주의사항이다. 맞지 않은 것은?

① 압력조절 레버를 위로 올려 무압 상태에서 엔진을 시동한다.
② 운전 초기에 이상 음이 들리면 즉시 엔진을 멈추고 점검한다.
③ 압력조절 레버를 내리고 소요압력을 적당히 조절하여 사용한다.
④ 분무작업을 시작했을 때 압력이 내려가면 이상이 있으므로 엔진을 멈추고 점검한다.

해설 분무작업을 시작했을 때 압력이 순간적으로 내려가므로 엔진을 멈추지 않고 상태를 점검한다.

Answer 103.④ 104.④ 105.③ 106.② 107.② 108.④ 109.④ 110.④

111 동력 살분무기에서 저속은 잘되나 고속이 잘 안되며 공기청정기로 연료가 나올 때의 고장은?
① 미스트발생부 고장
② 노즐 고장
③ 임펠러 고장
④ 리이드 밸브 고장

112 동력 살분무기의 사용 방법 중 틀린 것은?
① 술에 취한 사람은 사용을 금한다.
② 바람을 안고서 살포한다.
③ 마스크를 사용한다.
④ 과로한 사람은 사용을 금한다.
해설 동력 살분무기, 동력분무기 사용은 바람은 등지고 살포해야 안전하다.

113 스피드 스프레이어 방제기에서 분두의 최대살포각도로 알맞은 것은?
① 120°
② 180°
③ 270°
④ 360°
해설 흔히 SS기라고 하며 크기에 따라 노즐이 10~60개까지 부착되어 있다. 최대살포 각도는 180°로 살포 한다.

114 동력살분무기의 살포작업 방법 중 틀린 것은?
① 분관을 좌우로 흔들면서 작업한다.
② 한곳에 많이 살포하지 않도록 한다.
③ 살포는 바람을 안고 한다.
④ 분구 높이는 작물 위 30cm정도로 한다.
해설 약제 살포작업 시에는 바람을 등지고 작업을 해야 안전하다.

115 다음 중 동력살분무기의 안전작업으로 적절하지 못한 것은?
① 방독마스크를 착용하고 작업할 것
② 시동로프로 시동 시 뒤에 사람이 없어야 할 것
③ 농약 살포 시 항상 바람을 안고 작업할 것
④ 농약 살포 시 음주를 피할 것
해설 방제 작업과 농약의 살포 시에는 항상 바람을 등지고 작업해야 한다.

116 스피드스프레이어(SS기, 고성능 동력분무기)의 덤프나 리프트가 작동하지 않을 때에 확인해야 할 것은?
① 유압오일의 양
② 엔진오일의 양
③ 분무기오일의 양
④ 마스터 실린더 오일의 양
해설 덤프나 리프트는 유압시스템에 의해 움직임으로 유압오일의 양을 점검해야 한다.

117 국내에서 사용되고 있는 동력살분무기 사용 시 적정 회전수는?
① 1,000~2,000rpm ② 3,000~4,000rpm
③ 5,000~6,000rpm ④ 7,000~8,000rpm
해설 동력살분무기는 가솔린기관으로 회전수가 빨라야 약제를 멀리 살포할 수 있으며, 적정회전수는 7,000~ 8,000rpm이다.

118 동력살분무기에 사용되는 윤활장치의 종류는?
① 비산식   ② 압송식
③ 비산압송식 ④ 혼합식
해설 동력살분무기는 배부식(등에 메는 방식)이므로 엔진의 무게가 가벼워야하기 때문에 연료와 윤활유를 혼합하여 사용하는 혼합식을 사용한다. 비율은 기종에 따라 다르나 일반적으로 25(가솔린) : 1(2사이클 엔진오일)로 한다.

Answer 111.④ 112.② 113.② 114.③ 115.③ 116.① 117.④ 118.④

119 입자의 비행거리의 차이 또는 부유속도의 차이에 의해 선별하는 곡물 선별기는?

① 중량 선별기
② 마찰 선별기
③ 기류 선별기
④ 체 선별기

해설 입자를 기류에 의해 선별하는 방식은 기류 선별기이다.

120 농약 살포기가 갖춰야 할 조건으로서 맞지 않는 것은?

① 도달성과 부착율
② 균일성과 분산성
③ 피복면적비
④ 노력의 절감과 살포 능력

해설 균일성은 있어야 하나 분산성은 좋으면 안된다.

121 동력살분무기의 살포방법이 아닌 것은?

① 전진법 ② 왕복법
③ 후진법 ④ 횡보법

해설 〈동력살분무기의 살포방법〉
• 전진법 : 앞으로 전진하면서 지그재그 방식으로 살포하는 방식
• 후진법 : 뒤로 후진하면서 지그재그 방식으로 살포하는 방식
• 횡보법 : 평으로 이동하면서 좌우로 살포하는 방식 (중복되는 부분이 발생)

122 병충해 방제에서 약제 살포의 조건이 아닌 것은?

① 필요로 하는 곳에 약제가 도달하는 성질이 있을 것
② 예방 살포인 경우 집중적으로 부착될 것
③ 작물에 약제가 부착하는 비율이 높을 것
④ 노력절감 및 작업이 간편할 것

해설 약제 살포의 조건은 도달성, 균일성, 부착률, 피복면적비, 노동의 절감과 살포능력 등이 있어야 한다.

123 동력 살분무기의 파이프 더스터(다공호스)를 이용하여 분제를 뿌리는데 기계와 멀리 떨어진 파이프 더스터의 끝으로 배출되는 분제의 양이 많다. 다음 중 고르게 배출 되도록 하기 위한 방법으로 가장 적당한 것은?

① 엔진의 속도를 빠르게 한다.
② 엔진의 속도를 낮춘다.
③ 밸브를 약간 닫아 배출되는 분제의 양을 줄인다.
④ 밸브를 약간 열어 배출되는 분제의 양을 늘린다.

124 다음 중 스프링 쿨러는 어느 작업을 하는 농업기계인가?

① 경기 작업
② 탈곡 작업
③ 방제 작업
④ 관수 작업

해설
• 경기 작업 : 토양을 가공하는 작업
• 탈곡 작업 : 곡물을 탈곡하는 작업
• 방제 작업 : 병해충 예방을 위해 약을 뿌리는 작업
• 관수 작업 : 작물에 필요한 수분을 공급하는 작업

125 어린 밭작물용 스프링 쿨러의 취급요령으로 적당치 않은 것은?

① 토출된 물이 지표에서 흐르지 않아야 한다.
② 수압을 낮게 하여 분사되는 물방울을 크게 한다.
③ 노즐의 회전속도에 차이가 많을 때에는 조절해야 한다.
④ 수압이 너무 높으면 바람과 증발에 의한 손실이 커진다.

해설 수압을 낮게 할 경우 스프링클러가 정상적으로 회전하지 않을 수 있으며 회전을 하지 않게 되면 노즐 끝부분에서 물이 집중될 수 있다.

Answer 119.③ 120.② 121.② 122.② 123.② 124.④ 125.②

126 바인더 작업 시 단의 매듭이 느슨한 이유는?
① 끈 브레이크가 약하다.
② 끈 브레이크가 너무 강하다.
③ 끈 집게의 힘이 너무 강하다.
④ 작물줄기가 너무 연하다.

127 자동탈곡기에서 스크로우 컨베이어와 양곡기로 구성된 부분은?
① 자동공급장치
② 탈곡부
③ 2번구 환원처리 장치
④ 자동풍력 조절장치

128 다음 백미외부에 부착된 겨를 깨끗이 털어내거나 씻어내어 청결한 쌀을 만들어 내는 어느 것인가?
① 광학 선별기
② 연미기
③ 자력 선별기
④ 마찰식 정미기

129 곡물의 건량 기준 함수율 산출식으로 옳은 것은?
① (시료의 무게/시료의 총무게)×100
② (시료에 포함된 수분의 무게/시료의 수분 무게)×100
③ (시료에 포함된 수분의 무게/ 시료의 무게)×100
④ (시료의 총무게/ 시료에 포함된 수분의 무게)×100

130 건조의 3대 요인으로 볼 수 없는 것은?
① 공기의 온도
② 공기의 습도
③ 공기의 양
④ 공기의 방향

131 건조기 설치 시 유의사항이 아닌 것은?
① 통풍이 잘 되는 곳에 설치한다.
② 기체의 사방은 수평이 되도록 설치한다.
③ 버너의 방향은 벽면과 1m 이하로 떨어지게 설치한다.
④ 곡물의 투입과 배출작업 공간을 고려하여 설치한다.

해설 버너의 방향은 벽면과 1m 이상 떨어지게 설치한다.

132 미곡종합처리장의 곡물 반입 시설장치에 속하지 않는 것은?
① 호퍼 스케일
② 트럭 스케일
③ 정미기
④ 대기용 컨테이너

해설 미곡종합처리장의 곡물반입 시설장치는 투입호퍼, 트랙, 컨베이어, 원료정선기, 계량설비, 수분측정기, 시료채취기등으로 구성되어 있으며, 정미기는 가공설비에 포함된다.

133 다음 기구들 중 축산기계가 아닌 것은?
① 휘일커터
② 피이드 그라인더
③ 현미기
④ 해머 밀

해설 현미기는 벼를 도정하는 기계이다.

134 가축의 담근먹이를 제조할 때 수확과 동시에 절단이 가능한 기종은?
① 헤이 로우더　② 헤이 베일러
③ 포리지 하베스터　④ 휘일 커터

해설 헤이로우더는 트랙터에 부착된 로우더의 형태로 건초를 이동시킬 때 사용, 헤이 베일러는 트랙터에 부착하여 사각 또는 원형으로 결속을 하는 기계, 휘일 커터는 대형으로 결속된 건초를 가축이 먹기 좋게 잘라주는 기계

135 건초를 운반이나 저장에 편리하도록 꾸리는 작업기는?
① 레이크　② 모워
③ 베일러　④ 디스크 해로우

해설
• 레이크 : 집초를 하는데 사용하는 기계
• 모워 : 작물을 자를 때 사용하는 기계
• 디스크 해로우 : 토양을 경운 정지하는 기계

136 예취된 목초의 건조속도를 빠르게 하기 위한 기계는?
① 헤이 컨디셔너
② 헤이 테더와 헤이 레이크
③ 모워
④ 헤이 베일러

해설
• 헤이 컨디셔너 : 건초를 압쇄시키는 기계
• 헤이 테더 : 목초를 반전하는(뒤집는) 기계

137 트랙터로 견인하면서 줄로 모여진 건초를 운반차에 싣는 작업기는?
① 헤이 로우더
② 헤이 베일러
③ 헤이 레이크
④ 헤이 테더

해설
• 헤이레이크 : 목초의 집초
• 헤이베일러 : 목초의 묶음
• 휘일 커터 : 목초의 절단
• 헤이 컨디셔너 : 목초를 압쇄시키는 기계

138 다음 중 소형 다목적 관리기로 할 수 없는 농작업은?
① 쟁기작업
② 로터리 경운작업
③ 고랑 만들기 작업
④ 이앙작업

해설 이앙작업은 이앙기만 가능하다.

139 베일러에서 끌어올림 장치로 걷어 올려진 건초는 무엇에 의해 베일 챔버로 이송되는가?
① 픽업타인　② 피더(오거)
③ 트와인노터　④ 니들

해설 건초를 끌어올려 챔버로 이송하는 장치는 피더(feeder)이다.

140 다음 중 사료 조제용 기계 기구가 아닌 것은?
① 휘일 커터
② 컬티베이터
③ 피이드 그라인더
④ 헤머밀

해설 컬티베이터는 농작업기 중 로터리같은 경운정지용 기계를 통칭한다.

141 다음 중에서 목초로 엔실리지를 만들 때 사용하는 기계는?
① 헤이 레이크
② 포리지 하베스터
③ 헤이 컨디셔너
④ 모워

해설
• 포리지 하베스터 : 목초로 엔실리지를 만들 때 사용하는 기계
• 헤이 레이크 : 목초를 집초할 때 사용하는 기계
• 헤이 컨디셔너 : 목초를 압쇄할 때 사용하는 기계
• 모워 : 풀을 벨 때 사용하는 기계

Answer　134.③　135.③　136.②　137.①　138.④　139.②　140.②　141.②

142 세단하고 불어 올리는 장치를 가진 본체가 있고, 앞부분의 어태치먼트를 교환함으로서 용도가 넓어질 수 있는 목초 수확기계는 무엇인가?

① 플레일형 목초 수확기
② 헤이레이크 목초 수확기
③ 모워바형 목초 수확기
④ 헤이베일러 목초 수확기

143 동력예취기 사용 전·후 주의할 사항 중 틀린 것은?

① 시동 전 커터날 체결 볼트가 잠겨 있는지 점검할 것
② 커터날은 사용 후 기름걸레로 닦은 후 습기가 없는 곳에 보관할 것
③ 에어클리너 스펀지는 90시간 사용 후 비눗물로 세척하여 끼울 것
④ 상기 보관 시 피스톤이 상사점에 있도록 할 것

해설 에어클리너 스펀지는 사용 후 비눗물로 세척하기보다 석유, 경유로 세척하여 완전히 건조시킨 후 조립하여 사용한다.

144 엔실리지의 원료가 되는 사료 작물을 예취하여 절단하고 컨베이어를 이용하여 운반차에 실을 수 있는 작업기는?

① 헤이 베일러
② 포리지 하베스터
③ 엔실리지 컨디셔너
④ 하베스터 컨디셔너

145 다음 중 말린 목초나 볏짚을 일정한 용적으로 압축하여 묶는 기계는?

① 헤이 테더
② 헤이 베일러
③ 헤이 레이크
④ 헤이 컨디셔너

해설 • 헤이 테더 : 목초를 반전시키는 기계
• 헤이 베일러 : 목초를 묶는 기계
• 헤이 레이크 : 목초를 집초하는 기계
• 헤이컨디셔너 : 목초를 압쇄하는 기계

146 트레일러에 물건을 실을 때 무거운 물건의 중심위치는 다음 중 어느 위치에 있어야 안전한가?

① 상부
② 승부
③ 하부
④ 앞부분

해설 무게중심이 상부로 올라가면 갈수록 전복사고 위험이 크다.

147 다목적 관리기에서 P.T.O축과 작업기 구동축을 연결시키는 것은?

① V벨트
② 커플링
③ 체인케이스
④ 변속기어

해설 엔진에서 동력은 V벨트로 연결이 되나 P.T.O 축은 체인케이스와 연결되어 있다.

Answer 142.③ 143.③ 144.② 145.② 146.③ 147.③

148 예취기 작업 시 옳지 않은 방법은?

① 시작 전 각부의 볼트, 너트의 풀림, 날 고정 볼트의 조임 상태를 확인한다.
② 장시간 작업 시 6시간마다 30분 정도 휴식한다.
③ 기관을 시동한 뒤 2~3분 공회전 후 작업을 한다.
④ 장기간 보관할 때 금속 날 등에 오일을 칠하여 보관한다.

해설 장시간 작업 시 1~2시간 마다. 30분 정도 휴식한다.

MEMO

PART 3

농업기계 기관
(엔진)

PART 3 농업기계 기관 (엔진)

01 내연기관의 일반

1 내연기관이란?

연료의 연소에 의해 발생하는 열에너지를 기계적인 일로 변환하는 장치이고, 작동유체로서 연료의 연소가스를 이용한다. 현재 농업용 동력원으로서 이용되는 기관은 피스톤, 크랭크 기구를 갖는 왕복동형 내연기관이 거의 대부분이다.

2 내연기관의 분류

(1) 기계적 구조에 의한 분류

① 사이클 : 실린더내에서 피스톤의 흡입, 압축, 팽창, 배기행정의 과정을 거쳐 처음의 상태로 환원되어 순환하는 과정
② 4행정 사이클 : 크랭크축이 2회전할때 피스톤은 흡입, 압축, 팽창(폭발), 배기의 4행정을 하여 1사이클을 완성하는 기관
③ 2행정 사이클 : 크랭크축이 1회전으로 1사이클을 완성하는 기관으로 흡입 및 배기를 위한 독립적인 행정은 없다.

2사이클의 장점(4사이클의 단점)	2사이클의 단점(4사이클의 장점)
• 매회전마다. 폭발이 일어나므로 출력이 2배 (실제 1.7~1.8배) • 밸브장치가 없으므로 구조가 간단하다. • 왕복운동부분의 관성력이 완화된다. • 밸브장치가 없으므로 연료캠의 위상만 바꾸면 역회전이 가능하다. • 매회전마다 폭발이 일어나므로 회전력이 균일하다.	• 흡·배기 밸브가 동시에 열려 있는 시간이 길기 때문에 체적 효율이 낮다. • 소음이 크다. • 연료 및 윤활유 소비량이 많다. • 흡배기 때문에 피스톤 링의 파손이 많다. • 저속과 고속에서 역화가 일어난다. • 유효행정이 짧아 효율이 낮다.

(2) 점화방식에 의한 분류

① **전기점화(불꽃 점화)** : 가솔린 기관과 LPG(LPI)기관의 점화방식

② **압축착화(자기착화)** : 디젤기관의 점화방식

(3) 실린더 배열에 의한 분류

① 일렬수직으로 설치한 직렬형

② 직렬형 실린더 2조를 V형으로 배열시킨 V형

③ V형 기관을 펴서 양쪽 실린더 블록이 수평면 상에 있는 수평 대향형

④ 실린더가 공통의 중심선상에서 방사선 모양으로 배열된 성형(방사형)

(4) 실린더 안지름과 행정비율에 의한 분류

① **장행정 기관** : 실린더 안지름 보다 피스톤 행정의 길이가 큰 형식(농업기계와 건설기계에서 주로 사용)

② **정방형 기관** : 실린더 안지름과 피스톤 행정의 길이가 똑같은 형식

③ **단행정 기관** : 실린더 안지름이 피스톤 행정의 길이보다 큰 형식(자동차에서 주로 사용)

(5) 작동방식에 의한 분류

① **피스톤형(왕복운동형 또는 용적형)** : 가솔린, 디젤, 가스기관

② **회전운동형(유동형)** : 로터리 기관, 가스터빈

③ **분사추진형** : 제트기관, 로켓기관

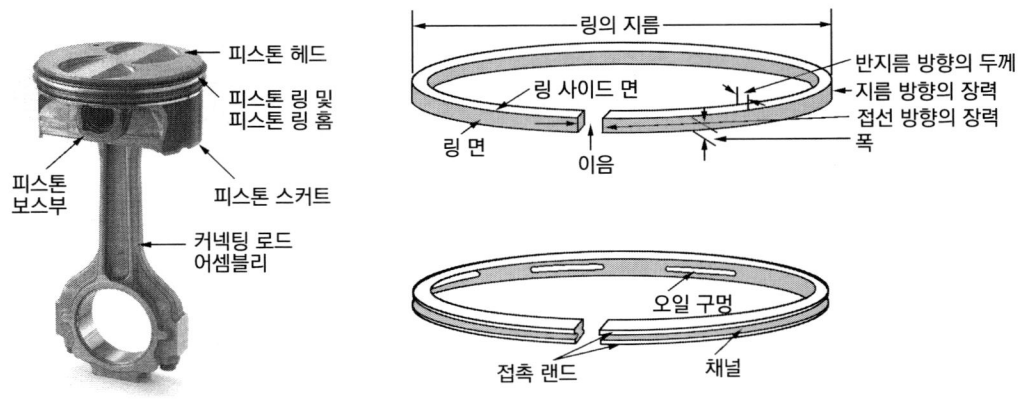

그림 피스톤, 피스톤링, 커넥팅로드

(6) 냉각방식에 의한 분류

① **공랭식** : 내연기관에서 발생되는 열을 외부의 공기를 이용하여 냉각시키는 방식

- 특징
  - 구조가 간단하고 마력당 중량이 가볍다.
  - 정상온도에 도달하는 시간이 짧다.
  - 냉각수의 동결 및 누출에 대한 우려가 없다.
  - 기후·운전상태 등에 따라 기관의 온도가 변화하기 쉽다.
  - 냉각이 균일하지 못하다.

공랭식의 형식
- 자연 통풍방식
- 강제 통풍방식

② **수랭식** : 내연기관에서 발생되는 열을 물자켓을 두고 펌프를 이용하여 냉각수를 순환시키는 방식

- 종류
  - **자연순환방식** : 물의 대류작용을 이용한 것으로 고성능 기관에는 부적합하다.
  - **강제순환방식** : 물펌프를 이용하여 물 자켓내에 냉각수를 강제 순환시키는 방식
  - **압력순환방식** : 냉각계통을 밀폐시키고, 냉각수가 가열·팽창할 때의 압력이 냉각수에 압력을 가하여 비등점을 높여 비등에 의한 손실을 줄일 수 있는 방식
  - **밀봉 압력방식** : 냉각수 팽창압력과 동일한 크기의 보조 물탱크를 두고 냉각수가 팽창할 때 외부로 유출되지 않도록 하는 방식

- 라디에이터(방열기)
  - 구비조건 : 단위면적당 방열량이 클 것, 공기 흐름 저항이 작을 것, 냉각수의 유동이 용이 할 것, 가볍고 적으며 강도가 클 것
  - 라디에이터 코어 막힘율

$$\text{라디에이터 코어 막힘율} = \frac{\text{신품용량} - \text{사은품용량}}{\text{신품용량}} \times 100$$

수랭식의 주요 구조
- 물자켓
- 물펌프
- 냉각팬
- 구동벨트(팬벨트)
- 라디에이터(방열기)
- 수온조절기

- 수온조절기(Thermostat) : 실린더 헤드 물자켓 출구에 설치되어 냉각수 온도를 알맞게 조절하는 기구
- 수온조절기의 종류 : 바이메탈형, 벨로즈형, 펠릿형

③ 부동액

- 종류 : 메탄올(알코올), 에틸렌글리콜, 글리세린 등
- 에틸렌글리콜의 특징
  - 비등점(198℃)이 높고, 불연성이다.
  - 응고점이 낮다.
  - 누출되면 고질상태의 물질을 만든다.
  - 금속을 부식시키고 팽창계수가 크다.
- 구비조건
  - 물보다 비등점이 높고, 응고점은 낮을 것
  - 휘발성이 없으며, 팽창계수가 적을 것
  - 물과 혼합이 잘될 것
  - 내식성이 크고, 침전물이 없을 것

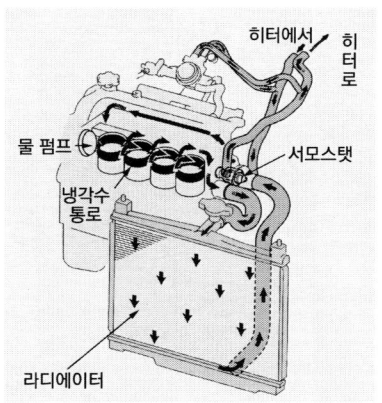

그림 냉각수 흐름도

02 내연기관의 구조

1 내연기관의 주요구조와 기능

(1) 실린더

실린더 내에서 피스톤이 왕복운동을 하면서 열에너지를 기계적인 에너지로 바꾸어 동력을 발생시키는 공간이자 부품이다. 수랭식 기관은 실린더를 물자켓으로 직접 둘러 싸고 있는 방식과 간접적으로 둘러 싸고 있는 방식이 있다. 공랭식은 냉각핀이 감싸고 있는 구조로 되어 있다.

(2) 실린더 헤드

실린더 블록과 가스켓, 실린더 헤드 순서로 되어 조립되어 있으며, 실린더와 함께 연소실을 형성한다. 헤드부는 기관의 머리역할을 하기 때문에 중요한 부위이다. 적정한 시기에 맞는 행정을 지시하고 연료 분사, 불꽃점화장치 등 주요 구성품들이 같이 결합이 되어 있다.

그림 실린더 헤드

① 실린더 헤드의 구비조건
- 기계적인 강도가 높을 것
- 열전도성이 클 것
- 열변형에 대한 안정성이 있을 것
- 열팽창성이 작을 것
- 가볍고, 내식성과 내구성이 클 것

② 연소실 : 실린더 헤드에 의해 형성되며, 혼합가스의 연소와 연소가스의 팽창이 시작이 되는 부분이다.
- 화염전파에 소요되는 시간이 짧을 것
- 연소실 내의 표면적을 최소화시킬 것
- 가열되기 쉬운 돌출부분이 없을 것
- 압출행정에서 와류가 일어나도록 할 것
- 밸브 및 밸브구멍에 충분한 면적을 주어서 흡·배기작용이 원활하게 할 것
- 배기가스에 유해성분이 적을 것
- 출력 및 열효율이 높을 것
- 노크를 일으키지 않을 것

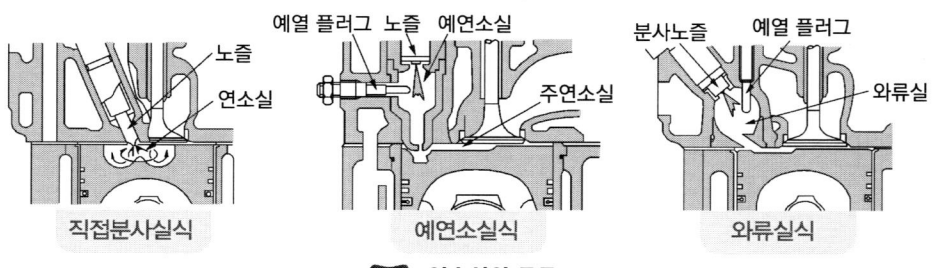

그림 연소실의 종류

③ 헤드 가스켓

실린더 헤드와 실린더 블록의 접합면 사이에 끼워져 양쪽 면을 밀착시키고 압축 가스, 냉각수 및 기관오일이 누출되는 것을 방지하기 위하여 사용되며 재질은 일반적으로 석면계열의 물질이다.

(3) 피스톤

연소가스의 압력을 받고 측면부에서 변동하는 측압을 받으면서 크랭크축에 의해 실린더 내를 왕복운동을 하는 부품

① 피스톤의 구성품 : 피스톤, 피스톤링, 피스톤핀, 스냅링

② 피스톤의 구조 : 피스톤 헤드, 링지대(링홈, 링홈과 홈 사이를 랜드, 피스톤 스커트, 보스부)
③ 피스톤의 구비조건
- 고온·고압에서 견딜 것
- 열 전도성이 클 것
- 열팽창률이 적을 것
- 무게가 가벼울 것
- 피스톤 상호간의 무게 차이가 적을 것

④ 피스톤 링의 작용
- 기밀유지   • 오일제거 작용   • 열전도작용

⑤ 피스톤 핀의 설치 방법
- 고정식 : 피스톤 핀을 피스톤 보스에 볼트로 고정하는 방식
- 반부동식 : 피스톤 핀을 커넥팅로드 소단부로 고정하는 방식
- 전부동식 : 피스톤 보스, 커넥팅로드 소단부 등 어느 부분에도 고정하지 않는 방식

피스톤의 평균 속도

$$S = \frac{2RL}{60}$$

S = 피스톤의 평균속도(m/s)
R = 엔진의 회전수(rpm)
L = 피스톤의 행정

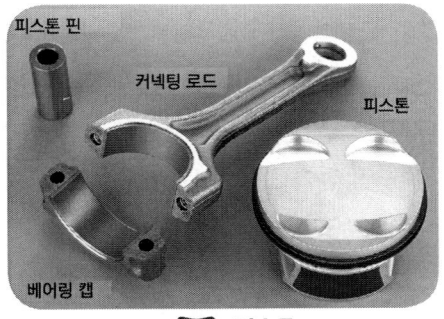

그림 피스톤

(4) 커넥팅 로드

피스톤 핀과 크랭크 축을 연결하여 피스톤에 가해지는 폭발력을 크랭크축에 전달하는 부품으로 큰 변동하중을 받기 때문에 경량화가 되어야 한다.

① 커넥팅 로드의 구성품 : 커넥팅 로드, 피스톤 핀, 부싱, 조립볼트
② 커넥팅 로드의 구조 : 소단부, 본체, 대단부

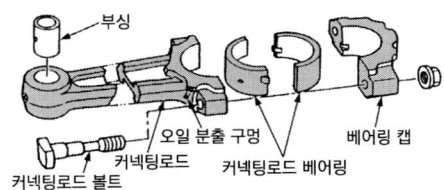

그림 커넥팅 로드

(5) 크랭크축

각 실린더의 피스톤이 왕복운동을 회전 운동으로 바꾸기 위한 축이다.

① 크랭크 축의 구성 : 커넥팅로드의 대단부와 연결되는 크랭크 핀, 메일베어링에 지지되는 크랭크 저널, 이 양축을 연결하는 크랭크 암평형을 잡아주는 평형추 등으로 구성
② 직렬 4기통의 점화 순서 : 우수식 1-2-4-3, 좌수식 1-3-4-2,
③ 직렬 6기통의 점화 순서 : 좌수식 1-4-2-6-3-5, 우수식 1-5-3-6-2-4

직렬 4기통(좌수식)의 점화 순서 맞추기

같은시기 다른행정	1번 실린더	2번 실린더	3번 실린더	4번 실린더
	폭발	배기	압축	흡입
	배기	흡입	폭발	압축
	흡입	압축	배기	폭발
	압축	폭발	흡입	배기

예) 3번 실린더가 폭발을 할 때 1번 실린더의 행정은? 배기

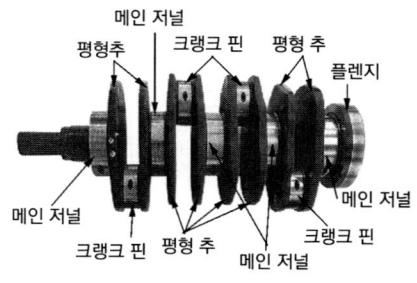

그림 크랭크 축

(6) 플라이 휠

내연기관의 피스톤이 받는 가스압력과 왕복운동부분의 관성력에 의해 토크변동이 발생하는데 이 토크 변동에 의해 회전속도가 균일하지 못하므로 속도변화를 실용상 지장이 없도록 감소시키기 위하여 설치한 장치이다.

(7) 크랭크 실

크랭크축과 크랭크 축을 지지하는 메인베어링과 캠축이 설치되고, 크랭크실 상부에는 실린더가 장착되어 있다. 크랭크실 하부에는 윤활유를 넣는 오일팬이 있다. 중량에 의해 압축력, 폭발에 의한 인장력, 측방등도 작용하므로 튼튼하고 강도가 높은 주물을 이용한다.

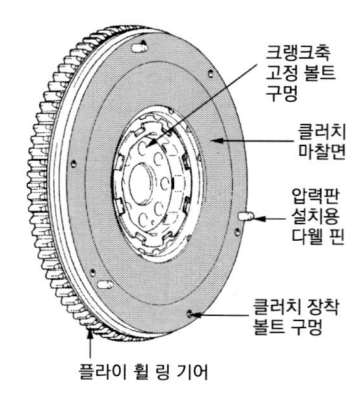

그림 플라이 휠

2 밸브 및 캠축 구동장치

(1) 밸브 기구의 개요

① 4행정 기관은 폭발행정에 필요한 혼합기체를 실린더 내에 흡입하고 연소가스를 배출하기 위하여 연소실에 밸브를 두며, 이 밸브의 개폐하는 기구를 밸브 기구라고 한다.
② **밸브 기구의 구성품** : 캠축, 밸브 리프터(태핏), 푸시로드, 로커암 축 어셈블리, 밸브 등
③ **밸브의 형태** : I-헤드(OHV), OHC형
- I-헤드(OHV) : 캠축, 밸브 리프터(태핏), 푸시로드, 로커암축 어셈블리, 밸브로 구성

- 흡·배기밸브 모두 실린더 헤드에 설치되어 밸브 리프터(태핏)와 밸브 사이에 푸시로드와 로커 암 축 어셈블리의 두 부품이 더 설치되어 밸브를 구동하는 형식
- OHC형 : 캠축을 실린더 헤드 위에 설치하고 캠이 직접 로커 암을 구동하는 형식
  - 흡입효율을 향상시킬 수 있다.
  - 허용 최고 회전속도를 높일수 있다.
  - 연소효율을 높일 수 있다.
  - 응답성능이 향상된다.

④ 캠축의 구동방식
- 기어구동방식
- 체인구동방식
- 벨트구동방식

(2) 흡·배기 밸브

① 밸브의 구비조건
- 높은 온도에서 견딜 수 있을 것
- 밸브 헤드 부분의 열전도성이 클 것
- 높은 온도에서의 장력과 충격에 대한 저항력이 클 것
- 무게가 가볍고, 내구성이 클 것

오버랩(over lap) : 흡기밸브와 배기밸브가 동시에 열려 있는 기간

② 밸브의 구조 : 흡·배기 밸브는 밸브의 헤드, 밸브 마친, 밸브 면, 밸브 스템 등으로 구성
- 밸브간극을 두는 이유는 로커암과 밸브 스템 사이에 열팽창 때문

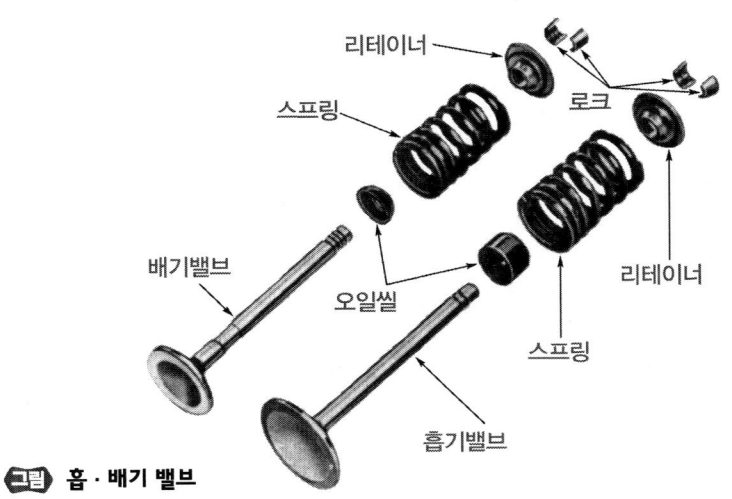

그림 흡·배기 밸브

03 기관의 성능

1 도시(지시)마력

실린더 내에서의 폭발압력을 측정한 마력(이론적 출력)을 말한다.

(1) 4행정 사이클 기관의 도시마력

$$I_{ps} = \frac{P_{mi} \times A \times L \times R \times Z}{75 \times 60 \times 2} = \frac{P_{mi} \times V \times R}{900}$$

I_{ps} = 도시마력
P_{mi} = 도시평균 유효압력
A = 실린더 단면적
L = 피스톤 행정
R = 회전속도
V = 행정체적(배기량)
Z = 실린더 수

(2) 2행정 사이클 기관의 도시마력

$$I_{ps} = \frac{P_{mi} \times A \times L \times R \times Z}{75 \times 60} = \frac{P_{mi} \times V \times R}{450}$$

I_{ps} = 도시마력
P_{mi} = 도시평균 유효압력
A = 실린더 단면적
L = 피스톤 행정
R = 회전속도
V = 행정체적(배기량)
Z = 실린더 수

2 제동(축)마력

크랭크축에서 동력계로 측정한 마력이며, 실제기관의 출력으로 이용할 수 있다.

(1) 4행정 사이클 기관의 제동마력

$$B_{ps} = \frac{P_{mb} \times A \times L \times R \times Z}{9000} = \frac{P_{mb} \times V \times R}{900}$$

B_{ps} = 제동마력
P_{mb} = 제동평균 유효압력
A = 실린더 단면적
L = 피스톤 행정
R = 회전속도
Z = 실린더 수
V = 행정체적(배기량)

(2) 2행정 사이클 기관의 제동마력

$$B_{ps} = \frac{P_{mb} \times A \times L \times R \times Z}{4500} = \frac{P_{mb} \times V \times R}{450}$$

B_{ps} = 제동마력
P_{mb} = 제동평균 유효압력
A = 실린더 단면적
L = 피스톤 행정
R = 회전속도
Z = 실린더 수
V = 행정체적(배기량)

3 회전력(토크)과 마력의 관계

(1) 마력(PS)

$$B_{ps} = \frac{W_b}{75 \times 60} = \frac{T \times R}{716}$$

rB_{ps} = 제동마력(PS)
W_b = 크랭크 축의 일량(kg$_f$·m/min)
T = 회전력(kg$_f$·m)
R = 회전속도(rpm)

(2) 전력

$$B_{kW} = \frac{W_b}{102 \times 60} = \frac{T \times R}{974}$$

B_{kw} = 제동마력(kW)
W_b = 크랭크 축의 일량(kg$_f$·m/min)
T = 회전력(kg$_f$·m)
R = 회전속도(rpm)

04 기관의 연료

1 원유의 정제 순서

원유 ▶ LPG(-42~-1℃) ▶ 휘발유(30~180℃) ▶ 등유(170~250℃)
▶ 경유(240~350℃) ▶ 윤활유(350℃이상)

2 가솔린(휘발유)

(1) 가솔린의 조건

① 발열량이 클 것 ② 불붙는 온도(인화점)가 적당할 것
③ 인체에 무해할 것 ④ 취급이 용이할 것
⑤ 연소 후 탄소 등 유해 화합물을 남기지 말 것
⑥ 온도에 관계없이 유동성이 좋을 것 ⑦ 연소속도가 빠르고 자기 발화온도가 높을 것

(2) 옥탄가

연료의 내폭성을 나타내는 수치

$$옥탄가 = \frac{이소옥탄}{이소옥탄 + 노말헵탄} \times 100$$

(3) 가솔린 기관의 연소과정

실린더 내에서 연료의 연소는 매우 짧은 시간에 이루어지나 그 과정은 점화 ▶ 화염전파 ▶ 후연소의 3단계로 나누어진다.

(4) 가솔린 기관의 노크 방지방법

① 화염의 전파거리를 짧게 하는 연소실 형상을 사용한다.
② 자연 발화온도가 높은 연료를 사용한다.
③ 동일 압축비에서 혼합가스의 온도를 낮추는 연소실 형상을 사용한다.
④ 연소속도가 빠른 연료를 사용한다.
⑤ 점화시기를 낮춘다.
⑥ 고 옥탄가의 연료를 사용한다.
⑦ 퇴적된 카본을 떼어낸다.
⑧ 혼합가스를 농후하게 한다.

(5) 가솔린 연료 장치

① 기화기 : 일정비율의 연료와 공기를 혼합하여 혼합기체를 만드는 장치

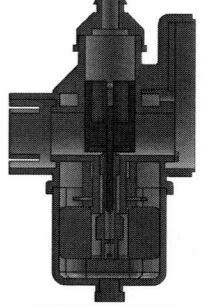

아이들 상태

② 기화기의 구성품 : 벤추리, 메인노즐, 플로트실, 플로트, 니들밸브, 쵸크밸브, 교축밸브, 에어브리드, 공운전 노즐, 조속노즐 등으로 구성
③ 분사방식 : 연속분사, 정시분사
   ● 연속분사 : 흡기관내 연속분사와 흡기공내 연속 분사
   ● 정시분사 : 흡기공내 정시분사와 실린더 내 정시 분사

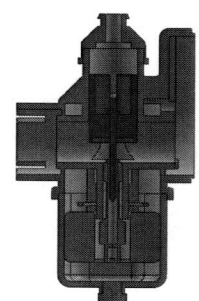

중속 상태

(6) 전기점화 장치

① 점화방식 : 마그네트 점화, 축전지 점화
② 농업용의 가솔린 기관은 대부분 마그네트 점화방식을 체택하여 활용한다.
③ 점화플러그 : 2차 코일에서 발생한 고전류를 중앙전극으로 통하여 접지전극과의 틈새에서 불꽃을 일으켜 혼합기를 점화하는 역할을 함

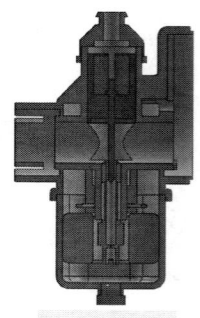

고속 상태

그림 기화기의 구조

3 디젤(경유)

(1) 디젤의 구비조건

① 착화성이 좋을 것
② 세탄가가 높을 것
③ 불순물이 없을 것
④ 황함유량이 적을 것
⑤ 점도가 적당할 것
⑥ 발열량이 클 것

(2) 세탄가

연료의 착화성은 세탄가로 표시한다.

$$세탄가 = \frac{세탄}{세탄 + \alpha \text{ 메틸나프탈린}} \times 100$$

(3) 디젤기관의 연소과정

착화지연 기간 ▶ 화염전파 기간 ▶ 직접연소 기간 ▶ 후 연소 기간
의 4단계로 연소한다.

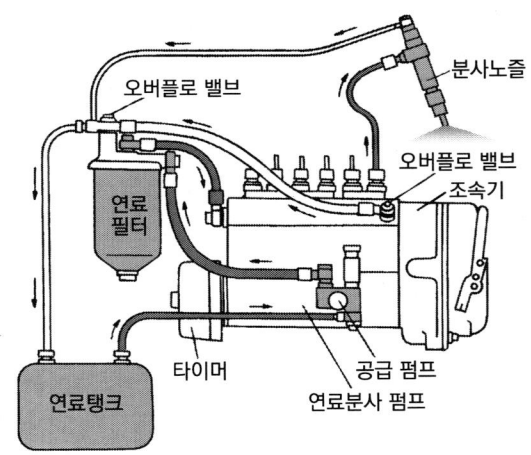

[그림] 디젤기관의 연료 흐름도

(4) 디젤 기관의 노크 방지 방법

① 착화성이 좋은연료를 사용하여 착화지연 기간을 짧게 한다.
② 압축비를 높여 압축온도와 압력을 높인다.
③ 분사개시 때 연료분사량을 적게하여 급격한 압력상승을 억제한다.
④ 흡입공기에 와류를 준다.
⑤ 분사시기를 알맞게 조정한다.
⑥ 기관의 온도 및 회전 속도를 높인다.

디젤 기관의 장점 (가솔린 기관의 단점)	디젤 기관의 단점 (가솔린 기관의 장점)
• 압축비가 높기 때문에 열효율이 높다. • 고장이 자주 일어나는 전기점화 장치나 기화기 장치가 없어 고장이 적다. • 저질 연료를 사용할 수 있으므로 연료비가 적게 든다. • 연료의 인화점이 높기 때문에 화재의 위험성이 적고 안전성이 높다. • 저속에서 회전력이 크다. • 대형, 대출력이 가능하다.	• 마력당 중량이 무겁다. • 소음과 진동이 크다. • 평균 유효압력이 낮다. • 정밀가공이 필요하다. • 추운계절에 시동이 어렵다. • 단위 배기량당 출력이 작다. • 배기가스의 유독성이 많다.

(5) 디젤 연료장치

① **연료 공급펌프** : 연료를 흡입·가압한 다음 분사펌프로 공급해 주며 연료 계통의 공기빼기 작업등에 사용하는 프라이밍 펌프가 있다.

② **연료 여과기** : 연료 내의 먼지나 수분을 제거 분리한다.

③ **연료 분사펌프** : 연료 공급펌프에서 공급된 연료를 펌프에 의해 고압으로 변화시켜 고압관으로 연료를 전달하는 역할을 한다.

④ **딜리버리 밸브** : 분사 펌프에서 압력이 가해진 연료를 분사노즐로 압송하는 밸브이며, 연료의 역류와 후적을 방지하고 고압 파이프 내에 잔압을 유지한다.

⑤ **조속기(거버너)** : 기관의 회전속도 및 부하에 따라 연료 분사량을 조정해주는 장치

⑥ **분사노즐** : 분사펌프에서 보내진 고압의 연료를 미세한 안개모양으로 연소실 내에 분사하는 부품
  - 분사노즐의 종류 : 개방형 노즐, 밀폐형 노즐(구멍형, 핀틀형, 스로틀형)

⑦ **디젤기관의 시동보조장치**
  - 감압장치
  - 예열장치 : 예열플러그 방식, 흡기가열 방식

(6) 디젤기관 연소실 종류

① 직접분사실식 장점 및 단점

직접분사실식의 장점	직접분사실식의 단점
• 연소실이 간단해 냉각손실이 적다. • 기관 시동이 용이하다. • 열효율이 높고, 연료소비율이 적다.	• 분사압력이 높아 연료장치의 수명이 짧다. • 사용연료의 변화에 민감하다. • 노크 발생이 쉽다.

② 예연소실식 장점 및 단점

예연소실식의 장점	예연소실식의 단점
• 분사압력이 낮아 연료장치의 수명이 길다. • 사용 연료 변화에 둔감하다. • 운전 상태가 정숙하고 노크 발생이 적다.	• 연소식 표면적 대 체적비가 커 냉각손실이 크다. • 겨울철 시동시 예열플러그가 필요하다. • 큰 출력의 기동전동기가 필요하다. • 구조가 복잡하고, 연료소비율이 비교적 크다.

③ 와류실식 장점 및 단점

와류실식의 장점	와류실식의 단점
• 압축행정에서 발생하는 강한 와류를 이용하므로 회전속도 및 평균 유효압력이 높다. • 분사압력이 비교적 낮다. • 회전속도 범위가 넓고, 운전이 원활하다. • 연료 소비율이 비교적 적다.	• 실린더 헤드의 구조가 복잡하다. • 연소실 표면적에 대한 체적비가 커 열효율이 낮다. • 저속에서 노크 발생이 크다. • 겨울철에 시동에서 예열플로그가 필요하다.

(7) 배출가스

① 엔진에서 배출되는 가스
- 배기가스 : 주성분은 수증기와 이산화탄소이며, 이 외에 일산화 탄소, 탄화수소, 질소화물, 탄소입자 등이 있으며, 이 중에서 일산화 탄소, 질소산화물, 탄화수소 등이 유해물질이다.
- 블로바이가스 : 실린더와 피스톤 간극에서 크랭크 케이스로 빠져 나오는 가스를 말하며, 조성은 70~95%정도가 미연소 가스인 탄화수소이고, 나머지가 연소가스 및 부분 산화된 혼합가스이다.
- 연료증발 가스 : 연로증발 가스는 연료 장치에서 연료가 증발하여 대기중으로 방출되는 가스이며, 주성분은 탄화수소이다.

② 배기가스의 유독성 및 발생농도
- 일산화탄소
  - 불완전 연소할 때 다량 발생한다.
  - 혼합가스가 농후할 때 발생량이 증가된다.
  - 촉매 변환기에 의해 이산화탄소로 전환이 가능하다.
  - 일산화탄소를 흡입하면 인체의 혈액 속에 있는 헤모글로빈과 결합하기 때문에 수족 마비, 정신 분열 등을 일으킨다.

- 탄화수소 : 농도가 낮은 탄화수소는 호흡기 계통에 자극을 줄 정도이지만 심하면 점막이나 눈을 자극하게 된다.
- 탄화수소의 발생원인
  - 농후한 연료로 인한 불완전 연소할 때 발생한다.
  - 화염전파 후 연소실내의 냉각작용으로 타다 남은 혼합가스이다.
  - 희박한 혼합가스에서 점화 실화로 인해 발생한다.
- 질소산화물 : 질소산화물은 기관의 연소실 안이 고온 고압이고 공기과잉일 때 주로 발생되는 가스로 광화학 스모그의 원인이 된다.
- 질소산화물 발생원인
  - 질소는 잘 산화하지 않으나 고온고압 및 전기 불꽃등이 존재하는 곳에서는 산화하여 질소산화물을 발생시킨다.
  - 연소온도가 2000℃이상인 고온연소에서는 급격히 증가한다.
  - 질소산화물은 이론공연비 부근에서 최댓값을 나타내며, 이론 공연비보다 농후해지거나 희박해지면 발생률이 낮아진다.

05 윤활장치

1 윤활유

마찰면에 유막을 형성하여 마찰, 마모를 감소시키고 원활한 운동을 하게 한다.

(1) 윤활유의 작용

① 마찰 감소 및 마멸 방지 작용 ② 기밀유지 작용
③ 냉각(열전도) 작용   ④ 세척(청정) 작용
⑤ 응력분산(충격완화) 작용   ⑥ 부식방지(방청) 작용

(2) 윤활유의 구비조건

① 점도지수가 높고, 점도가 적당할 것   ② 인화점 및 발화점이 높을 것
③ 유막을 형성할 것   ④ 응고점이 낮을 것
⑤ 비중과 점도가 적당할 것   ⑥ 열과 산에 대해 안정성이 있을 것
⑦ 카본생성이 적고, 기포발생에 대한 저항력이 클 것

(3) 윤활유의 분류

① SAE(미국의 자동차 협회) : SAE 기준에 의한 분류는 점도에 따라 분류한다.
   예) SAE 30
② API(미국의 석유 협회) : API 기준에 의한 분류는 운전 상태의 가혹도에 따라 분류한다.
   예) 가솔린(ML, MM, MS), 디젤(DG, DM, DS)

점도지수 : 윤활유가 온도변화에 따라 점도가 변화하는 것을 말하며, 점도지수가 클수록 점도 변화가 적다. 그리고 윤활유의 가장 중요한 성질은 점도이다.

(4) 윤활장치의 구성부품

① 오일팬(크랭크 케이스) : 윤활유의 조장과 냉각작용을 하며, 내부에 섬프가 있어 기관이 기울어졌을 때에도 윤활유가 충분히 고여 있게 하며, 또 배플은 급정지할 때 윤활유가 부족해지는 것을 방지한다.
② 펌프 스트레이너 : 오일 팬 내의 윤활유를 오일펌프로 유도해 주며, 1차 여과작용을 한다.
③ 오일 펌프 : 오일 팬 내의 오일을 흡입 가압하여 각 윤활부분으로 공급하는 장치이며, 종류에 따라 펌프의 종류는 기어 펌프, 플랜저 펌프, 베인 펌프, 로터리 펌프 등이 사용된다.
④ 오일 여과기 : 윤활유 속의 금속분말, 카본, 수분, 먼지 등의 불순물을 여과하는 역할을 하며, 여과방식에는 전류식, 분류식, 샨트식 등이 있다.
   ● 전류식 : 오일펌프에서 공급된 윤활유 전부를 여과기를 통하여 여과시킨 후 윤활부분으로 공급하는 방식
   ● 분류식 : 오일펌프에서 공급된 윤활유 일부는 여과하지 않은 상태로 윤활부분으로 공급하고, 나머지 윤활유는 여과기로 여과시킨 후 오일 팬으로 되돌려 보내는 방식
   ● 샨트식 : 오일펌프에 공급된 윤활유 일부는 여과되지 않은 상태로 윤활부분에 공급되고, 나머지 윤활유는 여과기에서 여과된 후 윤활부분으로 보내는 방식
⑤ 유압 조절밸브(릴리프 밸브) : 윤활회로 내의 유압이 규정값 이상으로 상승하는 것을 방지하며, 유압이 높아지는 원인과 낮아지는 원인은 다음과 같다.
   ● 유압이 높아지는 원인
     • 기관의 온도가 낮아 점도가 높아졌다.   • 윤활회로에 막힘이 있다.
     • 유압조절 밸브 스프링 장력이 크다.
   ● 유압이 낮아지는 원인
     • 오일간극이 과다하다.   • 오일펌프의 마모 또는 윤활회로에서 누출이 있다.
     • 윤활유 점도가 낮다.   • 윤활유 양이 부족하다.

⑥ 유압 경고등 : 윤활계통에 고장이 있으면 점등되는 방식이다.
- 기관이 회전중에 유압경고등이 꺼지지 않는 원인
  - 기관 오일량이 부족하다.
  - 유압스위치와 램프사이 배선이 접지 또는 단락되었다.
  - 유압이 낮다.
  - 유압스위치가 불량하다.

⑦ 크랭크 케이스 환기장치(에어브리더)
  - 자연 환기방식과 강제 환기방식이 있다.
  - 오일의 열화를 방지한다.
  - 대기의 오염방지와 관계한다.

(5) 기관의 오일점검 방법

① 기관이 수평선 상태에서 점검한다.
② 오일 양을 점검할 때는 시동을 끈 상태에서 한다.
③ 계절 및 기관에 알맞은 오일을 사용한다.
④ 오일은 정기적으로 점검, 교환한다.

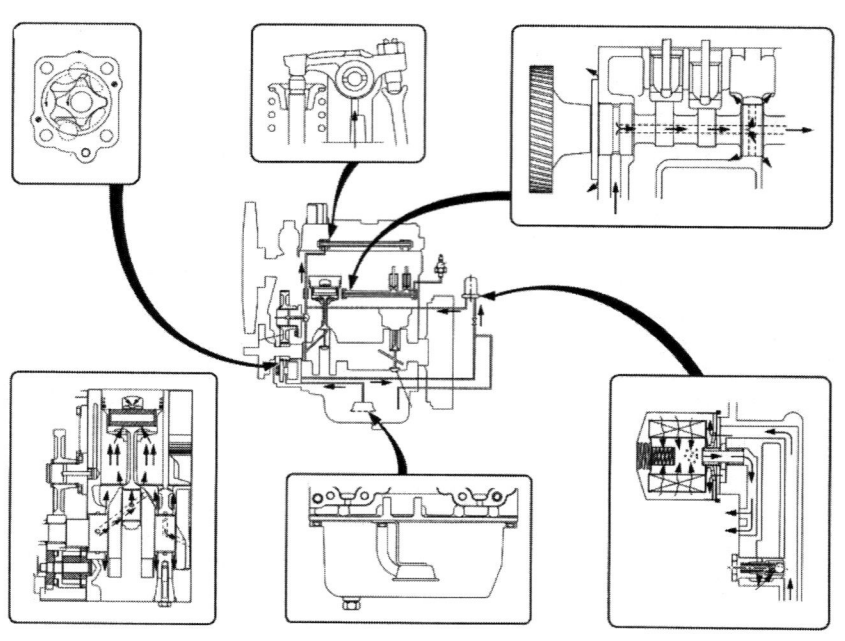

기관의 오일 흐름도

06 시간별 점검사항

1 일상 점검

① 각부의 변형, 손상, 오염정도
② 타이어의 공기압, 마모정도 손상여부 확인
③ 차체각부의 손상, 볼트의 풀림 여부 확인
④ 냉각수, 엔진오일, 연료량 등 누유 점검
⑤ 에어크리너의 오염상태

2 50시간 점검

① 미션오일, 엔진오일, 앞차축오일 교환
② 유압오일필터 교환
③ 유압, 연료파이프류, 취부볼트 풀림 점검
④ 그리스 주입, 클러치 하우징 물빼기
⑤ 팬벨트 장력상태 손상확인
⑥ 밸브 간격 점검 및 조정

3 100시간 점검

① 연료필터의 세척 및 엘리먼트의 교환
② 배터리 전해액 비중 점검 및 충전
③ 전기배선 점검
④ 엔진의 에어브리더 점검

4 200시간 점검

① 50시간, 100시간 점검사항 중복 확인

07 기관의 명칭

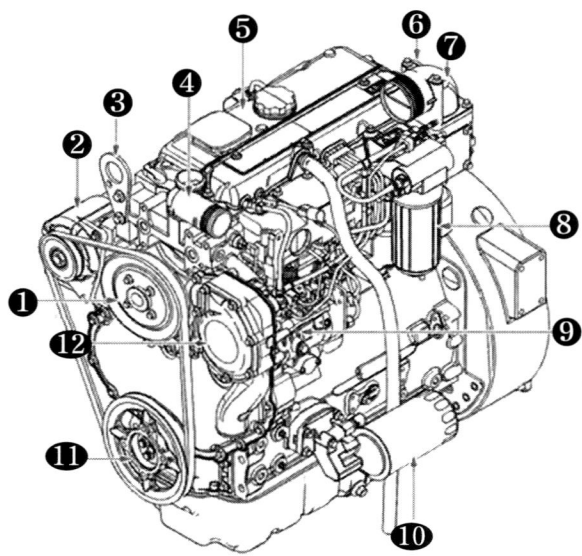

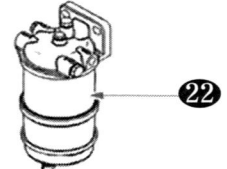

1. 풀리
2. 알터네이터
3. 프론트 리프팅
4. 수분 배출구
5. 밸브장치 커버
6. 리어 리프팅
7. 흡기구
8. 2차 연료 필터
9. 연료 분사펌프
10. 오일필터
11. 크랭크축 풀리
12. 워터펌프
13. 플라이휠
14. 플라이휠 하우징
15. 오 일 주입구 캡
16. 배기 매니폴더
17. 터보챠저
18. 오일 게이지
19. 오일팬
20. 시동모터
21. 오일배출 플러그
22. 1차 연료필터

PART 3 출제 예상 문제

01 규칙적인 변화 과정에서 한 번의 변화가 완료된 상태를 무엇이라고 하는가?
① 토크
② 1사이클
③ 1행정
④ 배기량

해설 토크는 회전력, 1행정은 사이클 중 한 과정, 배기량은 한번 배기할 때의 기체량

02 실린더 행정 체적이 2,000cc이고, 연소실 체적이 400cc일 때의 압축비는?
① 4:1
② 5:1
③ 6:1
④ 7:1

해설 압축비 = $\dfrac{\text{행정체적} + \text{연소실 체적}}{\text{연소실체적}}$
   = $\dfrac{2000 + 400}{400} = 6$
   ※ 6:1

03 실린더의 총 배기량이 1500cc이고, 연소실체적이 300cc일 때 압축비는?
① 5
② 6
③ 7
④ 8

해설 압축비 = $\dfrac{\text{행정체적} + \text{연소실 체적}}{\text{연소실체적}}$
   = $\dfrac{1500 + 300}{300} = 6$
   ※ 6:1

04 원동기의 압축비란?
① 행정 용적/연소실 용적
② 연소실 용적/행정 용적
③ (연소실 용적+행정 용적)/연소실 용적
④ (연소실 용적+행정 용적)/행정 용적

해설 압축비(ϵ) = $\dfrac{(\text{연소실 용적} + \text{행정용적})}{\text{연소실 용적}}$

05 가솔린 기관의 총 배기량이 1,400cc이고 연소실 체적이 200cc라면, 이 기관의 압축비는 얼마인가?
① 6
② 8
③ 9
④ 10

해설 압축비 = $\dfrac{\text{배기량} + \text{연소실 체적}}{\text{연소실 체적}}$
   = $\dfrac{1400 + 200}{200}$
   = 8

06 일반적인 디젤 기관의 압축비는 어떻게 되는가?
① 25~30 : 1
② 16~23 : 1
③ 7~10 : 1
④ 5~6 : 1

해설 가솔린 기관의 압축비는 8~12이며, 디젤의 압축비는 가솔린의 약 2배 정도 된다.

Answer 1.② 2.③ 3.② 4.③ 5.② 6.②

07 4실린더 기관의 안지름이 100mm, 행정이 100mm, 회전수가 2000rpm일 때 분당 총 배기량은?

① 1,256,000㎤/min
② 2,512,000㎤/min
③ 3,140,000㎤/min
④ 4,230,000㎤/min

해설 분당배기량(cc)
= (실린더면적×행정×회전수÷2)×실린더수
(4행정이기 때문에)
$= \dfrac{10^2\pi}{4} \times 10 \times \dfrac{2000}{2} \times 4\text{실린더}$
$= 3,140,000 cc/min$

08 다음 중 단기통 경운기 엔진의 실린더와 피스톤을 교환할 때 반드시 검사하지 않아도 되는 것은?

① 피스톤의 무게
② 피스톤의 실린더 간극
③ 링 홈 간극과 사이드 간극
④ 피스톤핀과 커넥팅로드 부싱의 간극

해설 피스톤을 교환할 때는 실린더 간극, 사이드 간극, 부싱의 간극 등을 확인한다.

09 어떤 4기통 트랙터기관의 점화순서가 1-3-4-2이다. 3번 실린더가 압축행정을 할 때 2번 실린더는 어떤 행정을 하는가?

① 흡입
② 압축
③ 폭발
④ 배기

해설

실린더	1번	2번	3번	4번
같은시기 다른행정	폭발	배기	압축	흡입
	배기	흡입	폭발	압축
	흡입	압축	배기	폭발
	압축	폭발	흡입	배기

10 4행정 기관에서 동력을 발생하는 행정은?

① 흡기행정
② 압축행정
③ 팽창행정
④ 배기행정

해설 기관에서 동력을 발생하는 행정은 팽창행정 또는 폭발행정이라고 한다.

11 기관의 피스톤이 실린더 내에서 운동할 때 측압을 받는 부분은?

① 스커트 부분
② 헤드부분
③ 핀 보스 부분
④ 랜드 부분

해설 기관의 피스톤이 실린더에서 왕복운동을 하면서 큰 힘을 받고 피스톤 핀을 중심으로 뒤쪽으로 힘을 받게 되는데 그 부분이 스커트 부분이다.

12 피스톤의 행정을 78mm, 커넥팅 로드의 길이를 크랭크 회전반경의 4배로 한다면 커넥팅 로드의 길이는?

① 78mm
② 156mm
③ 234mm
④ 312mm

해설 · 크랭크회전반경 $= \dfrac{\text{피스톤의 행정}(78mm)}{2}$
$= 39mm$
· 크랭크회전반경$(39mm) \times 4 = 156mm$

13 행정이 98mm인 기관이 1800rpm으로 회전한다. 피스톤의 평균속도(m/s)는?

① 약 5.9
② 약 3.9
③ 약 2.9
④ 약 1.9

해설 평균속도$(m/s) = \dfrac{0.098m(98mm) \times 1800 \times 2}{60}$
$= 5.88 m/s$

Answer 7.③ 8.① 9.④ 10.③ 11.① 12.② 13.①

14 내연기관의 총 배기량을 구하는 식은?

① 압축비×실린더 수
② 실린더의 단면적×행정×실린더 수
③ 실린더의 지름×행정×압축비
④ 실린더의 단면적×압축비×실린더 수

해설 배기량은 실린더가 한 사이클의 행정을 할 때 배기되는 부피이다. 그러므로 실린더의 단면적 × 행정 × 실린더 수로 계산한다.

15 농용기관 정비 시 경합금 피스톤핀을 피스톤에서 분해 조립할 때 다음 중 가장 적합한 방법은?

① 해머로 타격한다.
② 치공구를 사용한다.
③ 프레스를 이용한다.
④ 피스톤을 가열한 후 조립한다.

해설 피스톤을 가열한 후 조립하는 것이 좋다.

16 피스톤링 엔드 갭 측정을 하는 공구는?

① 내경 마이크로미터
② 시크니스 게이지
③ 외경 마이크로미터
④ 다이얼 게이지

해설 시크니스 게이지는 틈새 게이지라고도 한다.

17 피스톤과 실린더와의 간극이 클 때 일어나는 현상이 아닌 것은?

① 압축압력이 저하된다.
② 피스톤 슬랩 현상이 생긴다.
③ 오일이 연소실로 올라온다.
④ 피스톤과 실린더의 소결이 일어난다.

해설 피스톤과 실린더의 소결은 간극이 좁고, 높은 온도에 의해서 피스톤링과 실린더녹아 붙는 현상을 이야기 한다.

18 기관을 보관할 때 피스톤을 압축상사점에 올려놓는 이유로 맞지 않는 것은?

① 밸브 스프링 보호
② 실린더 벽 부식방지
③ 연료탱크의 물 발생 방지
④ 피스톤의 부식방지

해설 압축상사점에서는 밸브의 스프링이 이완되어 있는 상태이기 때문에 밸브 스프링을 보호하고 피스톤이 압축상사점으로 이동하면 공기와 실린더의 접촉면이 감소하기 때문에 실린더 벽의 부식을 방지할 수 있다. 또한 실린더와 접촉하는 피스톤과 피스톤의 링의 부식도 방지할 수 있다.

19 피스톤의 구비조건이 아닌 것은?

① 열 팽창률이 작을 것
② 중량이 클 것
③ 제작비가 쌀 것
④ 강도가 크고 내구력이 클 것

해설 고온에서도 탄성을 유지할 수 있어야하며 열팽창률이 적어야 한다. 오래 사용하여도 자체나 실린더 마멸이 적어야하며, 실린더 벽에 동일한 압력을 가할 수 있어야 한다. 또한 제작비가 저렴해야 한다.

20 피스톤 헤드의 형상에서 소형 공랭식 2사이클 기관에 많이 사용되는 것은?

① 평형
② 돌기형
③ 오목형
④ 핀형

해설 소형 공랭식 2사이클 기관은 돌기형이 대부분이다.

Answer   14.②   15.④   16.②   17.④   18.③   19.②   20.②

21 엔진을 장기 보관할 경우 피스톤의 위치는 어느 위치에 놓아야 하는가?

① 하사점 위치
② 상사점 위치
③ 하사점 근처위치
④ 상사점과 하사점 중간위치

해설 엔진을 장기보관을 해야 할 경우 상사점에 위치해야 실린더와 밸브 스프링 등을 보호할 수 있다.

22 엔진의 실린더와 피스톤을 교환할 때 검사하지 않아도 되는 것은?

① 링 홈 간극과 사이드 간극
② 피스톤과 실린더 간극
③ 피스톤 핀과 커넥팅 로드 부싱의 간극
④ 피스톤의 무게

23 동력행정 때 얻은 운동에너지를 저장하여 각 행정 때 공급하여 회전을 원활하게 하는 것은?

① 클러치 면판
② 플라이 휠
③ 저속기어
④ 클러치 압력판

해설 플라이 휠은 폭발행정에서 얻은 에너지를 축적하여 다른 행정을 할 때 무게의 관성을 이용하여 회전을 원활하게 하고 맥동을 감소시키는 역할을 한다.

24 내연기관 연소의 3대 요소가 아닌 것은?

① 강한 불꽃
② 강한 압축력
③ 양호한 혼합비
④ 양호한 기름 순환

해설 양호한 기름 순환의 기관의 윤활역할이지 연소의 요소는 아니다.

25 4행정 불꽃점화기관의 흡입행정에 관한 사항으로 옳은 것은?

① 피스톤이 하사점에서 상사점으로 이동한다.
② 배기밸브가 열리고 흡기밸브가 닫힌다.
③ 공기만 흡입한다.
④ 혼합기체가 연소실로 유입된다.

해설 불꽃점화기관은 가솔린기관이기 때문에 연료와 공기가 혼합된 혼합기체형태로 연소실에 유입된다.

26 V-벨트의 종류에 해당되지 않는 것은?

① N형   ② A형
③ B형   ④ M형

해설 V-벨트의 종류에는 M, A, B, C, D, E형의 6종류가 있다.

27 내연 기관의 전기점화 방식에서 불꽃을 일으키는 1차 유도전류를 일시적으로 흡수 저장시키는 역할을 하는 것은?

① 진각장치
② 단속기
③ 콘덴서
④ 배전기

해설 콘덴서 : 유도전류를 일시적으로 흡수 저장하는 장치

28 점화플러그 간극이 너무 크면 어떤 현상이 일어나는가?

① 고속 시 불완전 연소가 발생한다.
② 간극이 크면 연소가 더욱 잘된다.
③ 저속 시에 더욱 좋은 연소가 발생한다.
④ 간극과 아무런 관계가 없다.

해설 점화플러그 간극이 너무 크게 되면 저속 시에는 정상적으로 동작을 할 수 있으나 고속 시 불완전 연소가 일어날 수 있다.

Answer 21.② 22.④ 23.② 24.④ 25.④ 26.① 27.③ 28.①

29 점화플러그에서 접점 간극이 표준치보다 작을 때, 불꽃은 어떻게 되는가?
① 불꽃이 적색을 나타낸다.
② 불꽃은 강한 청백색이 된다.
③ 전류가 약하므로 불꽃발생이 어렵다.
④ 저항의 감소로 계속 불꽃을 방전한다.

해설 점화플러그에서 접점 간극이 표준치보다 적을 때는 불꽃의 색깔이 붉은색으로 나타난다.

30 엔진 회전속도에 따라 자동적으로 점화시기를 조정해 주는 조정 장치는?
① 임펄스 스타터   ② 점화 진각기구
③ 단속기 하우징   ④ 러빙 블록

해설 엔진의 회전속도에 따라 자동으로 점화시기를 조정해 주는 조정 장치는 점화 진각장치 또는 점화진각 기구가 한다.

31 다음 중 점화플러그에 요구되는 특징으로 틀린 것은?
① 급격한 온도변화에 견딜 것
② 고온, 고압에 충분히 견딜 것
③ 고전압에 대한 충분한 도전성
④ 사용조건에 변화에 따르는 오손, 과열, 소손 등에 견딜 것

해설 고전압이 외부로 전달이 되면 감전사고로 이어질 수 있기 때문에 절연성이 있어야 한다.

32 등유기관의 마그네트 취급방법 중 틀린 것은?
① 자석을 강하게 때리거나 진동시키기 말아야 한다.
② 마그네트는 항상 깨끗하게 유지하여야 한다.
③ 운전 중 마그네트 뚜껑을 열어 기름걸레로 가끔 닦아 준다.
④ 마그네트 보관 장소는 건조한 곳이라야 한다.

해설 마그네트는 전기장치로 전기가 발생되는 부분으로 기름이 묻게 되면 화재로 이어질 수 있다.

33 다음 중 점화플러그의 자기청정 온도로 적합한 것은?
① 100~500℃
② 500~600℃
③ 800~1200℃
④ 1200~1800℃

해설 자기청정온도는 문제에 따라 조금씩은 차이가 있으나 500~870℃사이의 값을 선택하면 된다.

34 농업기계 단기통 기관의 단속기 접점간극은 얼마인가?
① 0.3~0.7mm   ② 0.1~0.3mm
③ 0.5~1mm   ④ 1~1.5mm

해설 농업기계 단기통 기관의 단속기 접점간극은 0.3~0.7mm로 한다.

35 단속기 접점 간극조정 방법에 알맞은 것은?
① 단속기 아암접점을 움직여서 한다.
② 스프링 장력을 변화시켜서 한다.
③ 단속기 판을 움직여서 한다.
④ 접지 접점을 움직여서 한다.

해설 단속기 접점 간극 조정은 접지 접점을 움직여서 해야 한다.

36 단속기 접점간극 조정방법 중 적당한 것은?
① 조정 볼트로 조정한다.
② 고정 볼트로 조정한다.
③ 가동접점을 구부려 조정한다.
④ 단속기 케이스를 돌려 조정한다.

Answer 29.① 30.② 31.③ 32.③ 33.② 34.① 35.④ 36.①

37 다음 중 부동액으로 부적합한 것은?
① 글리세린   ② 에틸렌 글리콜
③ 알콜   ④ 메탄

해설 부동액의 성분은 글리세린, 에틸렌 글리콜, 알콜 등으로 구성되어 있으며, 메탄은 가스이므로 부동액으로 부적합하다.

38 다음 중 부동액 주성분으로 가장 많이 사용되는 것은?
① 그리스   ② 메탄올
③ 글리세린   ④ 에틸렌 글리콜

해설 부동액은 메탄올, 글리세린, 에틸렌 글리콜, 알콜 등으로 구성되는데 가장 많이 사용되는 것은 에틸렌 글리콜이다.

39 냉각장치에 사용된 부동액의 농도 측정은 무엇으로 하는가?
① 마이크로 미터   ② 바로미터
③ 비중계   ④ 온도계

해설 축전지의 전해액과 부동액의 농도는 비중계로 측정을 한다.
축전지의 전해액 비중(20℃ 기준) : 1.28
부동액의 비중 : 1.113
축전지의 비중변화는 온도 1℃당 비중의 변화는 0.00070이다.
현재비중=1.28+(0.0007×(현재온도−20)

40 방열기 냉각수에 기포나 기름이 떠있는 원인이 아닌 것은?
① 오일펌프의 파손
② 헤드 가스켓의 파손
③ 물펌프의 그리스 유입
④ 실린더 블록의 균열

해설 방열기는 라디에이터를 지칭하며 오일펌프가 파손될 시에는 냉각수에 기포나 기름이 뜨기보다는 오일의 순환을 시키지 못해 엔진에 이상이 생길 수 있다.

41 냉각수의 규정용량이 15L인 라디에이터에 냉각수를 주입하였더니 12L가 주입되었다. 이 라디에이터의 막힘은 몇 %인가?
① 5%   ② 10%
③ 15%   ④ 20%

해설 라디에이터의 막힘율
$$= \frac{규정용량 - 냉각수\ 주입량}{규정용량} \times 100$$
$$= \frac{15-12}{15} \times 100 = 20\%$$

42 다음 중 라디에이터의 코어 막힘율(%)의 계산공식은?
① (신품−검사품)/신품×100
② (신품−검사품)/검사품×100
③ (검사품−신품)/신품×100
④ (검사품−신품)/검사품×100

43 냉각장치에서 냉각수의 비점(비등점)을 올리기 위한 것은?
① 물 자켓
② 라디에이터
③ 진공식 캡
④ 압력식 캡

해설 냉각수의 비점을 올리기 위해서는 압력식 캡을 사용한다.

44 압력식 라디에이터 캡의 규정압력은 보통 게이지 압력은 얼마 정도인가?
① 0.20~0.09kg/㎠
② 0.2~0.9kg/㎠
③ 1.2~1.9kg/㎠
④ 2.2~2.9kg/㎠

Answer   37.④   38.④   39.③   40.①   41.④   42.①   43.④   44.②

45 트랙터 냉각장치의 물재킷에서 밀려나온 물을 냉각시키는 곳은?

① 워터펌프
② 냉각팬
③ 라디에이터
④ 서머스텟

해설 물재킷은 엔진을 둘러싸고 있는 공간을 말한다. 엔진 오일 온도가 70~80℃이상이면 펌프에 의해 라디에이터에 있는 물을 물재킷으로 보내고 물재킷에서 밀려나온 물은 라디에이터에서 냉각시킨다.

46 농업기계 매일 점검 사항에 해당되는 것은?

① 연료 및 윤활유 점검
② 밸브의 간극 조정
③ 기화기의 청소
④ 소음기 청소

해설 매일 점검사항은 일상점검과 같은 사항으로 연료, 윤활유, 냉각수 등을 확인해야 한다.

47 수랭식 엔진의 운전 중의 냉각수의 온도로 다음 중 가장 적당한 것은?

① 30~40℃
② 40~50℃
③ 50~60℃
④ 70~80℃

해설 엔진이 구동될 때 냉각수의 온도는 70~80℃가 가장 적당하다.

48 흡·배기 밸브에 밸브간극을 두는 이유는?

① 열팽창 때문에
② 소음 방지 때문에
③ 스프링 작용 때문에
④ 전압 조정 때문에

해설 흡·배기 밸브에 밸브간극을 두는 이유는 기관의 열팽창 때문이다.

49 다음 중 캠 각이란?

① 접점이 열려있는 동안에 캠이 회전한 각도를 말한다.
② 접점이 닫혀있는 동안에 캠이 회전한 각도를 말한다.
③ 접점이 열리는 순간을 말한다.
④ 접점이 닫히는 순간을 말한다.

해설 캠 각은 접점이 닫혀있는 동안에 캠이 회전한 각도를 말한다.

50 엔진이 시동된 후에 5~10분간 부하를 걸지 않고 저속 운전하여 윤활유가 각 부분에 골고루 윤활되도록 함으로써 엔진의 내구 연한을 연장시키는 운전을 무엇이라고 하는가?

① 시동운전
② 주행운전
③ 난기운전
④ 검사운전

해설 난기운전이라고 하지만 공회전이라도 한다.

51 캠 앵글(Cam Angle)이란?

① 유도불꽃 기간에 캠이 회전한 각도
② 용량불꽃 기간에 캠이 회전한 각도
③ 접점이 열려 있는 동안 회전한 각도
④ 접점이 닫혀있는 동안 캠이 회전한 각도

해설 캠 앵글이란 접점이 닫혀있는 동안 캠이 회전하는 각도이다.

52 기관 밸브의 점검사항으로 다음 중 가장 관계가 적은 것은?

① 밸브면의 마멸 및 소손
② 밸브 헤드의 카본의 부착상태
③ 마아진의 두께
④ 밸브면의 접촉상태

해설 일반적으로 밸브의 외관에 관련된 상태나 밸브 면을 점검하며 밸브 헤드의 카본의 부착상태는 내시경 또는 헤드를 분해해야만 가능한 작업이다.

Answer 45.③ 46.① 47.④ 48.① 49.② 50.③ 51.④ 52.②

53 밸브스프링의 설치 길이가 기준에 비해 2mm이상 큰 경우의 원인과 대책 중 틀린 것은?

① 밸브 스프링 밑에 심을 넣어 스프링 장력을 보완한다.
② 밸브시트의 침하가 심하다.
③ 밸브의 웨이스의 심한 마모로 마진이 작아진다.
④ 밸브시트와 밸브를 교환한다.

54 크랭크 축 베어링 저널의 표준값이 58mm, 최소 측정값이 57.755mm일 때 수정값은?

① 55.75mm
② 57.25mm
③ 57.50mm
④ 57.20mm

해설 수정값 = 최소측정값 − 수정절삭량
수정절삭량 :
50mm이상은 0.2mm, 50mm이하는 0.15mm
∴ 수정값 ≒ 57.755 − 0.2
= 57.555mm
≒ 57.5mm

55 커넥팅 로드 대단부 베어링이 헐거워졌다. 그 결과는 어떻게 나타날까?

① 유압이 높아진다.
② 노킹이 잘 일어난다.
③ 엔진 소음이 심해진다.
④ 크랭크 케이스 불로우 바이가 심해진다.

해설 커넥팅 로드는 피스톤의 큰 폭발력을 크랭크축에 전달해주는 역할을 하기 때문에 순간적으로 큰 힘을 전달하게 되므로 엔진 자체에 소음이 발생될 수 있다.

56 폭발행정 때 얻은 에너지를 저축하였다가 압축, 배기, 흡입 등의 행정 시에 공급하여 회전을 원활하게하고 맥동을 감소시키는 역할을 하는 것은?

① 조속기(Governor)
② 기화기(carburetter)
③ 플라이 휠(fly wheel)
④ 배기다기관(Muffler)

해설 플라이 휠은 폭발행정에서 얻은 에너지를 축적하여 다른 행정을 할 때 무게의 관성을 이용하여 회전을 원활하게 하고 맥동을 감소시키는 역할을 한다.

57 오버헤드 밸브장치의 동력 전달순서가 바르게 배열된 것은?

① 캠 → 푸시로드 → 로커암 → 태핏 → 밸브
② 캠 → 로커암 → 푸시로드 → 태핏 → 밸브
③ 캠 → 태핏 → 푸시로드 → 로커암 → 밸브
④ 캠 → 태핏 → 로커암 → 푸시로드 → 밸브

해설 오버헤드 밸브 장치의 동력전달은 캠→태핏→푸시로드→로커암→밸브 순서로 되어 있다.

58 단속기 암 스프링 장력이 약하면 엔진에 미치는 영향은?

① 단속기 암 스프링 장력이 약하면 고속운전에서 실화의 원인이 되기 쉽다.
② 단속기 암 스프링 장력이 약하면 러빙블록이 미끄러지기 때문에 러빙블록이나 캠의 마멸이 촉진된다.
③ 단속기 암 스프링 장력이 약하면 1차 회로를 빨리 차단하기 때문에 2차 코일에 유도되는 전압이 높게 된다.
④ 단속기 암 스프링의 장력이 약하면 저속운전에서 더욱 실화의 원인이 되기 쉽다.

해설 단속기 암 스프링 장력이 약해지면 고속운전 시 정상적으로 연료가 분사되지 않아 실화의 원인이 된다.

Answer   53.①   54.③   55.③   56.③   57.③   58.①

59 기관의 진동과 회전을 고르게 하는 것은?

① 커넥팅로드
② 크랭크축
③ 피스톤
④ 플라이 휠

해설 플라이 휠은 기관의 맥동(진동과 불균일한 회전)적인 출력을 원활한 출력으로 바꾸는 장치이다.

60 농용 엔진의 밸브배열 형식은 어떤 것이 많이 사용되는가?

① I 헤드형
② F 헤드형
③ L 헤드형
④ T 헤드형

해설 농용 엔진의 밸브배열 형식은 I헤드형을 가장 많이 사용한다.

61 엔진회전 2,000rpm, 총 감속비 6 : 1, 타이어 지름 90cm일 때 시속은 약 몇 km/h 인가?

① 46.5
② 56.5
③ 49.5
④ 59.5

해설 시속(km/h)
$= \dfrac{2,000(A) \times 60(B) \times 90(C) \times \pi}{6(감속비) \times 100,000(1\text{cm}를 1\text{km}로 환산)}$
$= 56.52 \text{km/h}$

$A =$ 분당 회전수, $B =$ 시간, $C =$ 지름cm

62 내연기관 성능에서 지시마력이란?

① 엔진의 동력을 발전기, 냉각기 등에서 제거하고 엔진 정격 속도에서 전달 할 수 있는 능력
② 엔진 동력을 전달할 때 공회전 상태에서 마찰을 일으키는 마력
③ 엔진 실린더 내에서 연소압력에 의해 발생되는 마력
④ 연료소모에 의해 측정되는 최대의 출력

해설 • 지시마력(도시마력) : 실린더 내에서의 폭발압력을 측정한 마력(이론적 출력)
• 제동(축)마력 : 크랭크축에서 동력계로 측정한 마력이며, 실제기관의 출력으로 이용할 수 있다.

63 지시마력이 160ps이고, 제동마력이 128ps 이라면 기계효율은?

① 32%
② 42%
③ 60%
④ 80%

해설 기계효율(η)
$= \dfrac{제동마력}{지시마력} \times 100 = \dfrac{128}{160} \times 100 = 80\%$

64 2ton의 중량물을 4초 사이에 10m 이상시키는데 몇 마력이 소요되는가?

① 약 36.7ps
② 약 46.7ps
③ 약 56.7ps
④ 약 66.7ps

해설 소요마력
$= \dfrac{중량 \times 거리}{시간(초) \times 75} = \dfrac{2,000 \text{kgf} \times 10}{4 \times 75} = 66.67 \text{PS}$

65 경운기의 연료소비율이 160g/ps·hr인 8 마력엔진으로 8시간 연료 로터리 작업을 했을 때 연료소비량은 얼마인가? (단, 경유의 비중은 0.8이다)

① 12.8L
② 13.6L
③ 14.2L
④ 14.7L

해설 연료소비량
$= \dfrac{연료소비율(g/\text{ps·hr}) \times 엔진마력 \times 시간}{비중(0.8)}$
$= \dfrac{160 \times 8\text{PS} \times 8}{0.8 \times 1000} = 12.8 \text{L}$

Answer 59.④ 60.① 61.② 62.③ 63.④ 64.④ 65.①

66 제동열효율 30%인 디젤 기관에서 저위발열량 10,100kcal/kg의 경유를 사용하면 연료의 소비율(g/ps·h)은?

① 약 164
② 약 182
③ 약 198
④ 약 209

해설 1PS=645kcal
연료소비율(g/ps·h)
$= \dfrac{1000(g)}{저위발열량(Kcal) \div 645(1PS의 열량)} \div 0.3(열효율)$
$= 212g/PS·h ≒ 209$

67 가솔린 기관의 노크에 대한 설명이다. 노크 방지책이 아닌 것은?

① 엔진이 과열되지 않게 한다.
② 점화시기를 낮춘다.
③ 세탄가가 높은 연료를 사용한다.
④ 연소실내의 카본을 제거한다.

해설 가솔린 기관의 노크를 방지하기 위해서는 옥탄가가 높은 연료를 사용해야 한다. 세탄가는 디젤기관의 노크를 방지하기 위한 연료이다.

68 가솔린 기관의 노크 방지방법이 아닌 것은?

① 화염의 전파거리를 짧게 하는 연소실 형상을 사용한다.
② 자연 발화온도가 높은 연료를 사용한다.
③ 연소속도가 느린 연료를 사용한다.
④ 점화시기를 늦춘다.

해설 연소속도가 빠른 연료를 사용해야 한다.

69 농용엔진(가솔린) 작동 시 발생하는 배기가스에 포함된 가스 중 인체에 해가 없는 것은?

① CO_2 ② CO
③ NO_2 ④ SO_2

해설 CO_2는 구조가 안정적이기 때문에 인체에 해가 거의 없지만 CO는 호흡기로 들어오면 인체에 있는 산소를 흡수하여 산소농도를 떨어트려 해를 끼치게 된다. 또한 질소산화물인 NO_2폐기종, 기관지염 등 호흡기 질환이 원인이 된다. SO_2도 폐렴, 기관지염 등 호흡기에 영향을 준다.

70 내연기관의 공기와 연료의 혼합비가 적당하면 배기가스의 색깔은?

① 검은색
② 무색
③ 청백색
④ 엷은 황색

해설
- **검은색** : 공기부족(불완전 연소)
- **흰색** : 엔진오일
- **청백** : 블로바이(가스누설)
- **블로바이** : 폭발된 압축압력이 크랭크실로 유입되어 현상

71 가솔린 기관에서 초크레버를 과도하게 닫았을 때 일어나는 현상으로 가장 알맞은 것은?

① 조기점화
② 노킹현상
③ 희박한 공연비
④ 농후한 공연비

해설 초크레버를 과도하게 닫게 되면 피스톤이 하강 시 적은 공기를 흡입하고 과도한 연료를 공급하기 때문에 농후한 공연비가 된다.

72 공기와 가솔린의 이론혼합비의 중량 비는 어느 정도인가?

① 5 : 1
② 10 : 1
③ 15 : 1
④ 20 : 1

해설 공기와 가솔린의 이론혼합비의 중량 비는 15 : 1이다.

Answer 66.④ 67.③ 68.③ 69.① 70.② 71.④ 72.③

73 가솔린 기관을 장기간 보관하는 방법 중 틀린 것은?

① 부동액이 들어있지 않은 냉각수는 모두 배출한다.
② 머플러에 습기의 유입을 방지하기 위해 끝 부분은 막아 놓는다.
③ 연료는 빼내지 않는다.
④ 그리스 주입부분에 주유를 한다.

해설 가솔린 기관을 장기간 보관할 때에는 연료를 모두 빼내고, 디젤 기관을 장기 보관할 때는 연료를 가득 채워 보관 한다. 가솔린 연료의 특성상 휘발성이 있어 폭발성이 좋은 연료는 증발하고 폭발성이 좋지 않은 연료만 남기 때문이며, 디젤 기관을 장기보관 시에는 연료통 내부에 외부 습한 공기가 들어가게 되면 겨울에 결로 현상으로 인하여 물이 발생하기 때문이다.

74 기화기식 가솔린 기관을 시동할 때 농후한 혼합비를 만드는데 사용되는 장치는?

① 초크밸브
② 에어브리더
③ 조속기
④ 스로틀 밸브

해설 시동 시에는 혼합비가 농후(연료를 많이)해야하므로 이때 초크밸브를 사용하여 혼합비를 조정한다.

75 겨울철에 기관오일을 교환하려고 한다. 다음 중 어느 것으로 교환하면 가장 좋은가?

① SAE 90
② SAE 40
③ SAE 30
④ SAE 20

해설 겨울철에는 온도가 낮기 때문에 오일의 점도가 높아진다. 그러므로 점도가 낮은 SAE 20을 사용해야 한다. 요즘은 사계절용이 나오기 때문에 구분해서 사용할 필요는 없다.

76 2행정기관에서 배기 행정 초기에 배기가스가 자체압력으로 배출되는 현상은?

① 블로우다운 현상
② 블로우바이 현상
③ 오버랩 현상
④ 베이퍼록 현상

해설
• 블로우바이 : 피스톤링 또는 실린더의 마모에 의해 크랭크실 안쪽으로 폭발압력이 유입되는 현상
• 오버랩 : 4행정기관의 흡배기 밸브가 동시에 열리는 시기
• 베이퍼록 : 연료에 발생되는 압력에 의해 기포가 발생되어 압력전달이 불안정하게 되는 현상

77 기관의 회전을 원활하게 하는 것은?

① 크랭크 축
② 플라이 휠 커버
③ 플라이 휠
④ 크랭크 암

해설 플라이 휠은 기관의 회전을 원활하게 해주는 장치로 관성을 이용한 부품이다.

78 예초기용 2사이클 가솔린 기관에서 연료와 오일의 혼합비로 적당한 것은?

① 15 : 1
② 25 : 1
③ 35 : 1
④ 45 : 1

해설 예초기용 2사이클 가솔린 기관은 연료와 2사이클 오일의 혼합비는 25 : 1로 한다.

Answer 73.③ 74.① 75.④ 76.① 77.③ 78.②

79 가솔린을 연료로 사용하는 단기통 농업기계를 장기간 사용하지 않을 때 보관방법은?

① 기화기 내의 연료가 소모되어 기관이 정지하고 난 뒤 피스톤의 위치가 압축 상사점에 오게 한다.
② 연료통에 연료를 가득 채워준다.
③ 피스톤의 위치를 밸브 오버랩 상태로 오게 한다.
④ 기관을 거꾸로 세워 이물질이 들어가지 않게 한다.

해설 가솔린기관은 연료를 모두 제거하여 보관하고 피스톤의 위치를 상사점에 위치시킨다. 밸브스프링이 눌러지지 않은 상태로 보관한다.

80 가솔린 기관과 디젤 기관의 겨울철 장기보관 방법 중 연료의 배출 유무를 설명한 내용이 바른 것은?

① 가솔린 기관은 가득 채우고 디젤 기관은 모두 배출시킨다.
② 가솔린 기관은 모두 배출시키고 디젤 기관은 가득 채운다.
③ 가솔린 기관, 디젤 기관 모두 가득 채운다.
④ 가솔린 기관, 디젤 기관 모두 배출 시킨다.

해설 가솔린 기관의 연료는 모두 배출시키고 디젤 기관의 연료는 가득 채운다.

81 가솔린 기관에서 압축된 혼합기는 무엇에 의해 점화되는가?

① 분사노즐
② 압축가스
③ 점화플러그
④ 분사펌프

해설 가솔린 기관은 전기점화에 의해 엔진이 구동되며 전기점화를 위해 필요한 부품은 점화플러그이다.

82 디젤 기관의 연료분사 시기 조정방법은?

① 타이로드 길이
② 진각장치의 회전수
③ 연료분사펌프 플랜저 각도
④ 노즐의 분사각

해설 타이로드는 조향장치이고 진각장치는 전기점화에 관련된다. 노즐의 분사각은 형상을 확인하는 방법이다.

83 기관의 압축압력의 점검은 어느 상태에서 해야 하는가?

① 기관을 시동시키기 전에
② 기관이 작동되고 있을 때
③ 기관의 장기 보관 전에
④ 기관을 난기 운전 후에

해설 압축압력의 점검 전에는 기관을 예열 후에 실시해야 한다.

84 디젤 기관에서 노크가 일어나기 쉬운 회전 범위는?

① 저속
② 중속
③ 고속
④ 초고속

해설 디젤 기관의 노크는 저온, 저속에서 많이 발생한다.

85 디젤 기관의 고장 증상 중에서 정상적인 부하인데도 검은 연기를 내는 원인은?

① 연료분사시기가 빠르거나 늦을 때
② 연료분사 노즐이 불량할 때
③ 피스톤 라이너가 탓을 때
④ 실린더 라이너 O링이 마멸되었을 때

Answer 79.① 80.② 81.③ 82.③ 83.④ 84.① 85.②

86 단기통 농용 디젤엔진에서 운전정지 후 점검 방법이 적당하지 않은 것은?
① 엔진의 청소
② 주유
③ 밸브의 닫음
④ 연료 교체

87 디젤 엔진의 분사시기가 빠르다. 다음 중 정비방법으로 적합한 것은?
① 분사펌프 내의 플런저 스프링을 1개 더 넣는다.
② 분시노즐의 압력을 높게 한다.
③ 분사노즐의 압력 조절판을 0.1mm 1장 줄인다.
④ 분사펌프 설치부의 동판을 0.3mm 1장 더 넣는다.

해설 분사펌프와 고정설치대 사이에 동판을 하나 넣으면 캠축의 의해 분사펌프 압력을 발생시키는 시간을 지연시킬 수 있다.

88 디젤 기관 트랙터의 시동회로가 회전하지 않을 때 그 원인으로 틀린 것은?
① 축전지가 방전되어 있을 때
② 연료분사 펌프에 연료가 공급되지 않을 때
③ 배터리는 정상이나 전동기까지 공급되지 않을 때
④ 전기는 공급되나 시동 전동기 자체의 고장으로 움직이지 않을 때

해설 시동모터가 회전하지 않는 것은 전기장치의 문제이지, 연료분사 펌프에 연료가 공급되지 않는 것과는 무관하다.

89 연료분사 노즐의 분사압력이 규정값 보다 $7kg/cm^2$ 가 낮다. 정상이 되게 조정하는 방법은?
① 고압파이프를 교환한다.
② 분사노즐내의 공기를 빼고 스로틀을 조금 닫는다.
③ 분사노즐 고정 너트를 완전히 조인다.
④ 압력 조절판을 0.1mm짜리 1장을 더 놓는다.

90 디젤 기관의 분사시기 확인 시험에서 잠시 제거하여야 할 부품은?
① 배출밸브(딜리버리 밸브)
② 노즐 스프링
③ 노즐 홀더
④ 가압핀

해설 분사시기 확인 시험에서 딜리버리 밸브를 제거해야 한다.

91 베이퍼 록(Vapor Lock)현상은 어느 부분에서 생기는가?
① 냉각 계통
② 전기 계통
③ 윤활 계통
④ 연료 계통

92 디젤 기관에서 시동이 안 되는 원인이 아닌 것은?
① 연료계통에서 공기가 유입
② 플랜저 마모로 분사압력 저하
③ 점화코일 파손
④ 분사노즐의 니들밸브 고착

해설 점화코일은 가솔린 기관에서 불꽃 점화를 일으키는 장치이다.

Answer　86.④　87.④　88.②　89.④　90.①　91.④　92.③

93 농용 디젤엔진에서 프라이밍이란?
① 점화시기의 조정을 말한다.
② 연료 공급을 위한 공기빼기를 말한다.
③ 압축압력을 배출하는 것을 말한다.
④ 대기압 상태로 만드는 것을 말한다.

해설 프라이밍이란 연료가 공급되는 통로에 공기를 빼주는 작업을 말한다.

94 가솔린기관에 비해 디젤 기관의 장점이다. 가장 거리가 먼 것은?
① 열효율이 높다.
② 소음과 진동이 적다.
③ 연료의 인화점이 높다.
④ 전기, 전자 점화장치가 없다.

해설 디젤 기관은 소음과 진동이 크기 때문에 단점이다.

95 배기가스 색이 흰색인 경우는?
① 불완전 연소가 일어나고 있다.
② 엔진오일이 함께 연소되고 있다.
③ 유사 휘발유가 섞인 연료를 사용하고 있다.
④ 냉각수와 함께 연소되고 있다.

해설 배기가스의 색은 무색이거나 매우 엷은 자주색이 정상이다. 검은색은 불완전 연소가 일어나고 있는 경우이고, 흰색은 엔진오일이 함께 연소되는 경우이므로 점검이 필요하다.

96 배기가스가 정상일 때 색깔은?(단 연료는 무연이다.)
① 백색   ② 흑색
③ 청백색   ④ 무색

해설 배기가스가 백색 또는 청백색일 때는 엔진오일이 과잉 공급될 때이며, 흑색일 때에는 과도한 연료가 공급이 된 상태이다. 정상적인 상태에서는 무색이다.

97 기관오일을 보충하거나 교환할 때의 주의사항 중 옳지 않은 것은?
① 기관에 알맞은 오일을 선택한다.
② 동일 등급의 오일을 사용한다.
③ 경비절감을 위하여 재생오일을 사용한다.
④ 단번에 다량의 오일을 넣지 않고, 몇 번에 나누어 오일양을 점검하면서 주입한다.

해설 기관오일이라는 것은 엔진오일을 말한다. 오일 교환 시에는 가솔린, 디젤 엔진을 구분하여 알맞은 오일을 선택하고 동일한 등급의 오일을 사용해야 한다. 엔진오일 주유 시에도 사용 매뉴얼 보다 적게 채운 후 조금씩 나누어 오일양을 점검하면서 주입해야 한다.

98 윤활유의 분류방식이다. SAE분류 방식에 해당하는 것은?
① ML, MM, MS
② SA, SC, CB
③ 5W, 10W, 20W
④ DG, DM, DS

해설 윤활유 분류는 SAE기준과 API기준으로 나눈다. SAE는 점도를 번호로 표현한다.

99 기관오일의 SAE 번호가 의미하는 것은?
① 점도   ② 점도지수
③ 유동성   ④ 건성

해설 SAE는 미국의 자동차 협회 기준으로 번호는 점도를 의미한다.

100 윤활유의 분류법 중 API분류법에서 고온고부하용 가솔린 기관에 적합한 오일은?
① ML   ② DM
③ MS   ④ DS

해설 API(미국의 석유 협회) : API 기준에 의한 분류는 운전 상태의 가혹도에 따라 분류한다.
가솔린(ML(저부하), MM(중부하), MS(고부하))
디젤(DG(저부하), DM(중부하), DS(고부하))

Answer 93.② 94.② 95.② 96.④ 97.③ 98.③ 99.① 100.③

101 윤활방식에 해당되지 않는 것은?

① 비산식
② 압송식
③ 비산 압송식
④ 충전식

해설 윤활유 공급방식은 비산식, 압송식, 비산압송식이 있다.

102 윤활유의 작용을 열거한 것이다. 틀린 것은?

① 냉각작용
② 방청작용
③ 세척작용
④ 마멸작용

해설 윤활유는 냉각작용, 방청작용, 세척작용, 윤활작용, 응력분산 등의 작용을 한다.

103 가솔린 기관용 윤활유가 아닌 것은?

① M.L   ② M.M
③ M.S   ④ D.G

해설 예제로 제시된 목록은 API 기준에 의해 가솔린에 사용되는 윤활유를 열거하였으나 D.G는 디젤 기관의 윤활유 종류이다.

Answer 101.④ 102.④ 103.④

MEMO

PART 4

농업기계 전기

PART 4 농업기계 전기

01 전기 기초

1 기초전기

(1) 옴의 법칙

$$E(V) = IR, \quad I = \frac{E(V)}{R} \quad R = \frac{E(V)}{I}$$

$E(V)$ = 전압(V)
R = 저항(Ω)
I = 전류(A)

- 도체에 흐르는 전류는 전압에 정비례하고 저항에 반비례 한다.
  - 전압이 높을수록 전류는 커진다.
  - 저항이 낮을수록 전류는 커진다.
  - 전압이 높을수록 저항은 커진다.
  - 전류가 낮을수록 저항은 커진다.

도체 : 전기가 잘 통하는 물체(전자의 이동이 가능한 물체)

(2) 전자

① 원자를 구성하는 요소로 전기가 흐르기 위해서는 전자의 이동이 있어야 한다.
② 전자의 흐름 : (−)에서 (+)로 이동한다.
③ 전기의 용량을 전하라고 하며, 단위는 C(쿨롱)을 사용한다.
   - 1(C)=6.2×10^{18}

(3) 전압(E)

① 도선을 연결했을 때 전류가 흐르게 되는데 높은 쪽에서 낮은 쪽으로 흐르는 전위 차(전기의 압력)을 말한다.(양전하와 음전하의 에너지 차이)
② +1C의 전하를 옮기는데 1J의 일이 필요하다. 두점 사이의 전위차를 1볼트(V)
③ 단위는 볼트(V)이고 E로 표시한다.

(4) 전류(A)

① 수많은 전자의 이동과 이동의 정도를 전류라 한다.
② 전류의 세기는 단위시간당 통과하는 전자량으로 표현한다.
③ 단위는 암페어(A)이고 I로 표시한다.
④ 전류의 3대작용: 발열작용, 화학작용, 자기작용

(5) 저항(Ω)

① 도체에서 전류의 흐름을 방해하는 양을 저항이라 한다.
② 저항의 크기는 물질의 재질, 형태, 단면적, 길이 등에 따라 달라진다.
③ 단위는 옴(Ω)이고 R로 표시한다.
④ 특성
  - 도체에 온도가 올라가면 저항값은 커진다.
  - 도체의 길이가 길어지면 저항값은 커진다.
  - 도체의 지름이 커지면 저항값은 작아진다.

저항이 가장 작은 금속
은 → 동 → 금 → 알루미늄 → 텅스텐 → 아연 → 철·니켈 → 납 … 순서

⑤ 저항의 연결방법
- **직렬연결** : 저항의 직렬연결이란 몇 개의 저항을 한줄로 연결한 것이다.
  - 어느 저항에서나 똑같은 전류가 흐르나 전압은 나누어져 흐른다.
  - 직렬연결의 합성저항 : $R = R_1 + R_2 + R_3 + \cdots + R_n$
- **병렬연결** : 저항을 나누어 연결한 것이다.
  - 똑같은 전압이 흐르나 전류가 나누어져 흐른다.
  - 병렬연결의 합성저항 : $\dfrac{1}{R} = \dfrac{1}{R_1} + \dfrac{1}{R_2} + \dfrac{1}{R_3} \cdots + \dfrac{1}{R_n}$

⑥ 키르히호프의 법칙
- **제1법칙** : 회로 내의 어떤 한 점에 유입한 전류의 총합과 유출한 전류의 총합은 같다.
- **제2법칙** : 임의의 폐회로에 있어서 기전력의 총합과 저항에 의한 전압강하의 총합은 같다.

⑦ **전력** : 단위시간당 전기장치에 공급되는 전기 에너지, 또는 단위시간 동안 다른 형태의 에너지로 변환되는 전기에너지

$$P = EI, \quad P = I^2 R, \quad P = \dfrac{E^2}{R}$$

P: 전력, E: 전압, I: 전류, R: 저항

02 전기 부품

1 전선

도체는 명주, 비닐, 무명 등의 절연물로 절연되어 있다.

(1) 전선의 색깔

R	적색	L	청색
Gr	회색	G	녹색
O	오렌지색	Br	갈색
W	백색	B	검정색
Y	노란색	P	보라색
Lg	연두색	BW	검정바탕에 백색줄

(2) 단선식 배선

작은 전류가 흐르는 회로에 사용되며 부하의 한 끝을 프레임이나 차체에 접지하는 방식이며, 접촉이 불량하거나 큰 전류가 흐를 때 전압이 강하된다.

(3) 복선식 배선

전조등 회로와 같이 큰 전류가 흐르는 회로에 사용하면 접지 쪽에서도 전선을 사용하는 방식이다.

2 다이오드

한쪽으로만 전기가 흘러가는 반도체로서 정류작용과 역류방지 역할을 하는 장치이다.

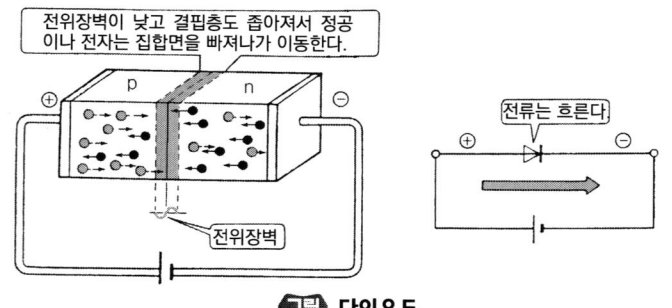

그림 다이오드

발전기 안에 있는 다이오드는 총 6개로 (+)다이오드 3개와 (−)다이오드 3개가 있다.

① 발광다이오드 : 전류가 흐르면 빛이 발생되는 다이오드
② 포토다이오드 : 빛을 받으면 전기가 흐르는 다이오드
③ 제네다이오드 : 일정 전압 이상이면 순간적으로 전기가 흐르는 다이오드

3 트랜지스터

베이스, 컬렉터, 이미터 3개의 단자로 구성되어 있으며, 스위치 작용과 증폭작용을 한다.

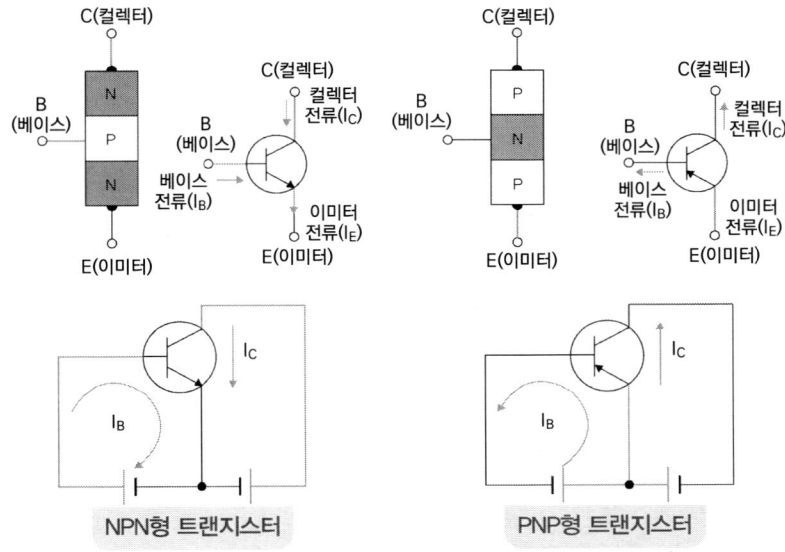

그림 트랜지스터

4 서미스터

온도에 따라 저항값이 변화하는 특성을 이용하는 장치이다.

5 반도체

① 도체와 부도체의 중간적 성질을 가진 물질이다.
② 온도, 전압 그리고 그 상관관계에 의해 도체 또는 부도체로서의 기능을 발휘한다.
③ 반도체의 종류에 따라 빛, 열, 자력등의 다양한 반응을 나타내는 것들이 있다.(소형이고 내부전력 손실이 극히 적다.)
④ 예열시간을 요하지 않고 기계적으로 강하고 수명이 길다.
⑤ 단점으로는 정격값 이상 되면 파괴되기 쉽다.

반도체 재료 :
실리콘(Si),
게르마늄(Ge)

6 축전기(condenser)

- **역할** : 방전으로 인해 공급되지 못하는 전압을 공급해 주는 역할을 한다.
  - 정전용량은 가해지는 전압에 정비례한다.
  - 상대하는 금속판의 면적에 정비례한다.
  - 절연체의 절연도에 정비례한다.
  - 금속판 사이의 거리에 반비례한다.

7 퓨즈

- **역할** : 기계 또는 전기장치를 보호하기 위한 안전장치의 역할을 한다.
  - 회로에 직렬로 접속시킨다.
  - 기동전동기에 회로에는 사용하지 않는다.
  - 재질은 납+주석+카드늄 등의 합금이다.

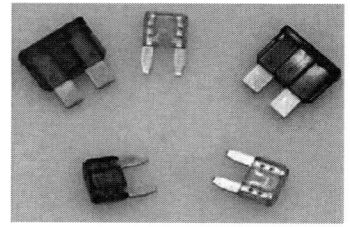

그림 퓨즈

8 릴레이

- **역할** : 입력된 일정값에 도달하였을 때 작동하여 회로의 개폐를 조절하는 장치

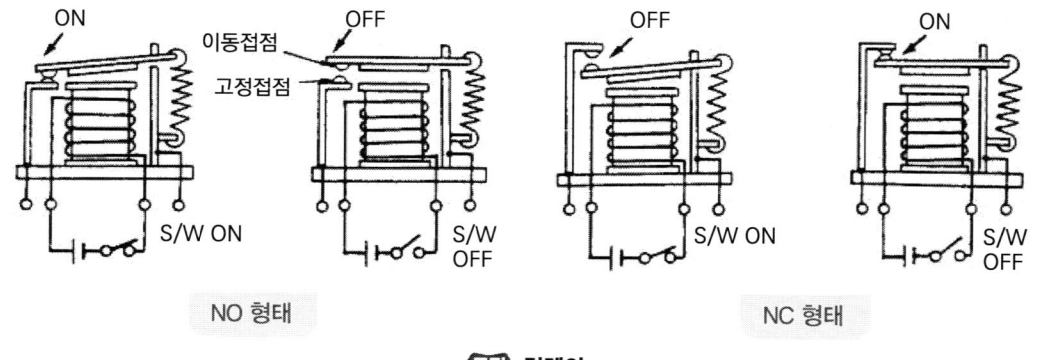

그림 릴레이

PART 4 농업기계 전기

03 전기의 형태

1 직류전기(D.C)

일정한 방향과 일정한 양의 전류가 흐르는 것을 직류라고 한다. 공급전력의 전압이 일정하면 전류도 일정하게 유지된다.

2 교류전기(A.C)

일반가정에서 사용하는 전구에 흐르는 전기와 같이 크기와 방향이 시간의 경과에 따라 주기적으로 바뀌는 전류이다. 1초 동안에 진행되는 사이클의 수를 주파수라고 하며 이를 표시하는 단위로는 Hz(헤르츠)라고 한다. 우리나라에서 사용하는 주파수는 60Hz이지만, 일본과 일부 유럽 지역은 50Hz를 사용한다.

농업기계 발전기는 교류를 생성하지만 교류를 직류로 변환시키는 정류기를 가지고 있기 때문에 실제로 농기계의 각종 전기 장치에는 직류가 공급이 된다.

맥류 : 직류 전류에 교류 전류가 겹친 전류

04 축전지(Battery)

1 축전지의 기능

① 시동장치에 전기적 부하를 담당한다.
② 발전기가 고장일 때 전원으로 작동한다.
③ 발전기 출력과 부하와의 불균형을 조정한다.

2 축전지의 구조

① 14개의 극판이 셀당 2개의 극판(+극판, −극판)으로 설치되어 여섯 쌍의 단자와 연결된 극판 2개로 구성되어 있다.
② 셀당 2.1V의 전압이 발생한다. (2.1V×6개셀=12.6V)

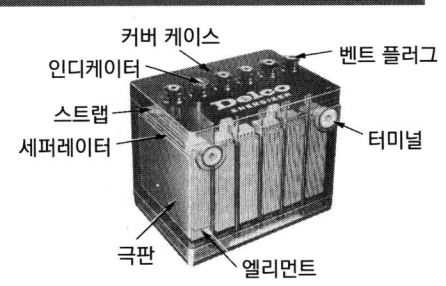

그림 축전지

방전종지 전압은 셀당 1.75V이다. 즉, 배터리의 전압이 10.5V이하는 방전이다.

③ 전해액
　㉠ 묽은 황산을 사용하며, 20℃에서의 표준비중은 1.280이다.
　㉡ 전해액을 만들 때에는 반드시 증류수에 황산을 부어 사용한다.
　㉢ 전해액 온도가 상승하면 비중이 높아지고, 온도가 낮아지면 비중은 작아지는데 온도 1℃변화에 비중은 0.0007이 변한다.

$$S_{20} = St + 0.0007(t-20)$$

S_{20} : 표준온도 20℃로 환산한 비중
St : t℃에서 실제측정한 비중
t : 측정할 때 전해액 온도

- 전해액을 만들 때는 질그릇을 사용한다.
- 배터리 전해액은 극판 위 10~13mm정도로 보충한다.

3 축전지 용량

완전 충전된 축전지를 일정한 전류로 연속 방전하여 단자 전압이 규정의 방전종지 전압이 될 때까지 사용하는 전기적 용량을 말한다.

AH(암페어시 용량) = A(일정 방전 전류) × H(방전종지 전압까지의 연속 방전 시간)

(1) 축전지의 크기를 결정하는 요소 : 극판의 면적, 극판의 수, 전해액의 양

(2) 축전지 연결에 따른 전압과 용량의 변화
　① 직렬연결 : 같은 용량, 같은 전압의 축전지 2개를 직렬로 연결((+)단자와 (−)단자의 연결)하면 전압은 2배가 되고, 용량은 한 개일때와 같다.
　② 병렬연결 : 같은 용량, 같은 전압의 축전지 2개를 병렬로 연결((+)단자는 (+)단자와 (−)단자는 (−)단자에 연결)하면 용량은 2배이고 전압은 변화가 없다.

4 납산축전지의 충방전 작용

(1) 방전될 때의 화학작용
　① 양극판 : 과산화납(PbO_2) → 황산납($PbSO_4$)
　② 음극판 : 해면상납(Pb) → 황산납($PbSO_4$)
　③ 전해액 : 묽은 황산(H_2SO_4) → 물(H_2O)

(2) 충전될 때의 화학작용

① 양극판 : 황산납($PbSO_4$) → 과산화납(PbO_2)

② 음극판 : 황산납($PbSO_4$) → 해면상납(Pb)

③ 전해액 : 물(H_2O) → 묽은 황산(H_2SO_4)

(3) 축전지 충전방법

① 정전류 충전 : 충전 시작에서 끝까지 일정한 전류로 충전하는 방법

② 정전압 충전 : 충전 시작에서 끝까지 일정한 전압으로 충전하는 방법

③ 단별전류 충전 : 충전 중 전류를 단계적으로 감소시키는 방법

④ 급속충전 : 축전지 용량의 50% 전류로 충전하는 것

(4) 충전시 주의사항

① 반드시 환기 장치를 한다(수소가스 발생하기 때문).

② 플러그를 모두 연다(기포 발생).

③ 축전지 전해액 온도가 45℃ 넘지 않게 한다(폭발 위험).

④ 과충전 하지 않도록 한다(브리지현상 발생).

⑤ 암모니아수나 탄산소다를 준비해 둔다(세척용).

5 축전지의 종류

(1) 납산 축전지

① 양극판이 과산화납(PbO_2), 음극판은 해면상납(Pb), 전해액은 묽은 황산(H_2SO_4)로 구성

② 납산 축전지의 장·단점

납산 축전지의 장점	납산 축전지의 단점
• 화학반응이 상온에서 발생하므로 위험성이 적다. • 신뢰성이 크다. • 비교적 가격이 싸다.	• 충전시간이 길고, 수명이 짧다. • 에너지 밀도가 비교적 적은 편이다.

(2) 알칼리 축전지

① 알칼리 축전지는 니켈-철 축전지와 니켈-카드뮴 축전지가 있다.

② 알칼리 축전지의 장·단점

알칼리 축전지의 장점	알칼리 축전지의 단점
• 과충전, 과방전 등 가혹한 조건에 잘 견딘다. • 고율방전 성능이 매우 우수하다. • 출력밀도가 크다. • 충전시간이 짧고, 수명이 매우 길다.	• 자원상 대량공급이 어렵고, 에너지 밀도가 낮다. • 전극으로 사용하는 금속의 값이 매우 비싸다.

(3) MF 축전지(무정비 축전지)

① MF 축전지 : 격자를 저안티몬 합금이나 납-칼슘 합금을 사용하여 전해액의 감소나 자기 방전량을 줄일 수 있는 축전지

② MF 축전지의 특징
- 증류수를 점검하거나 보충하지 않아도 된다.
- 자기방전 비율이 매우 낮다.
- 장기간 보관이 가능하다.
- 전해액의 증류수를 보충하지 않아도 되는 방법으로는 전기 분해할 때 발생하는 산소와 수소가스를 다시 증류수로 환원시키는 촉매 마개를 사용하고 있다.

05 전기 장치

1 시동장치

(1) 기동전동기의 원리

플레밍의 왼손법칙을 이용하여 왼손의 엄지, 인지, 중지를 서로 직각이 되게 펴고 인지를 자력선의 방향으로, 중지를 전류의 방향에 일치시키면 도체에는 엄지의 방향으로 전자력이 작용한다.

플레밍의 왼손법칙 원리
활용 장치 : 기동전동기, 전류계, 전압계 등

(2) 기동전동기의 종류와 특징

① 직권전동기 : 전기자 코일과 계자 코일이 직렬로 접속된 형태의 전동기
- 기동 회전력이 크며, 전동기의 회전력은 전기자의 전류에 비례한다.
- 부하를 크게 하면 회전속도가 낮아지고, 회전력은 커지며, 회전속도의 변화가 크다.

- 전기자 전류는 역기전력에 반비례하고 역기전력은 회전속도에 비례한다.
- 축전지 용량이 적어지면 기동전동기의 출력은 감소된다.
- 같은 용량의 축전지라 하더라도 기온이 낮으면 전동기 출력은 감소된다.
- 기관오일의 점도가 높으면 요구되는 구동 회전력도 증가된다.

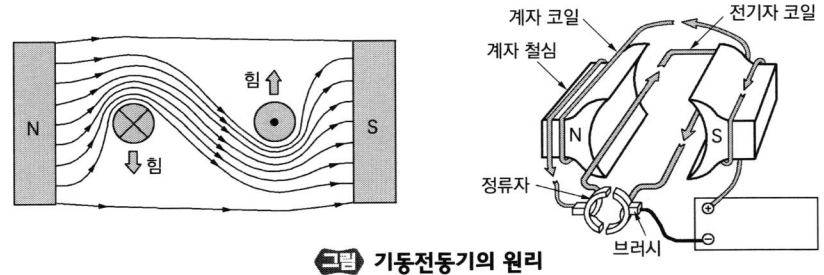

그림 기동전동기의 원리

② 분권 전동기 : 전기자 코일과 계자코일이 병렬로 접속된 형태의 전동기
③ 복권 전동기 : 전기자 코일과 계자코일이 직·병렬로 접속된 형태의 전동기

(3) 기동전동기의 구조와 기능

① 회전운동을 하는 부분
- 전기자(Armature) : 전기자는 축, 철심, 전기자 코일 등으로 구성되어 있다.
- 정류자(commutator) : 정류자는 기동전동기의 전기자 코일에 항상 일정한 방향으로 전류가 흐르도록 하기 위해 설치한 것

② 고정된 부분
- 계철과 계자철심 : 계철은 자력선의 통로와 기동전동기의 틀이 되는 부분이며, 계자철심은 계자코일에 전기가 흐르면 전자석이 되며, 자속을 잘 통하게 하고, 계자코일을 유지한다.
- 계자코일 : 계자코일은 계자철심에 감겨져 자력을 발생시키는 것이며, 계자코일에 흐르는 전류와 정류자 코일에 흐르는 전류의 크기는 같다.
- 브러시와 브러시 홀더 : 브러시는 정류자를 통하여 전기자 코일에 전류를 출입시키는 일을 하며, 일반적으로 4개가 설치된다. 스프링 장력은 스프링 저울로 측정하며, 0.5~1.0kg/cm²이다.

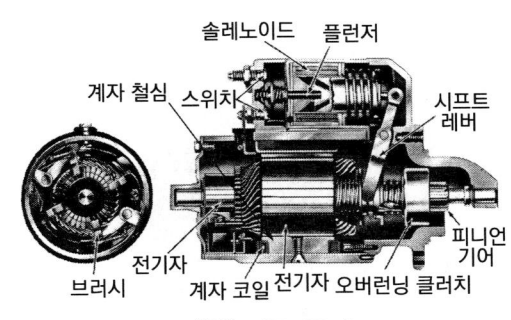

그림 기동전동기

2 충전장치

(1) 자계와 자력선

① **자계** : 자력선이 존재하는 영역

② **자속** : 자력선의 방향과 직각이 되는 단위면적 1㎠에 통과하는 전체의 자력선을 말하며 단위로는 Wb를 사용한다.

③ **자기유도** : 자석이 아닌 물체가 자계 내에서 자기력의 영향을 받아 자성을 띠는 현상

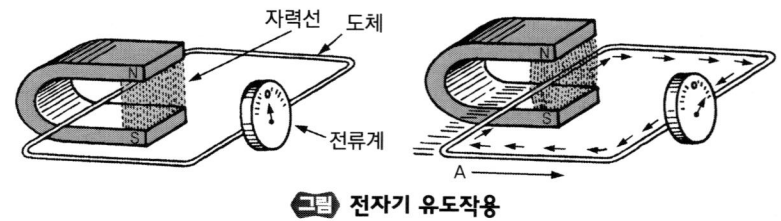

그림 전자기 유도작용

④ **자기 히스테리시스현상** : 자화된 철편에서 외부자력을 제거한 후에도 자기가 잔류하는 현상

(2) 전자력의 세기

① 전자석은 전류의 방향을 바꾸면 자극도 반대가 된다.
② 전자석의 자력은 전류가 일정한 경우 코일의 권수와 공급전류에 비례하여 커진다.
③ 전자력의 크기는 자계내의 도선의 길이에 비례, 자계의 세기와 도선에 흐르는 전류에 비례한다.
④ 자력의 크기는 도선이 자계의 자력선과 직각이 될 때에 최대가 된다.

(3) 전자유도 작용

자기장 내에 도체를 놓고 그 도체를 움직이면 그 도체에 전압이 유도되는 현상

(4) 유도기전력의 방향

① **렌츠의 법칙** : 유도기전력은 코일 내의 자속 변화를 방해하는 방향으로 생긴다는 법칙

② **플레밍의 오른손 법칙** : 오른손 엄지, 인지, 중지를 서로 직각이 되게 펴고, 인지를 자력선의 방향에, 엄지를 도체의 운동방향에 일치 시키면 중지에 유도 기전력의 방향이 표시된다. (발전기의 원리)

③ **발전기 기전력**
  • 로터코일을 통해 흐르는 여자 전류가 크면 기전력은 커진다.

- 로터코일의 회전속도가 빠르면 빠를수록 기전력 또한 커진다.
- 코일의 권수가 많고, 도선의 길이가 길면 기전력은 커진다.
- 자극의 수가 많아지면 여자되는 시간이 짧아져 기전력이 커진다.

(5) 교류(A.C) 충전장치

① 교류발전기의 특징
- 소형, 경량이다.
- 저속에서도 충전이 가능하다.
- 속도변화에 따른 적용 범위가 넓다.
- 출력이 크고, 고속회전에 잘 견딘다.
- 다이오드를 사용하기 때문에 정류 특성이 좋다.
- 컷아웃 릴레이 및 전류제한기를 필요로 하지 않는다.(전압조정기만 사용한다.)

② 교류발전기의 구조
- 스테이터 : 스테이터는 독립된 3개의 코일이 감겨져 있고 여기에서 3상 교류가 유기된다.
- 로터 : 로터 코일에 여자전류가 흐르면 N극과 S극이 형성되어 자화되며, 로터가 회전함에 따라 스테이터 코일의 자력선을 차단하므로 전압이 유기된다.
- 정류기 : 교류발전기에서 실리콘 다이오드를 정류기로 사용하며, 교류발전기에서 다이오드의 기능은 스테이터 코일에서 발생한 교류를 직류로 정류하여, 외부로 공급하고, 또 축전지에서 발전기로 전류가 역류하는 것을 방지한다.(과열을 방지하기 위해 엔드 프레임에 히트 싱크를 둔다.)

③ 교류 발전기의 작동
- 점화스위치 ON상태에서는 타여자 방식으로 로터 철심이 자화된다.
- 기관이 시동되면 스테이터 코일에서 발생한 교류는 실리콘 다이오드에 의해 정류된다.
- 기관 공전상태에도 발전이 가능하다.
- 기관 회전속도가 1000rpm이상이면 스테이터 코일에서 발생한 전류가 여자 다이오드를 통하여 로터 코일에 공급된다.

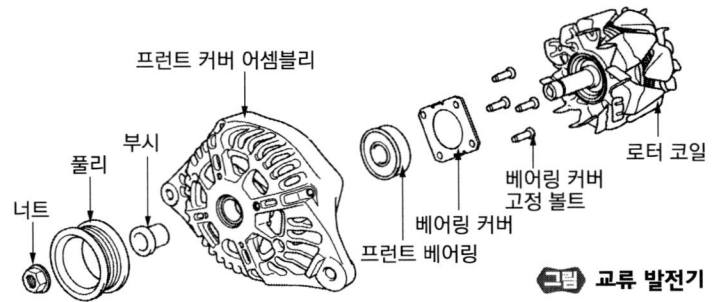

그림 교류 발전기

3 점화장치

연소실 안에 압축된 혼합기를 전기 불꽃으로 적절한 시기에 점화하여 연소시키는 장치

(1) 점화회로의 작동
① 자기유도작용(1차회로) : 코일에 흐르는 전류를 간섭하면 코일에 유도전압이 발생하는 작용
② 상호유도작용(2차회로) : 하나의 전기회로에 자력선의 변화가 생겼을 때 그 변화를 방해하려고 다른 전기회로에 기전력이 발생하는 작용

(2) 점화 스위치 : 축전지로부터 전원을 차단 또는 연결시키는 일종의 단속기

(3) 점화코일
① 점화코일은 12V의 저압 전류(1차 전류)를 배전기의 포인트의 단속으로 인하여 15,000~20,000V의 고압 전류(2차 전류)로 변전시키는 일종의 변압기
② 1차 코일에서는 자기유도작용과 2차 코일에서는 상호 유도작용을 이용

(4) 배전기의 구조
점화코일에서 송전된 고압전류를 점화순서에 따라 각 실린더에 전달해 주는 역할을 한다.
① 단속부 : 점화플러그에 불꽃을 튀게 하기 위하여 고전압을 발생시키기 위한 회로차단기
② 진각장치 : 점화플러그의 점화시기를 자동적으로 조절하는 장치

(5) 단속기 접점
접점이 닫혀 있을때는 점화1차 코일에 전류를 흘려 자력선을 일으키며 열릴 때는 1차 전류를 차단하여 2차 코일에 전압을 발생시킴

진각장치의 구성품 : 포인트, 콘덴서, 로우더 진각장치

(6) 축전기(콘덴서)
단속기 접점과 병렬로 연결되어 은박지와 절연지를 감아 케이스에 들어가 있으며, 접점이 열리면 1차 코일에 유기된 전류를 흡수하고 접점이 닫히면 다음과 같이 된다.
① 1차 코일에 전류의 흐름을 빠르게 한다.
② 접점의 소손을 방지하는 역할을 한다.
③ 2차 전압의 상승 역할을 한다.

단속기를 두는 이유는 전류가 직류이기 때문이다.

(7) 점화 진각기구

기관의 회전속도가 빨라짐에 따라 점화시기도 빠르게 맞추어 주는 장치

① **원심 진각기구** : 기관의 회전속도가 빨라짐에 따라 원심력에 의하여 원심추가 밖으로 벌어진다. 이 움직인 양만큼 단속기 접점의 열리는 시기가 빨라진다.
② **진공식 진각기구** : 흡기 매니폴드의 진공도에 따라 작용되며 기관의 부하가 걸린 정도에 따라 진각을 한다.
③ **옥탄 셀랙터** : 엔진연료의 옥탄가에 따라 점화 진각을 맞추어 놓은 것으로 조정기를 돌려 진각, 지연방향으로 점화시기를 조정한다.

(8) 고압 케이블

점화코일의 2차 단자와 배전기 캡의 중심단자를 연결하는 선과, 배전기의 플러그 단자와 점화 플러그를 연결한 고압의 절연전선(저항은 약10kΩ)

(9) 점화 플러그(스파크 플러그)

배전기와 연결된 고압케이블을 통해 고전압전류를 받아 압축된 혼합기에 불꽃을 튀겨 동력을 얻게 하는 일을 한다.

① 점화 플러그의 구성
- 전극, 절연체, 셀
- 간극 : 0.7~1.0mm

② 플러그는 기관이 운전되는 동안 적당한 온도(450~600℃)를 유지하고 있어야 한다.
③ 고압축비 고속회전에는 냉형 플러그를 사용한다.
④ 800℃이상의 온도는 조기점화의 원인이 되기도 한다.
⑤ 저압축비 저속회전에는 열형 플러그를 사용한다.

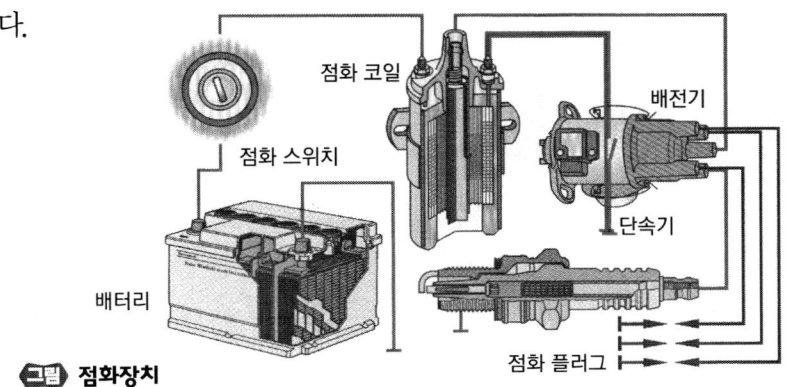

그림 점화장치

4 등화장치

(1) 조명의 용어
① 광도 : 빛의 세기 단위는 칸델라(cd)
② 조도 : 빛의 밝기 단위 룩스(lux)

(2) 전조등(헤드라이트)
① 시일드 빔 : 1개의 전구로 일체형임
② 세미 시일드빔 : 전구를 별개로 설치하는 형식
③ 할로겐 전조등
- 할로겐 사이클로 흑화 현상이 없어 수명 말기까지 밝기가 변하지 않는다.
- 색 온도가 높아 밝은 백색광을 얻을 수 있다.
- 교행용 필라멘트 아래의 차광판에 의해 눈부심이 적다.
- 전구의 효율이 높아 밝다.

(3) 등화장치의 종류
① 전조등 : 일몰시 안전주행을 위한 조명
② 안개등 : 안개 속에서 안전 주행을 위한 조명
③ 후진등 : 중장비가 후진할 때 점등되는 조명
④ 계기등 : 야간에 계기판의 조명을 위한 등
⑤ 방향지시등 : 기체의 좌우회전을 표시
⑥ 제동등 : 발로 브레이크를 걸고 있음을 표시
⑦ 차고등 : 차의 높이를 표시
⑧ 차폭등 : 차의 폭을 표시
⑨ 미등 : 차의 후면을 표시
⑩ 유압등 : 유압이 규정 이하로 내려가면 점등된다.
⑪ 충전등 : 축전기가 충전되지 않으면 점등된다.
⑫ 연료등 : 연료가 규정이하로 되면 점등된다.

(4) 등화장치의 고장원인

① 전조등의 조도가 부족한 원인
- 전구의 설치 위치가 바르지 않았을 때
- 전구의 장시간 사용에 의한 열화
- 전조등 설치부 스프링의 피로
- 렌즈 안팎에 물방울이 맺혔을 때
- 반사경이 흐려졌을 때

② 좌우 방향지시등의 점멸회수가 다르거나 한쪽만 작동될 때의 원인
- 전구의 용량이 다를 때
- 접지가 불량할때
- 전구 하나가 단선되었을 때

③ 좌우방향지시등의 점멸이 느린 경우의 원인
- 전구의 용량이 규정보다 작을 경우
- 축전지 용량이 저하되었을 때
- 플래시 유닛에 결함이 있을 경우

④ 좌우 방향지시등의 점멸이 빠른 경우의 원인
- 전구의 용량이 규정보다 크다.

06 농업기계 계기

🐢	저속 조정	🐇	고속 조정		엔진 속도 조절
	엔진 속도 조절	⇦⇨	방향지시등		방향지시등
☀	라이트 스위치		차폭등		전조등(상향등)
	경음기		작업등		전조등(하향등)
	윈도우 와이퍼		윈도우 와이퍼 / 와셔(앞)		윈도우 와이퍼 / 와셔(뒤)

사용설명서를 참조하시오.	주의!	축전지 충전
연료 레벨	연료필터	엔진 냉각수 온도
변속기 오일 압력	엔진오일 압력	디젤 엔진 예열
주차 브레이크	비상등	엔진 시동
엔진 정지	피티오 정지	피티오 작동
차동고정장치	펀브레이크 작동	

기어 중립	전후진 작동	전진
4륜구동 연결	4륜구동 분리	후진
배속턴	정속 주행	정속 주행 해제 (일반주행)
위치제어(상승)	위치제어(하강)	유압로드 줄어듬
견인제어(깊게)	견인제어(얕게)	유압로드 늘어남
DPF 재생	DPF 온도	유압로드 플로팅
DPF 재생금지	엔진 제어 에러	

농업기계의 트랙터 및 콤바인 등에서 계기판을 볼 수 있다. 계기판에는 표시등과 경고등이 농업기계의 이상 여부와 고장 진단의 역할을 하기 때문에 수시로 점검해야 한다.

경고등은 점등 상태의 메시지로 장치의 이상 상태를 운전자에게 전해주기 때문에, 내용에 따라 즉시 운전을 중단하고 점검, 정비해야 한다. 경고등은 규격화되어 있지만 제조사가 독자적으로 모양을 변형하는 경우도 있으니 취급 설명서를 보고 내용과 점등 시 지시를 확인해야 한다.

1 표시등

1. 비상 경고등 (파란색, 녹색)

▲ 비상 경고등
(방향지시등이 깜빡거림)

비상 경고등의 표시는 모든 방향지시등이 동시에 깜빡이면서 작동한다. 비상 경고등의 깜빡이는 횟수가 이상하게 빠르거나 늦을 때는 전기가 끊어졌거나 접지가 불량일 수 있다.

비상 버튼 ▶

2. 예열표시등 (노란색, 빨간색)

▲ 예열 표시등

예열 플러그의 예열 상태를 표시한다. 대부분 디젤기관에 설치되어 있으며 시동 ON상태가 되면 켜지고 예열 플러그의 예열이 완료되면 꺼진다. 표시등이 소등되지 않으면 시동을 걸지 않아야 한다.

엔진 냉각수의 온도에 따라 예열 표시등의 꺼지는 시간이 달라진다.

또 엔진 시동 후 차량 주행 중에 지속적으로 예열 표시등이 점멸하는 경우에는 차량 주행이 이상이 발생할 수 있으므로 점검 및 정비를 받아야 한다.

3. 방향지시등 (파란색, 녹색)

▲ 방향지시등

방향지시등은 운전자가 상대방 차량에게 주행 방향을 제시함으로써 진입, 추월 등을 하지 않게 하기 위한 방법으로, 가고자 하는 방향의 방향지시등이 작동시키면 방향에 맞게 등이 깜빡거린다. 깜빡이는 횟수가 이상하게 빠르거나 늦을 때는 전구가 끊어졌거나 접지가 불량일 수 있다.

4. 전조등(헤드라이트) 상향 표시등 (파란색, 녹색)

▲ 전조등 하향(좌) 상향(우)

전조등(헤드라이트) 스위치를 상향 위치에 두면 파란색의 등이 켜진다. 시야가 좁거나 반대편 운전자에게 의사를 표시하고자 할 때 사용된다. 자동차와 같은 형태로 되어 있는것도 있지만 별도의 상향등 스위치를 만들어 놓은 것도 있으므로 취급 설명서를 확인해야 한다.

5. 안개 표시등 (파란색, 녹색)

▲ 안개 표시등

안개등은 주행시 안개 및 연무 등에 의해 전방 시야가 확보되지 않았을 때 가까운 거리를 환하게 빛을 확산시켜 시야를 확보하는데 사용된다. 안개등을 켜면 표시등이 켜지고, 안개등을 끄면 표시등이 꺼진다.

6. 조명 점등 표시등 (파란색, 녹색)

▲ 조명 점등 표시등

미등 또는 헤드라이트가 켜져 있을 때 조명 점등 표시등이 켜진다. 차폭등 차량의 주행시 상대방에게 알려줄 수 있는 기능을 한다

7. 작업등(파란색, 녹색)

▲ 작업등

농작업은 작업 시기가 길지 않기 때문에 작업에 따라 아침 일찍 시작해야 하는 작업과 밤늦게까지 작업하는 경우도 발생한다. 이때 시야를 확보하기 위하여 경운작업, 수확작업에 특히 작업등을 많이 활용한다.

8. 차동고정장치등(노란색)

▲ 차동고정장치등

회전시에는 회전방향의 안쪽 바퀴는 천천히, 바깥쪽 바퀴는 빠르게 회전해야 타이어의 마모 및 회전이 원활히 가능하다. 이런 기능을 하는 것이 차동장치이다. 하지만 바퀴가 침하하여 빠져나오지 못할 때에는 부하가 적은 바퀴만 회전하기 되므로 견인적이 저하된다. 연약지나 험한 도로 Off-road에서 빠졌을 때 회전력이 구동축이 일정하게 전달되도록 하는 기능을 차동고정장치(차동잠금장치)라고 한다.

9. DPF

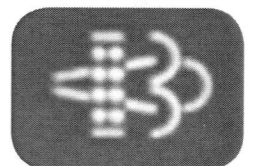

◀ DPF 온도(상), DPF 재생(중), DPF 재생금지(하)

배기가스 저감장치(DPF)는 엔진에서 배출되는 대기오염물질을 줄이기 위해 설치하는 장치로 디젤 미립자 필터라고도 한다. DPF가 동작시 등이 켜진다.

10. P.T.O구동등

▲ P.T.O 구동등

트랙터의 동력취출장치(P.T.O)를 구동시키면 계기판에 표시되는 등이다. 회전할 때는 켜지지만 회전하지 않을 때는 꺼진다.

2 경고등

1. 유압 및 변속기 오일 경고등(빨간색)

▲ 유압 및 변속기 오일 경고등

트랙터의 트랜스미션에 공급되는 오일압력이 낮아지면 경고등이 켜진다. 주행 중, 엔진 시동 후 경고등이 켜지면 도로 옆으로 또는 작업을 진행하지 않고 안전한 곳으로 이동하여 미션오일을 점검한 후 부족하면 보충해야 한다. 보충 후에도 경고등이 꺼지지 않으면 정비를 받아야 한다. 경고등이 켜진 상태에서 계속 주행하면 엔진 고장의 원인이 된다.

2. 엔진오일 경고등(빨간색)

▲ 엔진오일 경고등

트랙터의 엔진오일 압력이 낮아지면 경고등이 켜진다. 주행 중, 엔진 시동 후 경고등이 켜지면 도로 옆으로 또는 작업을 진행하지 않고 안전한 곳으로 이동하여 엔진오일 양을 점검한 후 부족하면 보충해야 한다. 보충 후에도 경고등이 꺼지지 않으면 정비를 받아야 한다. 경고등이 켜진 상태에서 계속 주행하면 엔진 고장의 원인이 된다.

3. 엔진 경고등 (주황색, 노란색)

▲ 엔진 경고등

엔진의 전자제어 장치 등에 이상이 발생한 경우에 켜진다. 엔진의 정상적인 작동을 제어하는 엔진 전자제어 장치나 배기가스 제어에 관계되는 각종 센서에 이상이 있을 때, 연료 공급 장치(연료탱크, 연료 필터 연결부, 연료라인 등)의 누유, 증발가스 제어 장치 부분의 누수 발생 시 켜진다. 주행 중에 켜지면 가능한 빨리 정비를 의뢰하는 것이 좋다.

4. 냉각수 수온 경고등 (빨간색)

▲ 냉각수 수온 경고등

냉각수의 온도를 나타내는 등이다. 냉각수의 온도가 120±3℃ 이상일 때 적색 표시등이 점등된다. 냉각수 온도가 적정 범위에 있을 때는 적색 경고등이 꺼져 있다. 대부분 온도게이지가 있으므로 항상 점검하는 것이 좋다.

5. 충전 경고등 (빨간색)

▲ 충전 경고등

팬벨트가 끊어졌을 때 또는 충전 장치가 고장이 났을 때 경고등이 켜진다. 경고등이 켜진 상태로 주행하면 오버히트나 배터리의 방전을 일으킨다. 전기의 특성상 높은 전압에서 낮은 전압으로 흘러가기 때문에 발전되지 않으면 필요한 전류를 배터리에서 공급되기 때문이다. 경고등이 켜졌을 때는 배터리 충전 상태를 확인하고 팬벨트나 충전 계통을 점검해야 한다. 점검한 후에도 경고등이 꺼지지 않을 경우에는 점검을 받아야 한다.

6. 연료 부족 경고등(노란색, 주황색)

▲ 연료 부족 경고등

연료의 잔류량이 적을 때 경고등이 켜진다. 연료가 완전히 소모된 상태로 운전하면 엔진 및 연료 장치에 고장을 일으킬 수 있으므로 경고등이 켜지면 즉시 연료를 보충하여야 한다.

7. 주차 브레이크 경고등(빨간색)

▲ 주차 브레이크 경고등

주차 브레이크가 작동 중이거나 브레이크액이 부족할 때 켜진다. 주차 브레이크를 푼 상태에서 키를 ON으로 하면 경고등이 켜지고 브레이크에 이상이 없으면 엔진시동을 걸면 꺼진다. 엔진 시동 후 주차 브레이크를 푼 상태에서도 경고등이 꺼지지 않으면 브레이크 액의 양을 점검한 후 부족하면 보충한다. 보충 후에도 경고등이 계속 켜져 있을 경우에는 점검을 받아야 한다. 트랙터의 브레이크는 핸드 브레이크 방식과 풋브레이크 고장 방식이 있으므로 주차, 정차시 인지하여 작동시켜야 한다.

8. 연료 필터 수분 경고등(디젤기관)

▲ 연료 필터 수분 경고등

시동 ON 상태에서 점등되고 약 3초 후 꺼진다. 연료 필터 내에 물이 규정량 이상이 되면 시동 상태에서 경고등이 계속 점등된다. 경고등 점등 시에는 즉시 서비스 업체에서 연료 필터의 물 빼기 작업을 실시해야 한다.

PART 4 출제 예상 문제

01 오옴의 법칙은 다음 중 어느 것 인가?
① I=RE
② E=RI
③ I=R/E
④ E=R/I

해설 오옴의 법칙은 $I=\dfrac{E}{R}$, $E=RI$, $R=\dfrac{E}{I}$

02 그림과 같은 직·병렬 회로의 합성저항은?

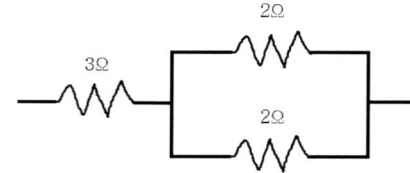

① 1Ω
② 2Ω
③ 4Ω
④ 7Ω

해설 $R_t = R_1$(직렬연결 저항) + R_2(병렬연결 저항)

$R_1 = 3Ω$

$\dfrac{1}{R_2} = \dfrac{1}{R_a} + \dfrac{1}{R_b} = \dfrac{1}{2} + \dfrac{1}{2} = 1$

$R_2 = 1$, $R_t = R_1 + R_2 = 3+1 = 4$

03 1A의 전류를 흐르게 하는데 2V의 전압이 필요하다. 이 도체의 저항은?
① 4Ω
② 3Ω
③ 2Ω
④ 1Ω

해설 $I=\dfrac{E}{R} \rightarrow R=\dfrac{E}{I}=\dfrac{2}{1}=2$

04 병렬회로에서 저항을 모를 때, 전압을 무엇으로 나누면 분기회로의 저항을 구할 수 있는가?
① 분기회로의 전류
② 분기회로의 콘덕턴스
③ 분기회로의 전압강하
④ 전력

해설 옴의 법칙을 활용한다.
$I=\dfrac{E}{R}$, $E=RI$, $R=\dfrac{E}{I}$

05 24V의 축전지에 R1=3Ω, R2=4Ω, R3=5Ω의 저항을 직렬로 접속하였을 때 흐르는 전류의 세기는 얼마인가?
① 24A
② 12A
③ 6A
④ 2A

해설 직렬연결의 합성저항은 모두 더한다. R=3+4+5=12Ω
$I=\dfrac{E}{R}=\dfrac{24}{12}=2A$

06 트랙터용 12V 발전기의 발전 전류가 30A이면 이 발전기의 저항은?
① 0.5Ω
② 0.4Ω
③ 0.3Ω
④ 0.2Ω

해설 옴의 법칙
$I(A)=\dfrac{E(V)}{R(Ω)}$, $R(Ω)=\dfrac{E(V)}{I(A)}=\dfrac{12V}{30A}=0.4Ω$

Answer 1.② 2.③ 3.③ 4.① 5.④ 6.②

07 다음 중 전기저항이 가장 큰 전구는?

① 12V용 6W
② 12V용 12W
③ 12V용 24W
④ 12V용 36W

해설 전력 = I × V, V는 일정, I(전류)는 저항에 반비례하므로 저항이 크면 전력은 작아지므로 12V 6W용이 가장 큰 저항값을 갖는다.

08 2V의 기전력으로 20J의 일을 할 때 이동한 전기량은?

① 10C   ② 0.1C
③ 40C   ④ 2400C

해설 일(J) = 전압 × 전기량
전기량 = $\frac{20}{2}$ = 10C

09 12V, 60Ah 배터리로 12V 전구 2개를 사용하였더니 암메터에 나타나는 지시값이 7.5A였다. 이 전구는 몇 W용인가?

① 5W   ② 25W
③ 45W   ④ 65W

해설 전구 하나에 소모되는 전력량을 구하는 것이다.
$W_t = 12V \times 7.5A = 90W$
$W = \frac{W_t}{2} = 45W$

10 R_1, R_2의 저항을 병렬로 접속할 때 합성저항은?

① R_1+R_2 ② $R_1+R_2/R_1 \times R_2$
③ $R_1 \times R_2/R_1+R_2$ ④ $1/R_1+R_2$

해설 병렬연결 시 합성저항(Rt)
$\frac{1}{R_t} = \frac{1}{R_1} + \frac{1}{R_2} = \frac{R_2+R_1}{R_1 \times R_2}$
$\therefore R_t = \frac{R_1 \times R_2}{R_1+R_2}$

11 다음 그림에서 합성저항 값은?

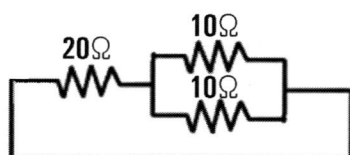

① 10Ω
② 15Ω
③ 20Ω
④ 25Ω

해설 직렬연결 시 Ra + Rb + Rc ··· = Rt
병렬연결 시
$Rt = \frac{1}{Ra} + \frac{1}{Rb} + \frac{1}{Rc} \cdots + \frac{1}{Rn}$
$R_1 = 20$ $\frac{1}{R_2} = \frac{1}{10} + \frac{1}{10} = \frac{2}{10} = \frac{1}{5}$ ⇒ $R_2 = 5$
$\therefore Rt = R_1 + R_2 = 25$

12 100V, 500W의 전열기를 80V에서 사용하면 소비전력은 몇 W인가?

① 245
② 320
③ 400
④ 600

해설 $P(W) = I(A) \times E(V)$
$500(W) = 100(V) \times x(A)$, $x = 5A$
$y(W) = 80(V) \times 5A = 400(W)$, $y(W) = 400$

13 70Ah용량의 축전지를 7A로 계속 사용하면 몇 시간동안 사용할 수 있는가?

① 1
② 10
③ 77
④ 490

해설 1Ah는 1A의 전류를 1시간 사용할 수 있는 용량을 말한다.
$70Ah = 7A \times 10h$ ∴ 10시간

Answer   7.① 8.① 9.③ 10.③ 11.④ 12.③ 13.②

14 100V의 전압에서 1A의 전류가 흐르는 전구를 10시간 사용하였다면 전구에서 소비되는 전력량(Wh)은?

① 60000
② 1000
③ 100
④ 10

해설 전력량$(Wh) = I(A) \times E(V) \times h$
$= 1A \times 100V \times 10h$
$= 1000 Wh$

15 축전지의 용량이 240Ah라면, 이 축전지에 부하를 연결하여 12A의 전류를 흘리면 몇 시간 동안 사용이 가능한가?

① 10   ② 20
③ 30   ④ 40

해설 1Ah는 1A의 전류를 1시간 사용할 수 있는 용량을 말한다.
$240Ah = 12A \times 20h$ ∴ 20시간

16 100Ah 용량의 축전지를 10A로 계속 사용하면 몇 시간 사용할 수 있는가?

① 8   ② 10
③ 25   ④ 40

해설 용량(Ah)=사용전류(A)×시간(h)=10A×10h=100Ah

17 5Ω의 저항이 3개, 7Ω의 저항이 5개, 100Ω의 저항이 1개 있다. 이들을 모두 직렬로 접속할 때 합성저항은?

① 150Ω
② 200Ω
③ 350Ω
④ 300Ω

해설 직렬연결은 전압과 저항은 모두 더하면 된다.
$Rt = Ra + Rb + \cdots + Rn$
$Rt = 5\Omega \times 3 + 7\Omega \times 5 + 100\Omega \times 1 = 150\Omega$

18 저항의 직렬회로에서 전압강하의 합과 같은 것은?

① 전류
② 저항
③ 전원의 전압
④ 분기회로의 전압

해설 저항의 직렬회로에서 전압강하는 전원의 전압과 같다.

19 3Ω, 10Ω, 15Ω의 저항 3개를 병렬로 접속할 때의 합성저항은?

① 2Ω   ② 6Ω
③ 8Ω   ④ 28Ω

해설 $\dfrac{1}{R_t} = \dfrac{1}{R_a} + \dfrac{1}{R_b} + \dfrac{1}{R_c} = \dfrac{1}{3} + \dfrac{1}{10} + \dfrac{1}{15}$
$= \dfrac{10}{30} + \dfrac{3}{30} + \dfrac{2}{30} = \dfrac{15}{30} = \dfrac{1}{2}$
$R_t = 2\Omega$

20 6V 납 축전지 4개로 24V의 기동전동기에 연결하려면?

① 직렬로 한다.
② 병렬로 한다.
③ 직·병렬로 한다.
④ 사용할 수 없다.

해설 직렬로 연결해야 한다.

21 2Ω의 저항 10개, 5Ω의 저항 3개가 있다. 이들 모두를 직렬로 접속할 때의 합성저항은 몇 Ω인가?

① 7   ② 15
③ 20   ④ 35

해설 저항을 직렬로 연결할 경우 모든 저항을 더한다.
$R_t = R_a + R_b + R_c + \cdots + R_n = 2 \times 10 + 5 \times 3$
$= 20 + 15 = 35$

Answer   14.②   15.②   16.②   17.①   18.③   19.①   20.①   21.④

22 동선의 온도가 상승하면 저항은?

① 일정하다.
② 커진다.
③ 작아진다.
④ 아무변화가 없다.

해설 저항은 온도가 상승하면 저항은 커지고, 선의 두께가 굵어지면 저항은 작아진다. 또한 선의 길이가 길어지면 저항은 커진다.

23 고유저항이 작은 물질부터 순서대로 배열된 것은?

① 은, 동, 알루미늄, 니켈
② 은, 동, 니켈, 알루미늄
③ 동, 은, 니켈, 알루미늄
④ 동, 은, 알루미늄, 니켈

해설 고유저항의 순서 "은 〈 동 〈 금 〈 알루미늄 〈 니켈" 이다.

24 농용 트랙터의 장치 중 시동 보조장치가 아닌 것은?

① 예열플러그
② 기관온도계
③ 예열표시기
④ 시동스위치

해설 기관의 온도계는 엔진의 온도를 측정하는 장치이다.

25 도체내의 임의 한 점을 매초 2C(쿨롱)의 전기량이 통과할 때 도체 내에 흐르는 전류의 세기는?

① 0.5[A]
② 1[A]
③ 1.5[A]
④ 2[A]

해설 1초에 1C(쿨롱)의 전기량이 통과할 때 1A의 전류가 흐른다. 위에서는 1초에 2C의 전기량이 통과하기 때문에 2A가 된다.

26 다음 중 전기저항이 가장 큰 전구는?

① 12V용 6W
② 12V용 12W
③ 12V용 24W
④ 12V용 36W

해설 전력(W)=I×V=A×12=6 → I=0.5A →
$R = \dfrac{E}{I} = \dfrac{12}{0.5} = 24\Omega$
전력(W)=I×V=A×12=36 → I=3A →
$R = \dfrac{E}{I} = \dfrac{12}{3} = 4\Omega$

27 100Ω의 저항 4개를 접속하여 얻을 수 있는 합성저항 중 가장 작은 것은?

① 400Ω
② 200Ω
③ 25Ω
④ 10Ω

해설 직렬연결 시 합성저항은 400Ω이고, 병렬연결 시 합성저항은 25Ω이다.

28 전류의 3대 작용이 아닌 것은?

① 발열작용
② 화학작용
③ 자기작용
④ 물리작용

해설 전류의 3대작용은 발열작용, 화학작용, 자기작용이다.

29 물질이 자유전자의 이동으로 양전기나 음전기를 띠게 되는 현상을 무엇이라고 하는가?

① 접지
② 전기량
③ 대전
④ 중성자

Answer 22.② 23.① 24.② 25.④ 26.① 27.③ 28.④ 29.③

30 20시간율의 전류로 방전하였을 경우의 셀 당 방전종지 전압은 얼마인가?

① 1.75V
② 1.65V
③ 1.85V
④ 1.55V

해설 방전 종지 전압은 셀 당 1.75V이하일 때를 말한다.

31 2A가 소비되는 전구 5개를 4시간 점등하였을 때의 소비전류량은?

① 20Ah
② 40Ah
③ 60Ah
④ 80Ah

해설 소비전류량
= 소비전류 × 소비되는 전기기구의 수 × 시간
= 2A × 5개 × 4시간 = 40Ah

32 전기의 저항은 단면적이 클수록 어떻게 변하는가?

① 작다.
② 크다.
③ 단면적에는 관계가 없다.
④ 단면적을 변화시킬 때는 항상 증가한다.

해설 도체에 온도가 올라가면 저항값은 커진다.
도체의 길이가 길어지면 저항값은 커진다.
도체의 지름이 커지면 저항값은 작아진다.

33 어떤 전선의 길이를 A배, 단면적을 B배로 하면 전기저항은?

① (B/A)
② (A×B)
③ (A/B)
④ (A×B/2)

해설 저항은 길이에 비례하고 단면적에 반비례한다. 그러므로 A/B로 표현할 수 있다.

34 어떤 전지를 써서 5A의 전류를 20분간 흘렸다면 전지에서 나오는 전기량은 몇 C인가?

① 6000
② 5000
③ 3000
④ 1000

해설 1C은 1A의 전류가 1초 동안 흐르는 전기의 량을 이야기 한다.
전기량 = 전류 × 시간
= 5A × 1200초(20분 × 60) = 6,000

35 12V의 축전지는 몇 개의 단전지(셀)로 되어 있는가?

① 2개
② 3개
③ 4개
④ 6개

해설 12V의 축전지는 6개의 단전지로 구성되어 있으며 한 개의 셀 당 2.1V의 전압이 발생한다. 또한 종지전압은 셀 당 1.75V이다.

36 6,600V는 몇 kV인가?

① 6.6×10^{-3}kV
② 6.6kV
③ 6.6×10^{3}kV
④ 6.6×10^{6}kV

해설 1kV는 1,000V이다. 그러므로 6.6kV가 된다.

37 축전지의 용량이 240[Ah]라면, 이 축전지에 부하를 연결하여 12[A]의 전류를 흘리면 몇 시간 동안 사용이 가능한가?

① 10시간　② 20시간
③ 30시간　④ 40시간

해설 축전지 용량[Ah] = 축전지 부하[A] × 시간(h)
240[Ah] = 12[A] × 20[h]

Answer　30.①　31.②　32.①　33.③　34.①　35.④　36.②　37.②

38 다음 중 전기의 도체에 속하는 것은?
① 고무 ② 에보나이트
③ 소금물 ④ 운모

해설 소금물은 도체이다.

39 다음 중 퓨즈블링크의 설명으로 옳은 것은?
① 아주 미세한 전류가 흐르는데 사용한다.
② 여러 개의 퓨즈를 한군데로 모아서 연결한 것이다.
③ 전류가 역류하는 것을 방지하는 것이다.
④ 과전류가 흐를 때 단선되도록 한 전선의 일종이다.

해설 퓨즈블링크는 과전류가 흐를 때 단선되도록 한 전선의 일종이다.

40 전해액의 액량은 몇 mm가 적당하며 부족 시 보충액은?
① 극판 위 13~15mm, 액이 부족할 시 전해액 보충
② 극판 위 13~15mm, 액이 부족할 시 황산 보충
③ 극판 위 10~13mm, 액이 부족할 시 질산 보충
④ 극판 위 10~13mm, 액이 부족할 시 증류수 보충

해설 전해액은 묽은 황산으로 되어 있으며 극판보다 약 10~13mm정도 높게 보충을 해야 하며 전해액이 부족하여 보충 시에는 증류수를 보충한다.

41 축전지 터미널의 부식을 방지하기 위해 사용되는 것은?
① 그리스 ② 기어오일
③ 엔진오일 ④ 페인트

해설 축전지의 터미널 부식을 방지하고 장기간 보관할 때에는 그리스를 발라 외부전자의 이동을 차단해 준다.

42 축전지의 통기 구멍마개가 6개 있는 축전지 2개를 직렬로 연결하였다면 총 몇 V(볼트)의 전압이 나오는가?(단, 완전 충전된 것임)
① 6V
② 12V
③ 24V
④ 36V

해설 축전지의 통기구멍마개가 6개있으면 12V 축전지를 의미하고 2개를 직렬로 연결하게 되면 24V가 된다.

43 축전지를 방전시키면 양극판과 음극판은 어떤 물질이 되는가?
① PbO_2
② $2H_2SO_4$
③ $PbSO_4$
④ $2H_2O$

해설 축전지가 방전을 할 경우 음극과 양극 모두 $PbSO_4$(황산납)으로 변한다.

44 축전지의 전해액 보충 시 가장 좋은 것은?
① 증류수
② 수돗물
③ 바닷물
④ 강물

해설 전해액은 묽은 황산으로 전해액이 부족할 경우 증류수를 넣어준다.

45 충전전류의 크기와 충전방법에 따라 분류한 것이다. 해당되지 않는 것은?
① 정전류 충전
② 정전압 충전
③ 급속충전
④ 이온충전

해설 충전방법 중 이온충전을 하지 않는다.

Answer 38.③ 39.④ 40.④ 41.① 42.③ 43.③ 44.① 45.④

46 다음 중 전해액을 만들 때 사용할 용기로 가장 적당한 것은?
① 질그릇
② 철제용기
③ 구리 합금 용기
④ 알루미늄 용기

해설 전해액은 황산이기 때문에 강산성을 띄게 된다. 그러므로 산화반응이 나타나지 않는 용기를 활용해야하므로 질그릇(도자기)을 활용하는 것이 좋다.

47 다음 중 납축전지의 충방전 작용은?
① 자기작용
② 화학작용
③ 물리작용
④ 확산작용

해설 납축전지의 충·방전 작용은 화학작용에 의해 이루어진다.

48 납축전지를 충전하는 음극판은 무엇으로 변하는가?
① 과산화납
② 납
③ 황산납
④ 일산화납

해설 음극판은 납, 양극판은 과산화납

49 축전지의 용량을 바르게 나타낸 것은?
① 암페어시(Ah)
② 킬로와트(kW)
③ 볼트암페어(VA)
④ 마력(HP)

해설 축전지의 용량은 Ah로 표시한다.

50 다음 중 축전지 케이블단자(터미널)청소에 가장 적당한 것은?
① 탄산가스
② 그리스
③ 전해액
④ 탄산수소나트륨

해설 축전지 케이블 단자에는 흰색 곰팡이처럼 부식이 발생할 경우 청소를 해줘야 한다. 이를 제거하기 위해서는 탄산수소나트륨을 활용하여 청소해야 한다.

51 축전지의 통기구멍 마개가 6개 있는 축전지 3개를 직렬로 연결하였다면 총 전압은 약 몇 V인가?
① 6
② 12
③ 24
④ 36

해설 축전지의 구조는 한 개의 셀당 평균 2V의 전압이 발생할 수 있도록 되어 있으므로 12V 축전지이다. 같은 축전지를 3개 직렬 연결할 경우 전압은 3배가 된다. 참고로 직렬연결을 했을 경우 전류 용량은 변하지 않는다. 병렬 연결하였을 경우에는 전압은 12V 그대로지만 전류의 용량은 3배가 된다.

52 다음 중 납축전지에 넣는 전해액으로 옳은 것은?
① 묽은 염산액
② 묽은 황산액
③ 묽은 초산액
④ 묽은 수산액

해설 $PbO_2 + 2H_2SO_4 + Pb \Leftrightarrow PbSO_4 + 2H_2O + PbSO_4$
(양극판) + (전해액) + (음극판) ⇔ (황산납) + (물 = 증류수) + (황산납) 축전지의 전해액은 묽은 황산액(H_2SO_4)으로 한다.

53 납축전지에서 전해액의 자연 감소되었을 때 보충액으로 가장 적합한 것은?
① 묽은 황산
② 묽은 염산
③ 증류수
④ 수돗물

해설 전해액이 감소되었을 시에는 증류수를 보충해야한다. 전해액은 묽은 황산이다.

Answer 46.① 47.② 48.② 49.① 50.④ 51.④ 52.② 53.③

54 트랙터에서 축전지를 제거할 때 순서로 옳은 것은?

> 1. 축전지의 - 선을 뗀다.
> 2. 축전지의 + 선을 뗀다.
> 3. 축전지의 누름판을 뗀다.
> 4. 축전지를 트랙터에서 들어낸다.

① 2→1→3→4 ② 1→2→3→4
③ 1→3→2→4 ④ 2→3→1→4

해설 축전지의 -선을 뗀다. → 축전지의 +선을 뗀다. → 축전지의 누름판을 뗀다. → 축전지를 트랙터에서 들어낸다.

55 납축전지에서 충전이 완료되었을 때 양극판과 음극판에서 발생되는 가스는?

① 양극판 : 수소, 음극판 : 산소
② 양극판 : 산소, 음극판 : 수소
③ 양극판 : 황산, 음극판 : 황산
④ 양극판 : 수소, 음극판 : 황산

해설 납축전지가 충전이 완료되었을 때 양극판에서는 산소가, 음극판에서는 수소가 발생하며, 이로 인하여 전해액을 보충 시 증류수를 보충하는 것이다.

56 다음 중 방전된 축전지에 충전이 잘 되지 않는 원인으로 적합하지 않은 것은?

① 전압조정기의 조정설정이 높다.
② 조정기 접점이 오손되었다.
③ 배선 또는 연결이 불량하다.
④ 발전기가 불량하다.

해설 전압조정기의 조정설정이 높을 경우 충전이 가능하나 과충전에 주의해야 한다.

57 납축전지에서 완전 충전된 상태의 양극판은?

① Pb
② PbO_2
③ $PbSO_4$
④ H_2SO_4

해설 납축전지의 양극판은 산화납(PbO_2), 음극판은 납(Pb)이다.

58 축전지의 올바른 사용법으로 옳지 않은 것은?

① 연속적으로 큰 전류를 방전 시키지 말아야 한다.
② 케이스 양 케이블의 설치상태를 정기적으로 점검한다.
③ 축전지를 사용치 않을 때는 2개월마다 보완충전을 한다.
④ 전해액의 양과 비중을 정기적으로 점검한다.

해설 축전지를 사용하지 않을 때는 6개월마다 보완 충전을 해야 한다.

59 납축전지의 전해액의 비중은 온도 1℃당 얼마씩 변화하는가?

① 0.007
② 0.005
③ 0.0004
④ 0.0007

해설 $S_{20} = S_t + 0.0007(t-20)$

S_{20} = 비중
S_t = 실측한기준(보통 20℃를 기준으로 1.28)
t = 전해액의 온도(℃)

60 납축전지의 방전 시 화학작용을 옳게 나타낸 것은?

① $PbO_2 \rightarrow PbSO_4$: 양극
② $Pb \rightarrow PbSO_4$: 양극
③ $2H_2SO_4 \rightarrow PbSO_4$: 전해액
④ $2H_2SO_4 \rightarrow 2H_2$: 전해액

해설 납축전지의 방전시 양극판과 음극판에는 황산화납($PbSO_4$)으로 변하고 전해액은 물(H_2O)로 변한다.

Answer 54.② 55.② 56.① 57.② 58.③ 59.④ 60.①

61 납축전지의 용량에 대한 설명으로 옳은 것은?
① 음극판 단면적에 비례하고 양극판 크기에 반비례한다.
② 양극판의 크기에 비례하고 음극판의 단면적에 반비례한다.
③ 극판의 표면적에 비례한다.
④ 극판의 표면적에 반비례한다.
해설 납축전지의 용량은 극판의 표면적에 비례한다.

62 다음 중 납축전지의 특징이 아닌 것은?
① Ah당 단가가 낮다.
② 충·방전 전압 차이가 크다.
③ 공칭 전압은 셀당 약 2V이다.
④ 전해액의 비중으로 충·방전의 상태를 알 수 있다.
해설 납축전지는 충·방전 전압의 차이가 작다.

63 전해액의 액량은 몇 mm가 적당하며 부족 시 보충액은?
① 극판위 15mm 액이 부족할 시 전해액 보충
② 극판위 15mm 액이 부족할 시 황산 보충
③ 극판위 13mm 액이 부족할 시 질산 보충
④ 극판위 13mm 액이 부족할 시 증류수 보충
해설 전해액의 양은 극판위 13mm가 적당하며 부족할 때에는 증류수를 보충한다.

64 다음 중 레귤레이터의 구성품이 아닌 것은?
① 전압조정기
② 전류조정기
③ 회로차단기(컷아웃 릴레이)
④ 전력조정기
해설 레귤레이터는 전압, 전류 등을 조정하고, 역류 등을 차단하는 회로 차단기로 구성된다.

65 단속기 내 축전지의 역할과 관계가 없는 것은?
① 1차 전류의 차단시간을 단축하여 2차 전압을 높인다.
② 점화 2차 코일에 발생하는 유도전류를 흡수한다.
③ 접점사이에 발생되는 불꽃을 흡수하여 접점의 소손을 막는다.
④ 충전한 전하를 방출하여 1차 전류의 회복이 속히 이루어지도록 한다.
해설 단속기 내 축전지의 역할은 1차 전류의 차단시간을 단축하여 2차 전압을 높이고 접점사이에 발생되는 불꽃을 흡수하여 접점의 소손을 막아준다. 충전한 전하를 방출하여 1차 전류의 회복을 빠르게 하는 역할을 한다.

66 플레밍의 왼손법칙을 이용한 것은?
① 직류발전기   ② 직류전동기
③ 교류발전기   ④ 동기전동기
해설 직류전동기는 플레밍의 왼손법칙을 이용한다.

67 전기적 에너지를 받아서 기계적 에너지로 바꾸는 것은?
① 변압기   ② 정류기
③ 전동기   ④ 발전기
해설
• 전동기 : 전기에너지를 기계적 에너지로 바꾸는 장치
• 변압기 : 전압을 변화시키는 장치
• 발전기 : 기계적 에너지를 전기적 에너지로 바꾸는 장치
• 정류기 : 교류전류를 직류 전류로 바꾸기 위한 장치

68 전동기의 가동온도는 얼마가 적당한가?
① 10~20℃   ② 40~50℃
③ 90~100℃   ④ 100~120℃
해설 전동기의 가동온도는 40~50℃가 적당하다.

Answer 61.③ 62.② 63.④ 64.④ 65.② 66.② 67.③ 68.②

PART 4 농업기계 전기

69 기동장치에 관한 것이다. 틀린 것은?
① 엔진의 기동에 사용되는 일련의 장치이다.
② 기동 전동기로는 축전지를 전원으로 하는 직류 직권 전동기가 주로 사용된다.
③ 기동 전동기, 레귤레이터 등으로 구성되어 있다.
④ 소형, 경량이고 토크가 큰 것이 바람직하다.
해설 레귤레이터로 구성되어 있는 장치는 발전기이다.

70 트랙터를 시동시킬 때 시동키를 시동위치에 있도록 하는 시간의 한계는?
① 1~3초 이내
② 5~10초 이내
③ 15~20초 이내
④ 30~35초 이내
해설 시동을 하기 위하여 시동키를 시동위치에 놓고 15초 이내로 하여 시동해야 한다.

71 직권 전동기의 설명중 적당치 않은 것은?
① 기동 회전력이 크다.
② 회전 속도의 변화가 비교적 크다.
③ 회전력은 전기자 전류와 계자의 세기에 비례한다.
④ 직권 전동기에 발생하는 역기전력은 속도에 반비례한다.
해설 직권 전동기에 발생하는 역기전력은 속도에 비례한다.

72 기동전동기의 구동 피니언을 무엇에 의해 역회전이 방지되는가?
① 자기 스위치
② 오버러닝 클러치
③ 계철
④ 계자
해설 기동전동기의 구동피니언은 오버러닝 클러치에 의해 역회전을 방지한다.

73 전기자축 끝에 설치되어 전기자에 전류를 흘러나오게 하는 것을 무엇이라고 하는가?
① 축베어링
② 단자
③ 링
④ 정류자
해설 정류자는 전기자에 전류를 흘러나오게 하는 장치이다.

74 기동전동기의 회전속도가 낮고 과도한 전류가 회로 내에서 흐르며 회전력의 발생이 작은 원인과 관계없는 것은?
① 베어링 오손 및 마멸
② 전기자축의 휨
③ 전기자 또는 계자의 접지
④ 당김코일 단락
해설 당김코일의 단락이 발생하면 회전을 위한 전류를 전달하지 못하기 때문에 회전력의 발생이 작게 하는 원인이 아니고 회전을 못하게 된다.

75 다음 중 전기력이 작용하는 공간은?
① 전계   ② 자계
③ 전류   ④ 전압
해설 • 전계 : 전기력이 작용하는 장소
• 자계 : 자석 부근에 자력이 활동하는 공간
• 전류 : 전하의 이동
• 전압 : 전위의 차이

76 다음 중 자기작용과 가장 거리가 먼 것은?
① 전동기
② 발전기
③ 콘덴서
④ 2차 코일
해설 전동기, 발전기, 2차 코일 등은 자기작용을 이용한다. 하지만 콘덴서는 도전체를 사이에 두고 두 개의 도체를 마주 보게한 곳으로 전하의 전위차를 이용하여 전하 축적에 사용된다.

Answer   69.③   70.③   71.④   72.②   73.④   74.④   75.①   76.③

77 다음 중 예열 플러그가 단선되기 쉬운 원인으로 가장 적합한 것은?

① 예열시간이 너무 길다.
② 배터리의 전압이 너무 낮다.
③ 스위치가 불량하여 접촉이 잘 안 된다.
④ 배기가스의 온도가 너무 높다.

해설 예열시간이 너무 길 때는 예열플러그인 저항체에 지속적인 전류가 흐르면서 열이 발생하여 단선될 수 있다.

78 링기어의 이의 수가 100개, 피니언의 이의 수가 10개이고 엔진의 회전 저항이 7kgf·m일 때 기동전동기의 필요한 최소 회전력은?

① 1.43kgf·m
② 0.7kgf·m
③ 10kgf·m
④ 700kgf·m

해설 기어의 비율에 의해 1/10로 회전력이 감소하므로 0.7kgf·m이다.

79 유도전동기의 실제 회전자의 회전속도와 동기속도는 무엇에 의해 그 속도의 차가 발생하는가?

① 역률
② 출력
③ 슬립
④ 토크

해설 동기속도는 이론적인 회전수이며 실제와의 차이는 슬립의 발생 때문이다.

80 오버러닝 클러치형 전동기의 피니언이 링기어와 물리는 것은 무엇 때문인가?

① 전기자가 회전하기 때문에 관성에 의해서 물리기 때문이다.
② 오버러닝 클러치가 회전하기 때문이다.
③ 피니언이 회전하면서 관성에 의해서 물리기 때문이다.
④ 시프트레버가 밀기 때문이다.

해설 오버러닝 클러치는 기동전동기의 역회전을 방지하여 전동기의 파손을 예방하는 장치이며 피니언이 링 기어와 물리는 것은 시프트레버가 밀어 기동 플라이휠 링 기어와 맞물려 엔진 시동을 하게 된다.

81 다음 중 헤드라이트(전조등)의 구성 요소가 아닌 것은?

① 반사경
② 램프
③ 로우 및 하이빔 필라멘트
④ 단속기

해설 단속기는 점화장치에 해당된다.

82 다음 중 브러시의 접촉이 불량할 때 소손되기 쉬운 것은?

① 계자코일
② 보올 베어링
③ 전기자
④ 정류자편

해설 브러시의 접촉이 불량하면 정류자편이 파손 소손된다.

83 기동전동기에 대한 설명으로 적합하지 않은 것은?

① 정지된 기관을 가동시키기 위한 전동기이다.
② 오버러닝 클러치 구동식과 벤딕스 구동식이 있다.
③ 벤딕스 구동식 기동전동기는 시프트 레버에 의해 작동된다.
④ 기동전동기를 시동할 때 매우 큰 전류가 흐른다.

해설 벤딕스 구동식 기동전동기는 회전축이 일종의 웜기어로 되어 있어 스위치를 넣으면 스크루 축에 의해 피니언이 미끄럼 운동을 하여 기동하는 형식이다.

Answer 77.① 78.② 79.③ 80.④ 81.④ 82.④ 83.③

84 트랙터를 시동키로 시동시켰더니 시동모터가 돌지 않는다. 다음 중 점검할 사항이 아닌 것은?

① 축전지 점검
② 연료 탱크 점검
③ 시동모터ST, B단자 접속상태
④ 클러치 페달 안전 스위치 접속 여부

해설 우선 외부 접속선을 확인하고 축전지점검, 클러치 페달 안전 스위치 접속여부, 시동모터 순서로 점검해야한다.

85 코일에 흐르는 전류를 변화시키면 코일에 그 변화를 방해하는 방향으로 기전력이 발생되는 작용은?

① 정전작용
② 상호유도작용
③ 자기유도작용
④ 승압작용

해설 • 자기유도작용 : 코일에 흐르는 전류를 변화시키면 코일에 그 변화를 방해하는 방향으로 기전력이 발생하는 작용
• 상호유도작용 : 코일의 전류 흐름 변화에 따라 반대 코일에 기전력을 발생하는 현상

86 기동전동기의 전기장 코일과 계자코일은 어떻게 연결되어 있는가?(단, 직권이다.)

① 직·병렬
② 병렬
③ 직렬
④ 각각의 단자에

해설 기동전동기의 전기장 코일과 계자코일은 직렬로 연결되어 있다.

87 코일의 반회전마다 전류의 방향을 바꾸는 장치는?

① 브러시   ② 계자
③ 정류자   ④ 전기자

해설 • 브러시 : 전류를 회전체인 전류자로 전달해주는 장치
• 계 자 : 자력을 발생시키는 장치
• 전기자 : 일정한 방향으로 회전할 수 있도록 하는 장치

88 다음 중 엔진 시동 시 기동전동기의 허용 연속 사용시간이 가장 적합한 것은?

① 2~3분
② 1~2분
③ 40~50초
④ 10~15초

해설 엔진 시동 시 기동전동기는 10~15초 사이로 해야 적합하다.

89 전자유도현상에 의해서 코일에 생기는 유도 기전력의 방향을 나타내는 법칙은?

① 렌츠의 법칙
② 키르히호프의 법칙
③ 쿨롱의 법칙
④ 뉴턴의 법칙

해설 • 렌츠의 법칙 : 전자유도현상에 의해서 코일에 생기는 유도 기전력의 방향을 나타냄
• 키르히호프의 법칙 : 회로상의 들어오는 전류의 합과 나가는 전류의 합이 같음
• 쿨롱의 법칙 : 전하를 가진 두 물체 사이에 작용하는 힘의 크기는 두 전하의 곱에 비례하고 거리의 제곱에 반비례함
• 뉴턴의 법칙 : 운동의 법칙(F=ma)

90 트랙터 기관에 적합한 기동 전동기는?

① 직권 전동기
② 분권 전동기
③ 차동 전동기
④ 복권 전동기

해설 트랙터의 기동전동기 방식은 직권 전동기이다.

Answer 84.② 85.③ 86.③ 87.③ 88.④ 89.① 90.①

91 단상 유도전동기 중 고정자의 주권선외에 보조권선(기동권선)을 두어 회전자장을 만들어 기동하고, 가속되는 주권선만으로 운전하는 전동기는?
① 콘덴서 기동형
② 분상 기동형
③ 반발 기동형
④ 흡인 기동형

92 시동용 전동기가 전류는 많으나 전혀 회전하지 않는 이유 중 틀린 것은?
① 아마추어코일, 필드코일의 어스
② 메탈 고착
③ 마그넷 스위치의 어스
④ 필드코일의 단선

93 단상 유도전동기의 다음 기동 방식 중 가장 토크가 적은 것은 어느 것인가?
① 반발 기동형
② 반발 유도형
③ 콘덴서 분상형
④ 분상 기동형

해설 토크 특성 : 반발기동형 〉 반발유도형 〉 콘덴서 분상형 〉 분상기동형 〉 세이딩 코일형

94 60[Hz]용 3상 유도전동기의 극수가 4극이다. 이 전동기의 동기속도는?
① 900[rpm]　② 1200[rpm]
③ 1800[rpm]　④ 3600[rpm]

해설 $N_t = \dfrac{120 \times f}{P} = \dfrac{120 \times 60}{4} = 1,800 rpm$
N_t = 동기속도
f = 주파수
P = 극수

95 3상 유도전동기 60Hz 6극 전부하시 회전수가 1140rpm이다. 이 때 슬립은 몇 %인가?
① 2.5%
② 3.5%
③ 5%
④ 8%

해설 N_t(동기속도) $= \dfrac{120 \times f}{P} = \dfrac{120 \times 60}{6}$
$= 1,200 rpm$

N_s(전부하시 회전수) $= 1,140 rpm$
슬립율 $= \dfrac{(N_t - N_s)}{N_t} \times 100 = \dfrac{60}{1,200} \times 100 = 5\%$

96 아날로그 전류계에서 션트(Shunt) 저항과 전류계 코일은 어떤 방식으로 연결되는가?
① 직렬로 연결
② Δ결선으로 연결
③ 병렬로 연결
④ Y결선으로 연결

해설 아날로그 전류계에서 션트 저항과 전류계 코일은 병렬로 연결한다.

97 3상 전동기의 출력(kw)을 구하는 공식은?
① 출력 $= \dfrac{\sqrt{3}}{1000} \times$ 전압 $\times$ 저항 $\times$ 역률 $\times$ 효율
② 출력 $= \dfrac{\sqrt{3}}{1000} \times$ 전류 $\times$ 저항 $\times$ 역률 $\times$ 효율
③ 출력 $= \dfrac{\sqrt{3}}{1000} \times$ 전압 $\times$ 전류 $\times$ 역률 $\times$ 효율
④ 출력 $= \dfrac{\sqrt{3}}{1000} \times$ 전력 $\times$ 저항 $\times$ 역률 $\times$ 효율

해설 3상전동기의
"출력$(kw) = \dfrac{\sqrt{3}}{1000} \times$ 전압 $\times$ 전류 $\times$ 역률 $\times$ 효율"
을 활용하여 계산한다.

Answer 91.② 92.④ 93.④ 94.③ 95.③ 96.③ 97.③

PART 4 농업기계 전기

98 다음 중 자석의 성질이 맞는 것은?
① 극이 같으면 반발한다.
② 극이 다르면 반발한다.
③ 같은 극끼리는 서로 흡입한다.
④ 자석 상호간의 관계가 없다.

해설 자석은 같은 극끼리는 반발하고 극이 다르면 흡인한다.

99 다음에서 전기력이 작용하는 공간은?
① 전계
② 자계
③ 전류
④ 전압

해설 • 전계 : 전기력이 작용하는 공간
• 자계 : 자석부근에 자력이 활동하는 공간

100 발전기가 정지되어 있거나 발생전압이 낮을 때 축전지에서 발전기로 전류가 역류하는 것을 막는 장치는?
① 전압조정기
② 아마추어 조정기
③ 컷아웃 릴레이
④ 계자코일

해설 전류의 흐름은 전압이 높은 곳에서 낮은 곳으로 흐르게 되는데, 발전기에서 전압의 역류하는 것을 막아주는 장치를 컷아웃 릴레이라고 한다.

101 트랙터용 교류발전기의 구성품으로 맞는 것은?
① 고정자, 회전자, 슬립링브러시와 다이오드
② 고정자, 전기자, 정류자브러시와 다이오드
③ 고정자, 회전자, 정류자브러시와 다이오드
④ 고정자, 회전자, 계자계전기 브러시와 다이오드

해설 교류발전기의 구성품은 고정자, 회전자, 슬립링브러시, 다이오드로 구성되어 있다.

102 발전기의 유도기전력의 방향을 알기 위한 법칙은?
① 렌츠의 법칙
② 플레밍의 오른손 법칙
③ 비오 사바아르의 법칙
④ 플레밍의 왼손 법칙

해설 플레밍의 오른손 법칙은 발전기의 유도기전력의 방향을 알 수 있다.

103 직류 발전기의 주요 3가지 구성 요소가 아닌 것은?
① 전기자
② 계자
③ 정류자
④ 베어링

해설 직류발전기의 주요 3가지 구성 요소는 전기자, 계자, 정류자이다.

104 발전기가 정지되어 있거나 발생전압이 낮을 때 축전지에서 발전기로 전류가 역류하는 것을 막는 것은?
① 전압 조정기
② 아마추어 조정기
③ 컷 아웃 릴레이
④ 계자코일

해설 컷아웃 릴레이는 발생전압이 낮을 때 축전지에서 발전기로 전류가 역류하는 것을 방지한다.

105 충전회로에서 레귤레이터의 주 역할은?
① 교류를 고전압으로 바꾸어 준다.
② 직류를 교류로 바꾸어 준다.
③ 기관의 동력으로부터 교류 전류를 발생시킨다.
④ 충전에 필요한 일정한 전압을 유지시켜 준다.

해설 레큘레이터는 충전에 필요한 일정한 전압을 유지시켜 주는 역할을 한다.

Answer 98.① 99.① 100.③ 101.① 102.② 103.④ 104.③ 105.④

106 다음 중 전기 측정용 계기의 설명 중 잘못된 것은?
① 계기는 직류용, 교류용, 직류·교류 겸용으로 구분된다.
② 아날로그, 디지털 형으로 구분된다.
③ 계기의 정밀도에는 급수가 있다.
④ 고전압은 분류기를 이용하여 측정한다.

해설 고전압을 측정할 때에는 전압테스터기의 레인지를 높은 곳에서 낮은 곳으로 조절하면서 직접 실시하면 된다.

107 컷아웃 릴레이(cut-out relay)의 컷인(cut-in)전압을 전압 조정기의 조정 전압과 비교하면?
① 낮다.
② 높다.
③ 같다.
④ 상태에 따라 다르다.

108 다음은 배전기 접점간극에 대한 것이다. 틀린 것은?
① 접점간극은 기관에 따라 다르나 다략 0.3~0.5mm정도이다.
② 접점간극이 너무 작으면 점화시기가 늦어진다.
③ 접점간극이 너무 작으면 점화시기가 빨라진다.
④ 접점간극이 너무 크면 점화시기가 빨라진다.

해설 접점 간극은 기관에 따라 다르나 0.3~0.6mm정도이며 접점간극이 너무 작으면 점화시기가 늦어지고 너무 크면 점화 시기가 빨라진다.

109 1차 코일의 권수가 300회이고 2차 코일의 권수가 20000회일 때 1차코일 전압이 24V였다면 2차 코일의 전압은 얼마인가?
① 1300V
② 1600V
③ 2000V
④ 2200V

해설 $300 : 20000 = 24 : x$
x는 2차코일의 전압 $x = 1,600\,V$

110 다음 중 동력경운기의 단속기 접점 틈새로 가장 적당한 것은?
① 0.15mm
② 0.35mm
③ 0.85mm
④ 10.15mm

해설 단속기의 접점 틈새는 0.3~0.5mm로 한다.

111 점화시기는 항상 회전속도에 따라 변화되어야만 최대 출력을 유지할 수 있다. 이것과 가장 관계 깊은 장치는?
① 점화플러그의 열가 조정 장치
② 드웰각 조정 장치
③ 진각 장치
④ 배전 장치

해설 회전속도에 따라 점화시기를 변화시키는 장치는 진각 장치이다.

112 단속기 접점 간극 조정 방법에 가장 알맞은 것은?
① 단속기 암접점을 움직여서 한다.
② 스프링 장력을 변화시켜서 한다.
③ 단속기 판을 움직여서 한다.
④ 접지 접점을 움직여서 한다.

해설 접지 접점을 움직여 단속기 접점 간극을 조정해야 한다.

Answer　106.④　107.①　108.③　109.②　110.②　111.③　112.④

113 단속기의 접점으로 텅스텐을 사용하는 이유는?
① 열전도성이 양호하기 때문에 사용한다.
② 고전압에 대한 마모를 방지하기 위하여 사용한다.
③ 융점이 높고 열팽창계수가 크기 때문에 사용한다.
④ 온도에 의한 팽창이 순간적으로 잘 변화되기 때문이다.

해설 텅스텐은 고전압에 대한 마모를 방지하기 위하여 사용한다.

114 점화장치에 단속기를 두는 이유는?
① 농기계에 사용한 전류가 직류이기 때문에
② 점화코일의 과열을 방지하기 위하여
③ 점화타이밍을 정확히 맞추기 위하여
④ 캠각을 변화시켜주기 위해서

해설 점화장치는 필요한 시기에 고전압을 전달하여 불꽃을 튈 수 있도록 하는 장치이므로 직류장치에서는 필수항목이다.

115 단속기 접점 간극이 규정보다 클 때 맞는 것은?
① 점화시기가 빨라진다.
② 캠각이 커진다.
③ 코일에 흐르는 1차 전류가 많아진다.
④ 점화시기가 늦어진다.

해설 단속기의 접점 간극이 클 경우 캠각이 적어지므로 전류의 흐름 시간이 짧다.

116 변압기의 1차 권수 80회, 2차 권수, 320회일 때, 2차 측의 전압이 100V이면, 1차 측의 전압은 몇V인가?
① 15
② 25
③ 50
④ 100

해설 1차권수 : 2차권수 = 1차측 전압 : 2차측 전압
$80 : 320 = X : 100$
$X = \frac{8000}{320} = 25 V$

117 다음 중 점화플러그의 자기청정 온도로 적합한 것은?
① 100~500℃
② 500~600℃
③ 800~1200℃
④ 1200~1800℃

해설 점화플러그의 자기 청정온도는 500~800℃ 사이가 적합하다.

118 점화코일의 2차코일 한끝은 1차 코일에 연결되고 또 다른 한끝은 어디에 연결되어 있는가?
① 단속기 접점
② 축전기
③ 고압 단자
④ 저압선

해설 점화코일의 2차 코일 한끝은 1차 코일에 연결되고 또 다른 한끝은 고압단자에 연결한다.

119 배전기(디스트리뷰터)의 로터와 시그멘트 사이에 간격은 얼마정도가 적당한가?
① 0.1mm
② 0.3mm
③ 0.5mm
④ 0.7mm

해설 배전기의 로터와 시그멘트 사이의 간격은 0.3mm정도가 적당하다.

Answer 113.② 114.① 115.① 116.② 117.② 118.③ 119.②

120 다음 중 전조등 전기회로의 주요구성이 아닌 것은?

① 퓨즈
② 전조등 스위치
③ 디머 스위치
④ 방향지시등 스위치

해설 전기회로의 주요구성품은 전원, 퓨즈, 디머 스위치. 전조등 스위치, 전조등이다.

121 광원의 광도가 200cd(칸델라)이고 거리 1m 되는 곳의 조도가 200Lux일 때 거리가 2m이면 몇 Lux인가?

① 50Lux
② 100Lux
③ 200Lux
④ 400Lux

해설 조도$(Lux) = \dfrac{광도}{거리^2} = \dfrac{200}{1^2} = 200Lux$
조도$(Lux) = \dfrac{200}{2^2} = 50Lux$

122 전조등의 광도 측정 단위는?

① 와트(W)
② 볼트(V)
③ 칸델라(Cd)
④ 킬로 와트(kW)

해설 광도의 단위는 칸델라, 조도의 단위는 룩스를 사용한다.

123 광원의 광도가 10cd이고 거리가 2.5m 떨어진 곳의 조도는 얼마인가?

① 50Lux
② 20Lux
③ 2.5Lux
④ 1.6Lux

해설 조도$(Lux) = \dfrac{광도(cd)}{D^2} = \dfrac{10cd}{2.5^2} = 1.6Lux$

124 전조등의 조도가 부족한 원인으로 틀린 것은?

① 축전지의 방전
② 장기사용에 의한 전구의 열화
③ 접지의 불량
④ 굵은 배선 사용

해설 굵은 배선을 사용 시 저항이 작아지므로 조도는 밝아진다.

125 충전경고 지시등에 점등이 되면 충전이 안되고 있는 상태이다. 이 때 점검할 사항이 아닌 것은?

① 레귤레이터의 고장 여부 점검
② 발전기 다이오드의 이상여부 점검
③ 시동전동기 정류자 점검
④ 경고램프의 접속 상태 및 관련 배선 접속 상태 점검

해설 충전이 안 될 경우에는 발전기에 관련된 부품을 점검하여야 한다. 정류자는 시동전동기이므로 해당이 안 된다.

126 조도에 대한 설명 중 틀린 것은?

① 단위 면적당 입사 광속이다.
② 단위는 룩스를 사용한다.
③ 광원과의 거리에 비례한다.
④ 기호는 보통 E를 사용한다.

해설 조도는 광원과의 거리에 반비례한다.
예) 조도$(Lux) = \dfrac{광도(cd)}{D^2} = \dfrac{10cd}{2.5^2} = 1.6Lux$

Answer 120.④ 121.① 122.③ 123.④ 124.④ 125.③ 126.③

127 후미등 및 브레이크등에 관한 설명으로 틀린 것은?

① 후미등은 라이트 스위치에 의해 점멸된다.
② 브레이크등은 브레이크 스위치에 의해 점멸된다.
③ 브레이크등은 주·야간 모두 점등되며, 후미등의 3배 이상의 광도를 가지고 있다.
④ 브레이크등과 후미등은 각각 직렬로 접속되어 있다.

해설 브레이크등과 후미등은 각각 직렬로 연결 시 브레이크를 밟았을 경우 광도에 차이가 없게 되므로 병렬로 연결하고 브레이크를 밟았을 때 광도를 밝게 해야 하는 구조가 되어야 한다.

Answer 127.④

MEMO

PART 5

주요 농업기계

PART 5 주요 농업기계

01 동력경운기

1 동력원 탑재기관

(1) 소형 디젤기관

① 과거
- 등유기관과 디젤기관을 이용
- 냉각방식은 공랭식과 수냉식 이용

② 현재
- 현재 4사이클 수냉식 디젤기관을 활용

(2) 경운기 디젤기관의 요구 특성

① 토크 특성 : 경운작업과 같은 중작업 시 충분한 토크와 힘을 필요로 한다. 그러므로 감속기구는 간단하고 저속 시 토크가 커져야 한다.

② 회전속도 특성 : 다양한 작업조건을 충족시키기 위해서 일정한 회전속도를 유지하는 조속기가 필요하며 속도변동율은 적을수록 좋다.

③ 연비 특성 : 부하영역과 실제 사용영역에서 연비가 좋아야한다.

④ 윤활성 : 경운기는 경사 상태에서도 윤활유가 기관 각부에 골고루 공급되어야 하며 윤활장치는 간단하여야 한다.

⑤ 냉각 성능 : 저속 주행, 정지작업을 고려하여 냉각성능이 높은 시스템이 필요하다.

⑥ 인간공학적 성능 : 작업자에게 편리함을 제공하고 취급이 간단하며 신뢰성과 안전성이 높아야 한다.

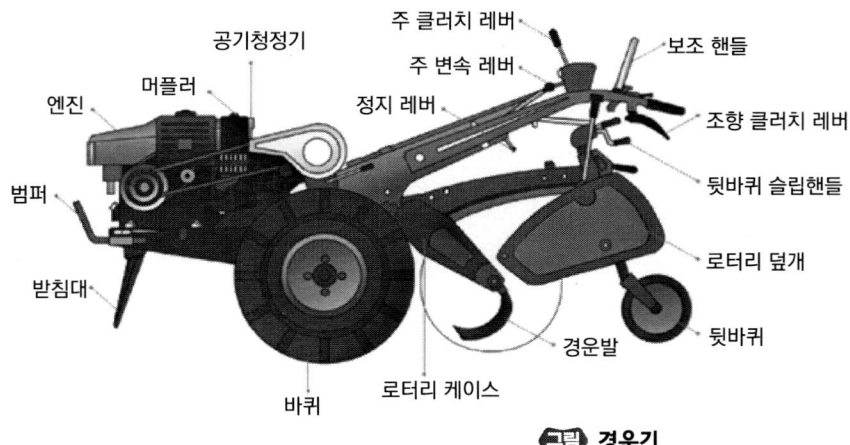

그림 경운기

(3) 동력전달장치와 주행장치

① 동력전달장치
- 동력전달 효율 : 기어 > 체인 > 벨트

② 경운기의 동력전달 순서
- 엔진 ⇨ V벨트 ⇨ 클러치(원판 다판식) ⇨ 체인 ⇨ 변속장치(기어) ⇨ 최종감속장치(기어) ⇨ 바퀴축 ⇨ 바퀴
- V벨트 : V형태의 고무재질로 되어 있으며 V모양의 빗면의 마찰에 의해 동력이 전달된다.
- 클러치 : 기관 동력의 전달과 단속, 회전변동의 흡수기능을 갖는 장치
- 체인 : 금속재료를 고리 또는 다양한 형태로 연결하여 연속적인 동력을 전달하는 장치
- 변속장치 : 농작업을 수행하기 위하여 작업에 맞는 주행속도와 회전력 및 회전방향을 조절해야 한다.
  - 선택물림기어식 : 주축의 스플라인 축상을 변속레버와 포크에 의해 부축상의 기어와 물려 동력 전달
  - 상시물림기어식 : 기어의 파손과 소음을 없애기 위해 주축 위를 활동하는 기어클러치/(등속장치)에 의해 주축상의 기어와 부축상의 기어를 연결하여 동력 전달
- 최종감속장치 : 견인력을 목적으로 기관축과 클러치 축 사이의 V벨트와 변속 장치에서 감속시킨 후 다시 구동축에서 감속시켜 차륜에 큰 회전력을 전달하는 장치

③ 제동장치 : 정지나 선회를 용이하게 하기 위한 브레이크
- 경운기는 주행 속도가 빠르거나 경사지를 내려갈 때 클러치 만으로는 정지되지 않으므로 제동장치가 필요하다.

- 제동방식 : 내부확장식 브레이크 레버를 당겨 브레이크 캠이 링을 확장시켜 브레이크 드럼에 밀착되어 회전을 멈추게 하는 형태
④ **조향장치** : 운반작업과 도로 주행시에는 핸들을 이용하여 조정하나, 보행운전이나 경운작업등 속도가 느릴 때에는 핸들 아래 조향클러치를 당겨 바퀴에 전달되는 동력을 끊어 방향을 조정하게 된다.
⑤ **주행장치** : 차체를 안전하게 지면에 지지하면서 주행이나 작업시 기관의 동력을 효율적으로 구동시키는 장치
- 고무차륜, 철차륜
- 고무타이어의 규격 : 타이어 폭, 림의 직경, 프라이 수 6.00-12-4

경운기로 경사지를 내려가야하는 경우에는 조향클러치를 가고자하는 방향의 클러치를 잡지 않고 반대쪽 조향클러치를 잡아야하는데 그 이유는 방향전환 방식이 동력을 차단하여 전달되는 힘을 차단해주는 방식이므로 내리막에서는 동력이 끊어진 쪽이 관성과 중력을 동시에 받아 더 빨리 회전을 하기 때문이다.

2 작업기의 동력전달장치 및 작업기 부착

(1) P.T.O(동력취출장치)

경운기의 엔진 정격회전수는 약 2200rpm으로 토양을 대상으로 하는 작업이 불가능하므로 변속기를 이용하여 구동축과 동력 취출축의 회전수를 감속하여 주행과 동력을 외부축으로 전달하기도 한다. 이를 동력 취출장치라고 한다.

P.T.O축, 경운축, 갈이구동축은 모두 같은 의미이다.

차동장치 : 선회시 안정성을 주고 기관의 구동력을 바퀴에 전달하여 견인력을 증대시키는 장치

(2) 경운기 부착 작업기

① 견인형 부착 작업기
- **견인식** : 히치를 사용하여 작업기를 1개의 핀으로 연결하는 방식(트레일러)
- **고정식** : 2개의 핀으로 연결하여 작업기가 좌우로 요동하는 것을 방지하는 방식
- **요동식** : 한 개의 핀으로 연결하되 좌우로 조금만 요동하도록 하는 방식(쟁기)

② **견인 구동형** : 경운기와 작업기를 일체시켜 주행하며 경운축(P.T.O)을 커플러로 연결하여 동력을 전달 받아 작업기를 구동하는 방식(로터리)
- 중앙구동형과 측방구동형이 있으며 경운기는 대부분이 측방구동형이다.

③ **분할 구동형** : 회전을 요하는 작업기의 경우 동력 경운기 엔진의 주축 한쪽 끝을 V벨트 또는 평풀리를 연결하여 사용하는 방식
- 탈곡작업, 양수작업 등과 같은 정치성 작업에 많이 사용된다.

02 트랙터

1 트랙터의 기능

① 각종 작업기 및 운반용 트레일러 등을 견인하는데 사용되는 특수목적의 차량이다.
② 견인력을 이용하는 작업기 이외에 회전동력을 이용하여 로터리, 모워 등의 구동형 작업기에 공급하는 동력원으로 개발되어 다용도로 활용하고 있다.
③ 동력의 전달뿐만 아니라 유압장치 및 작업의 용이성과 편리성, 안전성을 개선하여 사용하고 있다.

2 트랙터의 종류

(1) 주행장치에 따른 분류

① **차륜형** : 바퀴로 된 가장 일반적인 형태의 트랙터 - 단륜형, 2륜형, 3륜형, 사륜형, 다륜형
② **궤도형** : 무한궤도로 되어 있어 접지압이 차륜형 트랙터의 1/4이하로 작아 침하가 작고 큰 견인력을 낸다.
- 연약한 지반이나 습지에서 농작업 및 개간 등에 적합
- 가격이 비싸다.

③ **반궤도형** : 차륜형과 궤도형을 병용한 것으로 중간적인 성능을 갖고 있으나 이용은 적은 편이다.

그림 **차륜형 트랙터**

(2) 사용형태의 의한 분류

① 보행 트랙터 : 단륜 또는 2륜의 단일축 구동 트랙터로서 운전자가 보행하면서 작업하는 형태의 트랙터(경운기도 이에 포함된다.)

② 승용 트랙터 : 본체에 운전석이 있어 운전자가 탑승하여 조작할 수 있는 형태의 트랙터
- 2륜 구동형(2WD) : 전후 차축중 어느 한 축에만 기관의 동력을 전달하여 차륜을 구동시키는 것으로 트랙에서는 뒤 차축을 구동시키는 후륜구동형이 사용된다.
- 4륜 구동형(4WD) : 전후 모든 차축에 기관의 동력을 전달하여 모든 차륜의 회전시키는 것으로 2륜구동만으로 충분한 견인력을 얻을 수 없는 토양이나 작업조건에서 사용되며 선택적으로 사용하는 경우가 대부분이다.

(3) 용도에 의한 분류

① 표준형 트랙터 : 주로 견인작업에 알맞게 설계된 트랙터로 작업기를 견인봉에 연결하여 트랙터 후방에서 견인하여 사용한다.

② 범용 트랙터 : 경운, 쇄토, 방제, 수확등에 널리 이용될 수 있는 형식의 트랙터로 최저지 상고가 높다.(우리나라에서 가장 많이 사용하는 형태)

③ 과수원용 트랙터 : 수목 사이 및 수목 아래에서 작업할 때 수목에 손상을 주지 않으면서 주행할 수 있도록 설계된 트랙터

④ 정원용 트랙터 : 정원 관리를 위해 설계된 15kW이하의 소형 트랙터
- 플라우, 모워, 청소기, 제설기, 불도저 등의 작업기를 부착하여 사용한다.

⑤ 동력경운기

⑥ 특수 트랙터
- 톨 캐리어 : 독일, 러시아 등에서 사용되는 것으로 여러 가지 작업기를 장착하여 작업하는 형태
- 만능 트랙터 : 보통의 자동차와 트랙터의 중간적인 성질을 가지고 있으며 운반작업을 포함하여 농작업용으로 많이 사용된다.
- 경사지용 트랙터 : 경사지의 등고선을 따라 작업할 때 좌우 차륜의 높이를 상하로 조절하여 기체를 수평으로 유지하면서 작업할 수 있는 트랙터
- 텐덤 트랙터 : 4륜형 트랙터의 후방에 전륜이 없는 별도의 트랙터를 연결하여 2대의 트랙터로서 큰 견인력을 얻을 수 있게 한 것으로 운전은 뒤쪽 트랙터에서 한다.
- 분절 조향 트랙터 : 트랙터의 차체를 전후로 나눈 뒤 양자를 힌지로 연결하여 결합한 형태의 것으로 전후 차체를 분절시켜 조향하므로 조종성, 조향성 및 지형에 대한 적응

성이 우수하여 대형 트랙터에 사용되고 있다.
- **양방향 트랙터** : 전진, 후진 어느 방향으로도 작업이 가능한 트랙터로서 전후부에 작업기를 장착하면 어느 쪽에서나 P.T.O 동력을 이용할 수 있으며 운전석도 180° 회전시킬 수 있다.

3 트랙터의 동력전달장치

엔진 → 클러치 → 변속기 → 차동장치 → 최종구동장치 순서로 동력이 전달된다.

(1) 클러치(원판클러치 사용)

① **기능** : 기관과 변속기 사이에 설치되어 있으며 시동하거나 변속할 때 혹은 기관을 정지하지 않고 트랙터를 정차시킬 때 사용한다.

② **작동원리** : 클러치 페달을 밟으면, 클러치 릴리스 베어링이 릴리스 레버를 밀어 압력판의 스프링을 완화하고 마찰판과 플라이휠을 분리하여 동력을 차단한다.

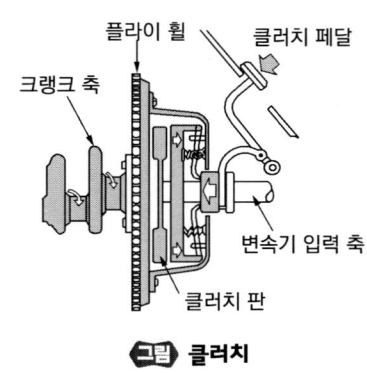
그림 클러치

(2) 변속기

수행할 작업이나 견인부하에 따라 작업 속도를 효과적으로 조절할 수 있도록 광범위한 변속비를 가져야 한다.

① **기어식** : 미끄럼 기어식, 상시물림 기어식, 동기물림 기어식, 유성기어식
- **미끄럼 기어식** : 변속 포크로써 주축의 기어를 미끄러지게하여 변속축 기어에 물리게 하는 가장 간단한 변속방식
- **상시물림 기어식** : 주축과 변속축의 기어를 항상 물려 두고 슬라이딩 칼라를 이용하여 필요한 주축의 기어를 주축과 일체로 결합하여 변속하는 방식
- **동기물림 기어식** : 상시물림 기어식의 슬라이딩 칼라가 주축과 같은 속도에서 물릴 수 있도록 동기장치를 설치한 것으로 주축을 정지시키지 않고 신속히 변속할 수 있는 장점이 있다.
- **유성 기어식 변속기** : Sun 기어, 링기어, 캐리어 및 유성기어로 구성되며, 동력을 차단하지 않고 변속할 수 있는 특징이 있다.

② 유압식 변속기(H.S.T) : 가변용량형 유압펌프를 회전형 실린더에 여러개의 피스톤을 설치하여, 실린더에서 회전함에 따라 사판의 기울기에 의하여 피스톤이 펌프 작용을 하도록 하여 피스톤의 행정이 변화되어 펌프로부터 배출되는 유량이 변화하고, 이것이 차륜을 구동하는 유압 모터의 속도를 변화시켜 변속하게 되는 방식이다.

(3) 차동장치(Differential)

트랙터가 선회하는 경우에는 안쪽 차륜보다 바깥쪽 차륜의 회전속도가 빨라야 한다. 이와 같이 트랙터가 선회하거나 혹은 좌우 차륜에 작용하는 구름저항의 크기가 다를 때, 구동차축의 속도비를 자동적으로 조절해 주는 장치이다.

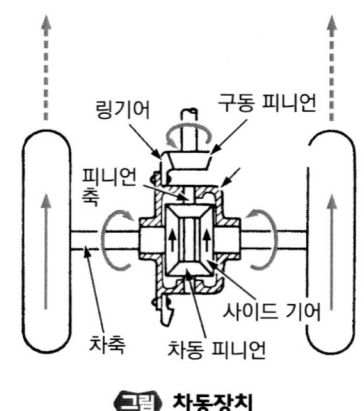

차동장치

(4) 차동잠금장치(Differential Lock)

트랙터가 지표상태나 작업상황 등에 의하여 한쪽 바퀴에 슬립이 일어나 공회전할 때에는 좌우 차륜의 저항 차이에 의하여 다른쪽 바퀴가 정지하게 되므로 더 이상 진행할 수 없게 된다. 이때 한쪽 차륜의 공회전할 때에는 차동작용이 일어나지 않도록 만든 장치이다.

(5) 최종구동장치

동력전달장치에서 마지막으로 감속하는 장치이다.

(6) P.T.O(동력취출장치)

기관의 동력을 로터베이터, 모어, 버일러, 양수기등 구동형 작업기에 전달하기 위한 장치로 스플라인 기어형태로 되어 있다. 동력 전달 방식은 다음과 같다.

① **변속기 구동형 동력취출장치** : 트랙터의 주클러치와 변속기를 통하여 동력이 전달되는 형식으로, 동력취출축은 주클러치가 연결된 경우에만 회전하며 트랙터가 정지하면 동력취출축도 동시에 정지하는 형식

② **상시 회전형 동력취출장치** : 트랙터가 정지하더라도 동력취출축으로 동력을 전달할 수 있는 형식

③ **독립형 동력취출장치** : 주행과 정지에 관계없이 동력취출축으로 동력을 전달하거나 차단할 수 있는 형식

④ **속도비례형 동력취출장치** : 트랙터의 주행속도와 동력취출축의 회전속도가 비례하도록 만든 형식

4 트랙터의 주행장치

(1) 주행장치의 기능

① 차체 하중을 지지한다.
② 불규칙한 노면에서 유발되는 진동을 완화한다.
③ 조향할 때 차체의 안정을 기할 수 있다.
④ 구동와 제동할 때 충분한 추진력을 낼 수 있다.

(2) 공기 타이어

공기로 채워진 토로이드 형상으로 되어 있으며 내부에는 연성과 탄성이 높은 면사와 화학사로 감은 고무층이 접착되어 카캐스를 형성하고 있다.

(3) 타이어의 크기

11.2-24로 표시한다. ⇒ 단면의 직경이 11.2인치, 림의 직경이 24인치

(4) 철차륜

도로와 같은 단단한 지표면에서는 주행하기 부적합하기 때문에 거의 사용하지 않는다.

5 트랙터의 조향장치

(1) 조향장치의 동력전달 순서

조향핸들
⇨ 조향기어
⇨ 피트만 암
⇨ 드래그 링크
⇨ 조향 암
⇨ 너클 암
⇨ 타이로드
⇨ 너클암

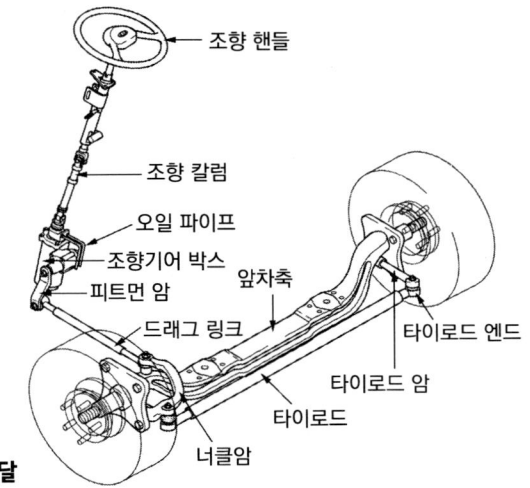

그림 조향장치의 동력전달

(2) 바퀴의 정렬

앞바퀴는 조작되면서도 안정을 유지하기 위하여 일정한 각도를 주어 부착되어 있으며 이를 바퀴의 정렬(Wheel alignment)라고 한다.

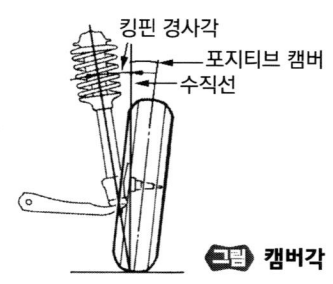
그림 캠버각

① **캠버각** : 트랙터를 앞에서 보았을 때 연직면과 차륜 평면이 이루는 각을 캠버각이라고 한다. 수직하중이나 구름저항 등에 의한 비틀림을 적게 하여 주행을 안정적으로 유지한다.

② **킹핀각** : 킹핀의 중심선과 수직선이 이루는 각을 킹핀각이라고 한다. 주행중에 생기는 저항에 의한 킹핀의 회전모멘트가 작아져 조향조작을 경쾌하게 한다.

③ **캐스터각** : 킹핀을 측면에서 보았을 때 킹핀의 중심선과 수직선이 이루는 각을 캐스터각이라고 한다. 노면의 조항을 적게 받아 진행방향에 대한 직진성을 좋게 한다.

④ **토인** : 차륜의 진행 방향과 차륜 평면이 이루는 각으로서 차륜이 직진할 때 외부로부터 측면 하중이나 충격을 흡수하기 위한 각을 토인이라고 한다. 직진성을 좋게 하고 토인이 크면 타이어의 마모가 심하고 구름 저항이 크다.

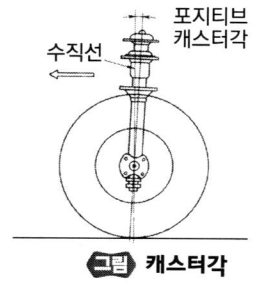
그림 캐스터각

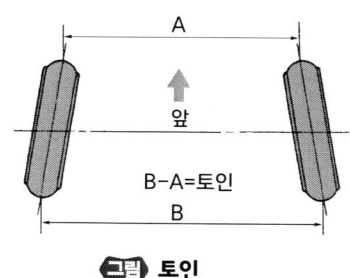
그림 토인

(3) 동력조향장치

유압펌프를 이용하여 조향실린더, 제어밸브, 유압 케이블 등으로 구성되며 조향에 필요한 유압을 형성하게 된다.

① **완전유압식** : 조향핸들과 앞바퀴 사이에 기계식 조향 기구가 없는 것으로 유압 기계식에 비하여 기계식 조향 기구를 설치하는데 따라는 장소나 방법 등에 제한을 받지 않고 가격이 저렴하다.

② **유압기계식** : 유압장치와 함께 기계식 드래그 링크가 사용된 조향장치로, 유압은 드래그 링크를 구동하고 기계식 드래그 링크로는 앞 바퀴의 슬립각을 결정한다.

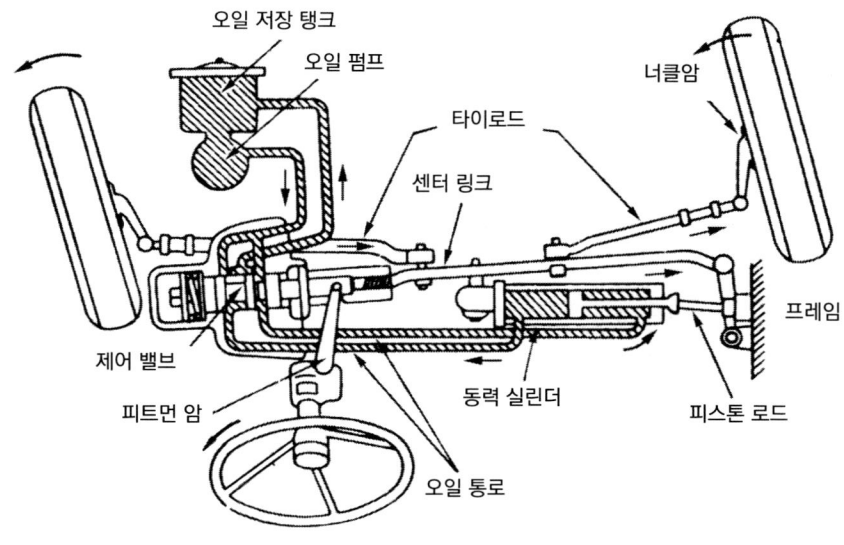

그림 동력 조향장치

6 트랙터의 제동장치

최종구동축이나 차동장치의 중간축에 설치되는 경우가 많다. 또한 제동장치가 좌측, 우측 2개로 나누어져있어 조향시 회전반경을 작게하여 효율을 높이기도 하지만 도로를 주행시에는 꼭 연결하고 사용해야 한다.

(1) 제동장치의 방식

① 밴드 브레이크(외부 수축식) : 브레이크 페달을 밟으면 브레이크 밴드 위의 브레이크 라이닝이 회전하여 드럼에 밀착되어 제동이 걸리는 형식

② 내부확장식 : 원통형브레이크 드럼의 내부에 라이닝이 부착되어 있는 브레이크 슈가 있다. 페달을 밟으면 캠이 회전하여 브레이크 슈를 확장시켜 라이닝이 브레이크 드럼의 안쪽에 밀찰되어 제동이 걸린다.

③ 원판식 : 페달을 밟으면 작동원판이 볼에 의하여 구동마찰원판을 마찰면에 접촉시켜 제동을 하게 된다.

④ 유압 브레이크 : 브레이크 페달을 밟으면 마스터 실린더의 피스톤이 오일을 압송하여 휠 실린더에 보낸다. 이 오일은 다시 피스톤을 밀어 내부 확장식에서 브레이크드럼과 브레이크슈의 라이닝, 원판식에서는 브레이크 원판과 브레이크 마찰판을 밀착하게 하여 제동하게 된다.

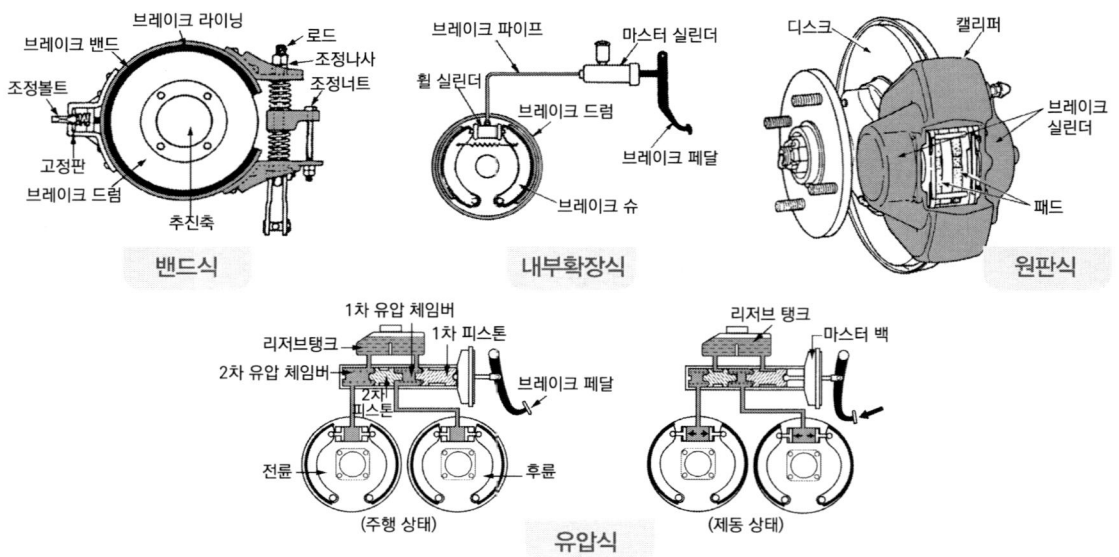

그림 브레이크 방식의 종류

7 트랙터의 작업기 부착방식

① **견인식** : 견인봉에 트레일러과 바퀴가 달린 플라우등의 작업기를 연결하여 견인하는 방법
② **장착식** : 작업기를 트랙터에 직접 연결하여 작업기의 모든 중량을 트랙터에 지지하는 방법
  - 프레임 장착식, 3점링크히치식, 평행링크히치식 등
③ **반장착식** : 대형의 다련 플라우와 같이 트랙터로 작업기의 모든 중량을 지지할 수 없는 경우에는 작업기의 한쪽 끝을 3점링크히치의 하부링크 등에 부착하여 작업기의 중량 일부를 지지하고 나머지 중량은 작업기의 보조 바퀴 등으로 지지하는 방법

8 유압장치

(1) 유압시스템의 구성요소

유압펌프, 오일탱크, 유압실린더, 축압기, 유압모터, 오일 여과기, 각종 밸브, 오일 냉각기, 각종 배관, 압력계, 유량계 등

① **유압펌프** : 기계적 동력을 유압 동력으로 전환하는 장치
  - **기어펌프** : 두 개의 기어 중 한 쪽 기어를 외부동력으로 회전시켜 다른 쪽 기어와 맞물려 돌리게 된다. 입구로 흘러 들어온 오일은 기어 이와 이 사이의 공간에 갇혀 출구로 흘러나온다. 이런 형태의 기어펌프를 정량 펌프라고 한다.

오리피스를 통과하는 유량은 오리피스의 크기와 압력 강하에만 좌우된다.

- 베인 펌프 : 회전자에 베인이 방사방향으로 움직일 수 있는 홈을 가지고 있어 원심력에 의해 베인(깃)의 끝이 펌프의 하우징에 밀착되어 오일을 밀어내는 펌프
- 피스톤 펌프 : 피스톤이 회전하는 실린더 배럴 내에 있으며 피스톤 슈가 캠 플레이트를 따라 미끄러지면서 피스톤은 실린더 내경을 강제로 왕복운동하게 되는데, 이때 밀어주는 힘으로 오일의 압축력을 사용하는 펌프

② 밸브 : 오일의 압력, 유량, 이동 방향을 제어하는 장치
  - 릴리프 밸브 : 유압시스템 내의 압력을 안전한 수준으로 제한하는데 사용
  - 언로드 밸브 : 유압회로 내의 어느 점이 어떤 압력 수준에 도달할 때 펌프를 무부하로 하는데 사용
  - 유량제거 밸브 : 부하변동에 관계없이 출구로의 유량을 조절한다.
  - 방향제어 밸브 : 높은 압력의 오일을 작동하고자 하는 방향으로 보내어 작업을 할 수 있게 하는 역할을 한다.

③ 유압실린더 : 한쪽 방향으로만 동작하는 단동식과 양쪽 방향으로 작동하는 복동식이 있다.
④ 유압모터 : 유압동력을 기계적인 동력으로 전환시키는 장치

(2) 3점 링크 히치의 유압 제어장치

① 기계 유압식
  - 위치제어 : 트랙터에 대한 작업기의 위치를 항상 설정된 높이에서 정지시킬 수 있으며 유압 작동레버의 위치에 따라 작업기의 위치가 결정되게 하는 제어방식
  - 견인력 제어 : 작업기를 상승 또는 하강시켜 견인저항을 일정하게 유지하여 토양상태에 관계없이 기관에 걸리는 부하를 일정하게 유지함으로서 작업능률을 향상시킨다.
  - 혼합제어 : 유압 작동레버의 위치에 따라 일부는 견인력 제어로 또 일부는 위치제어로 작용하는 제어 방식
  - 압력제어 : 견인력을 증가시키기 위해 하중 전이를 이용하여 구동륜에 작용하는 하중을 증가시키는 방식

② 전자 유압식: 리프팅암 축에서 센서에 의해 전기적인 신호를 검출하여 전자제어 밸브를 작동시켜 위치제어, 견인력 제어, 혼합제어하는 방식

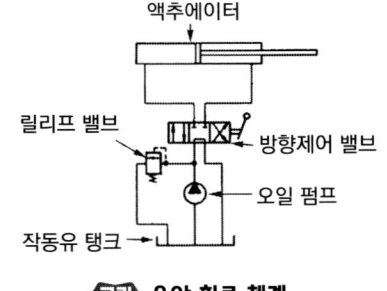

[그림] 유압 회로 체계

03 수확작업기(콤바인)

1 수확작업이란?

작물을 베는 작업에서 탈곡, 정선까지의 일련의 작업을 수확작업이라고 한다.

2 예취장치

그림 콤바인

(1) 예취장치란?

작물을 베어 주는 장치를 말한다.

(2) 예취장치의 종류

① 왕복식 예취장치 : 예취장치에서 가장 많이 사용되는 형태로 아래 칼날은 고정이며 윗 칼날을 크랭크장치를 이용하여 왕복하면서 작물을 베는 형태

② 회전식 예취장치 : 회전축을 중심으로 직선형, 곡선형, 완전 원판형, 톱날형, 유성 회전형, 별날형의 형태로 작물을 베는 형태

3 전처리장치

(1) 전처리장치란?

작물을 벨 때 도복된 작물은 일으켜 세우고, 절단부에 무리한 부하를 주거나, 작물을 쓰러뜨리지 않고 절단할 때 사용하는 장치. 즉, 예취되기 전에 행해져야 하는 작업

(2) 전처리 장치의 종류

① 디바이더 : 분초기라고도 하며, 수확기가 통과하면서 한 행정으로 일을 하는 작업 폭을 결정해 주고 미예취부를 분리시키는 역할을 한다.

② 걷어올림장치(Pick-up Device) : 체인에 플라스틱을 연결하여 만든 돌기를 부착한 형태로 예취장치 앞쪽에 설치되어 있으며 수평면과 65~80°의 각도로 경사진 체인 케이스 속에서 회전한다. 예취가 잘될 수 있도록 작물을 정확히 세워주는 기능을 한다.

③ 리일(reel) : 작물의 절단시 작물 윗쪽을 받아서 완전한 절단이 가능하도록 하는 일, 도복된 작물을 걷어올리는 일, 절단한 줄기를 가지런히 반송장치에 인계하는 일을 수행한다.

4 탈곡장치

(1) 탈곡장치란?

곡립을 이삭에서 분리하고 곡립, 부서진 줄기와 잎, 기타 혼합물로 이루어지는 탈곡물에서 곡물을 분리하는 장치이다.

(2) 탈곡장치의 구성

탈곡장치는 고속으로 회전하는 원통형 또는 원추형의 급동과 고정된 원호형의 수망으로 이루어져 있다.

(3) 탈곡 장치의 구비조건

① 탈곡이 깨끗하게 이루어져 탈곡물에서 곡립이 가능한 많이 분리되어야 한다.
② 곡립이 파손되거나 탈부되는 일이 적은 것이 좋다.
③ 탈곡 물량의 소요 동력이 작고, 작물의 종류, 상태, 양에 쉽게 적응할 수 있는 것이 좋다.

(4) 급치 급동식 탈곡장치

① 급치 급동식 탈곡장치 : 급동, 수망, 급치와 절치 등으로 구성되어 있다.
② 급치의 종류
- 정소치(제1종 급치) : 폭이 넓은 급치로 큰 흡입각을 갖도록 설치한다.
- 보강치(제2종 급치) : 정소치 다음에 배열되어 정소치에서 탈립되지 않은 것을 탈립시키는 급치
- 병치(제3종 급치) : 탈립을 하기 위하여 두 가지 이상의 것을 한 곳에 나란히 설치하는 형태의 급치

5 선별장치

(1) 선별장치란?

탈곡실에서 배출된 짚 속에는 분리되지 않은 곡립이 있는데, 이 곡립에서 곡물만 분리하는 장치를 선별장치라고 한다.

(2) 선별 방법

① 공기선별 방식
- 송풍팬의 의한 방법
- 흡인팬에 의한 방법
- 송풍과 흡인팬을 병용하는 방법

② 진동 선별 방식
- 송풍팬과 요동체를 병용하는 방식
- 송풍팬과 요동체와 흡인팬을 병용하는 방식

③ 곡립의 크기에 따른 선별(구멍체 선별) : 곡립의 크기는 길이, 폭, 두께로 구분함
- 장방향 구멍체 이용한 곡립 선별
- 원 구멍체에 의한 곡립 선별

④ 기류에 의한 선별
- 송풍기의 분류
  - 기체가 축방향으로 유동하는 축류식
  - 회전차에 들어온 공기가 회전차와 함께 회전하면서 나타나는 원심력을 이용하는 원심식
  - 위의 두가지를 특성을 이용한 사류식

6 반송장치

① 스크류 켄베이어방식(나사반송기, 오우거(auger)) : 수평, 경사, 수직으로 반송할 수 있는 구조로 간단하고 신뢰성이 높은 반송기이다.

② 버킷 엘리베이터 : 곡물을 수직방향으로 끌어 올리는데 사용되는 형태이다. 탈곡기, 선별기, 건조기, 사료 가공기계 등에 사용되며, 평벨트에 버킷을 고정한 구조로 되어 있다.

③ 드로우어 : 회전하는 날개의 회전력에 의해 곡립을 목적지까지 전달하는 방식이다. 단, 반송 높이와 반송 거리에는 제한이 있다.

7 짚처리장치

① 세단형 : 세단기로 짚을 잘게 잘라 포장에 살포하는 방식으로서 공급축과 절단축 2개의 축에 지름이 다른 둥근 회전톱날을 배치하고 회전수도 달리하여 세단한다.

② 집속형 : 짚을 절단하지 않고 집속기에 일정량을 모아서 포장에 떨어뜨리는 방식

③ 결속형 : 바인더와 같은 결속장치로 짚을 일정량씩 묶어서 방출하는 방식

8 자동제어장치

① **자동조향장치** : 기계가 작물의 줄을 따라 진행할 때 베지 못하는 부분이 없도록 감지기로 작물의 줄을 검출하여 기체의 진행방향을 자동으로 제어하는 방향제어장치

② **수평제어장치** : 작업중에 기체가 좌우로 기울 경우에 그 경사각을 검출하여 기체를 수평으로 유지하는 장치로서 일정한 경사각을 설정할 수 있다.

③ **예취높이자동제어장치** : 디바이더에 설치한 썰매식 감지기 또는 초음파식 감지기로 예취부의 지표면으로부터의 높이를 검출하고 유압실린더로 설정된 높이가 되도록 전처리부와 예취부 전체를 올리거나 내려 표면이 고르지 못한 표장에서도 예취 높이를 일정하게 유지하는 장치

④ **공급깊이 자동제어장치** : 탈곡실 내로 공급되는 작물은 너무 짧게 공급되면 미탈곡립이 많이 생겨 곡물손실이 증가하고, 너무 깊게 공급되면 소요동력이 증가할 뿐만 아니라 검불이 많이 발생하여 선별성능이 저하되기 때문에 반송체인 및 탈곡실 바로 앞에 감지기를 설치하여 작물의 공급깊이를 검출하고 유압실린더로 일정한 공급깊이를 조절하는 장치

⑤ **공급유량 자동제어장치** : 탈곡통 축의 토크나 회전수 또는 기관의 회전수를 전자픽업으로 검출하여 설정값을 벗어나면 기체의 주행속도를 자동 조절하고 동시에 걷어올림장치의 속도와 반송장치의 속도도 주행속도와 동조시켜 변화시킴으로써 탈곡실에 공급되는 작물의 유량이 최적 상태가 되도록 하는 장치

⑥ **선별부 자동제어장치** : 선별부에 공급되는 혼합물의 양에 따라 풍구나 검불체를 자동으로 조절하는 장치

⑦ **알곡 배출 제어장치** : 자루포장식 기종은 알곡 출구에 설치된 감지기가 자루에 곡물이 가득 담긴 것을 감지하고 문을 닫아 다른 출구로 또는 다음 자루에 곡물이 담기게 하는 장치

⑧ **결속위치 제어장치** : 짚배출부에 설치된 감지기로 짚의 길이를 감지하여 결속기의 위치를 조절함으로써, 작물의 키가 변화하더라도 배출되는 짚의 결속위치는 일정도록 하는 장치

9 콤바인의 안전장치

① **방호장치** : 각종 가동부나 고온부 및 돌출부의 방호덮개, 예취부 낙하방지장치, 주행하지 않는 상태에서만 기관의 시동이 가능한 시동 안전장치, 운전자가 떨어지지 않도록 되어 있는 운전석, 안전한 승하차를 위한 손잡이나 미끄럼 방지 발판, 각종 주의사항의 표시, 취급설명서

② 경보장치 : 기관의 이상, 알곡출구, 환원장치, 짚배출구와 세단기, 예취반송부와 공급체 인등에서 막히는 경우, 탈곡통의 회전수가 저하하는 경우, 검불체의 유량의 증가, 공급 깊이의 이상, 곡물탱크나 자루가 가득 차는 이상 상태가 감지될 때 경보신호를 보내 조작자에게 알려주게 된다. 경고 방식은 점등 또는 점멸, 색깔의 변화, 부저의 단속음 또는 연속음등 쉽게 인식할 수 있는 기구가 이용된다.

04 이앙기

1 이앙 모의 크기

모의 크기는 엽령으로 나눌 수 있다. 벼 이앙모의 경우 엽령이 2.5정도 이하의 것을 치묘, 그 이상인것을 중묘, 이보다 큰것을 성묘라고 한다.

2 이앙 육묘 상자

플라스틱을 소재로 사용하고 상자의 크기는 안쪽 길이 580mm, 폭 280mm, 깊이 30mm이며, 바깥쪽 길이는 650mm이다.

그림 이앙기

3 파종기

육묘상자에는 필요한 양의 종자를 균일하게 파종해야 한다. 최근에는 롤러형 종자 배출 장치를 사용하며 상토, 관수, 파종, 복토작업이 일관화된 파종기를 많이 사용한다.

4 이앙기의 구조

엔진(기관), 플로트, 차륜, 모탑제대, 식부장치, 각종 조절 레버등

① 엔진(기관) : 보행용 이앙기의 기관은 2~3kw정도의 출력을 사용하고 승용이앙기는 3~5kw를 사용하였으나 최근 승용이앙기중 8조식의 경우에는 15kw이상의 기관을 사용하기도 한다.
② 차륜(바퀴) : 경반에 의해 기체를 지지해주면 구동하는 장치, 무논(물논)상태에서 작업을 하기 때문에 견인력을 좋게 하기 위해 물갈퀴 형태로 되어 있다.

③ 플로트(식부깊이 조절장치) : 경반인 지면에 의해 지지하는 역할을 하며 식부깊이 조절레버를 조작하면 플로트가 상하로 이동하면서 식부깊이를 조절할 수 있다.

식부날의 형태 : 절단식, 젓가락식, 통날식, 판날식, 종이포트묘용, 틀묘용등이 있다.

④ 식부장치 : 모를 심는 장치이다.
⑤ 묘떼기량 조절 레버 : 묘떼기량 조절 레버를 움직이면 식부장치는 일정하게 회전하고 모 탑제대를 조절하여 묘떼는 양을 조절하게 된다.
⑥ 횡이송 장치 : 간헐적 운동에 의한 이송과 연속운동에 의한 이송을 한다.
⑦ 종이송 장치 : 모의 자체 무게에 의하여 이루어짐

5 동력전달

동력원인 엔진에서 모든 동력을 지원해주는 역할을 한다.
① 주행장치로의 동력 전달
② 유압장치로의 동력 전달
③ 식부부로의 동력 전달

PART 5 출제 예상 문제

01 농업기계의 보관, 관리 방법 중 올바르지 못한 것은?
① 각종 레버, V벨트는 풀림 상태로 한다.
② 사용 후 물로 세척하고 건조시킨 후 기름칠을 한다.
③ 콤바인의 모든 클러치는 연결위치로 해 놓는다.
④ 통풍이 잘되고 습기가 없는 곳에 보관한다.

해설 콤바인의 대부분 클러치는 동력을 전달하기 위한 장치 중 벨트의 텐션(장력)을 조절하는 형태이므로 끊김으로 놓아야 한다. 벨트가 오래 힘을 받게 되면 형태를 유지하면서 경화된다.

02 농업기계 사용 전 난기 운전을 충분히 해야 하는 이유가 아닌 것은?
① 농기계를 정상적인 온도로 올리기 위해서
② 엔진의 사용 전 이상 유무를 확인하기 위해
③ 엔진 각 부에 윤활을 위해
④ 기어의 빠짐 등 변속기의 고장 유무를 확인하기 위해

해설 난기 운전을 하는 이유는 엔진이 정상적인 온도를 올려주고 이상 유무를 확인한다. 또 엔진 각부에 윤활을 하여 기계의 마찰을 줄여주기 위해 실시한다.

03 다음 중에서 농업기계의 운전, 점검 및 보관 방법으로 옳은 것은?
① 시동을 켜고 엔진오일의 양과 냉각수를 점검하였다.
② 트랙터에 승차할 때 오른쪽(브레이크 페달쪽)으로 승차 하였다.
③ 가솔린 기관은 연료를 모두 빼고, 디젤 기관은 가득 채운 후 장기 보관한다.
④ 작업 도중 연료를 공급할 때에 기관을 저속 공회전하여 연료를 보충한다.

해설 엔진오일의 양과 냉각수 점검, 연료 공급 시에는 시동을 정지하고 실시한다. 트랙터에 승차할 때는 왼쪽(클러치 페달쪽)으로 승차한다. 장기보관 시 가솔린은 연료를 모두 빼고, 디젤기관은 가득 채운다.

04 동력경운기에서 주클러치를 연결하여도 힘이 안 나거나 전혀 움직이지 않을 때의 원인과 관계없는 것은?
① 클러치 유격이 없다.
② 마찰판이 심하게 소손되었다.
③ 압력스프링의 장력이 너무 세다.
④ 클러치 내부에 윤활유가 누유 되었다.

해설 압력스프링의 장력이 너무 세게 되면 클러치의 슬립이 줄어들기 때문에 기체의 움직임이 빠르게 나타나게 된다.

05 동력경운기를 신품으로 구입하여 30시간 정도 사용 후 점검 사항에 해당하는 것은?
① 디젤기관의 경유 교환
② 각부의 죔 상태확인
③ 연료탱크 청소
④ 기화기를 분해하여 플로트실을 청소

해설 30시간 후 일상점검에 해당되는 사항을 점검한다.

06 경운기의 변속 단수를 3단에서 1단으로 변속했을 때 나타나는 현상 중 맞는 것은?
① 주행속도와 회전력이 감소한다.
② 주행속도와 회전력이 증가한다.
③ 주행속도는 감소하나 회전력은 증가한다.
④ 주행속도는 증가하나 회전력은 감소한다.

해설 변속단수가 작아지면 주행속도는 감소하나 토크(회전력)는 커진다.

Answer 1.③ 2.④ 3.③ 4.③ 5.② 6.③

07 엔진이 시동된 후에 5~10분간 부하를 걸지 않고 저속 운전하여 윤활유가 각 부분에 골고루 윤활되도록 함으로써 엔진의 내구연한을 연장시키는 운전을 무엇이라 하는가?
① 시동운전 ② 주행운전
③ 난기운전 ④ 검사운전

해설 엔진 시동 후 부하 없이 5~10분 예열한다고 한다. 이를 예열운전 또는 난기운전이라고 한다.

08 트랙터, 콤바인, 동력경운기와 같은 농업기계 운전 시 적정 탑승 인원은 몇 명인가?
① 운전자 1인
② 운전자 1인, 보조자 1인
③ 운전자 1인, 보조자 2인
④ 운전자 2인

해설 어떤 농업기계든 운전 시에는 운전자 1명만 탑승한다.

09 동력경운기의 운전 전 점검사항으로 옳지 않은 것은?
① 각 부의 볼트, 너트 죔 상태
② 엔진 오일의 순환여부
③ 타이어의 공기압
④ 주클러치의 작동상태

해설 동력경운기의 운전 전이라 함은 시동을 하기 전의 점검사항을 문의하는 것이다. 엔진오일의 순환여부는 시동 후 확인하는 사항이다.

10 동력경운기 조향장치의 정비와 관련이 없는 것은?
① 조향클러치의 반클러치 작동
② 조향클러치 케이블의 녹 발생
③ 조향 갈고리축의 녹 발생
④ 조향클러치 리턴 스프링의 약화

해설 조향클러치는 올드햄커플러 방식을 사용하기 때문에 반클러치 작동은 되지 않는다.

11 다음 중 동력 경운기에서 경운 변속이 되지 않을 때의 원인에 해당하는 것은?
① 차축 기어의 마멸
② 구동판의 마멸
③ 히치핀 연결 불량
④ 지점핀의 마멸

12 동력경운기의 경우, 기어를 넣고 클러치를 연결하여도 전진하지 않을 때가 있다. 원인에 해당되지 않는 것은?
① 벨트의 절단
② 체인의 절단 또는 벗겨짐
③ 클러치의 고장
④ 브레이크의 고장

해설 멈추지 않을 때의 브레이크의 고장으로 인한 원인이 될 수 있다.

13 동력경운기 히치의 기능으로 올바른 것은?
① 경운기 본기와 트레일러를 연결한다.
② 경운기 본기와 로터리를 연결한다.
③ 경운기 엔진과 본기부를 연결한다.
④ 경운기 본기에 동력을 전달한다.

14 동력경운기의 로터리 경운 작업 시 변속에 관한 설명 중 틀린 것은?
① 주 클러치 레버는 끊김 위치로 한 다음 변속한다.
② 후진할 때에는 반드시 경운 변속 레버를 중립에 놓고 실시한다.
③ 부변속 레버가 경운 변속 위치에 놓여 있더라도 후진 변속이 된다.
④ 부변속 레버가 고속 위치에 놓여 있을 때는 경운 변속이 되지 않는다.

Answer 7.③ 8.① 9.② 10.① 11.④ 12.④ 13.① 14.③

해설 부변속 레버가 경운 변속위치에 놓여 있으면 후진 변속이 안 된다. 그 이유는 경운 작업 시 후진할 경우 매우 위험하기 때문에 변속 장치에 변속이 안 되는 안전장치가 부착되어 있기 때문이다.

15 동력경운기의 안전운전 방법으로 옳지 못한 것은?
① 도로 주행 중 내리막길에서 방향전환은 조향클러치레버를 사용한다.
② 처음 출발 시에는 핸들을 눌러 낮추어진 상태로 한다.
③ 후진은 회전하려는 방향과 반대쪽 조향클러치를 사용한다.
④ 긴 내리막길에서 저속으로 변속하여 엔진 브레이크를 작동시킨다.

해설 동력경운기 주행 중 내리막길에서는 되도록 조향클러치레버를 사용을 하지 않는 것이 안전하며 핸들의 유격을 사용하여 힘으로 틀어주는 것이 안전하다.

16 동력경운기의 주 클러치 조합을 점검하여 교환하는 부품은?
① 면판
② 가압판
③ 고정너트
④ 조정너트

해설 면판은 사용량에 따라 마모가 되며 소모성 부품이나 나머지 부품은 교환하지 않고 사용이 가능하다.

17 동력 경운기의 사고 발생 빈도가 가장 높은 원인은?
① 안전지식 부족
② 운전 미숙
③ 기계불량
④ 무리한 운행

해설 농업기계는 연중 사용일수가 제한되어 있으므로 운전 미숙으로 사고 발생 빈도가 높게 나타난다.

18 동력 경운기 조향클러치의 끊음이 나쁠 때의 고장은?
① 조향클러치 로드 또는 와이어 조정불량
② 시프트 포크 파손
③ 변속레버와 시프트 포크의 접속불량
④ 주클러치 고장

해설 조향클러치 로드 또는 와이어 조정이 불량할 때 조향 클러치의 끊음이 나쁠 수 있다.

19 경운기 조향 클러치의 자유 움직임(유격)은 얼마 정도인가?
① 1.0~2.0mm
② 3.0~4.0mm
③ 5.0~60.mm
④ 7.0~8.0mm

20 동력경운기에 사용되는 주 클러치의 종류는?
① 맞물림 클러치
② 원뿔식 마찰클러치
③ 단판식 마찰클러치
④ 다판식 마찰클러치

해설 동력경운기의 주클러치 방식은 다판식 마찰클러치로 클러치판이 3장 들어간다.

21 동력 경운기의 주 클러치 형식으로 맞는 것은?
① 건식 다판 마찰식
② 건식 단판 마찰식
③ 원추형 마찰식
④ 습식 다판 마찰식

Answer 15.① 16.① 17.② 18.① 19.① 20.④ 21.①

22 경운기에서 조정장치가 아닌 것은?
① 드로틀 레버
② 조향 클러치
③ 로터리 레버
④ 주클러치 레버

해설 로터리 레버는 조정장치가 아니며 기어를 넣고 빼는 방식으로 되어 있다.

23 경운기 텐션풀리 베어링에는 어떠한 오일을 사용하는 것이 가장 좋은가?
① 모터오일
② 기어오일
③ 그리스
④ 기계오일

해설 텐션풀리 베어링에는 그리스를 사용하는 것이 가장 좋다.

24 동력 경운기의 경운작업 시 주의사항이다. 틀린 것은?
① 직진 경운 중에는 조향 클러치 사용금지
② 철차륜으로 도로 주행금지
③ 로터리 작업 중 후진 시 경운 변속레버 저속 3단 위치
④ 작업 중 포장의 경사지 하강 시는 후진운전

해설 로터리 작업 중 안전장치로 인하여 후진 변속이 안된다.

25 동력경운기 운전 중 직진성이 나쁠 때의 원인은?
① P.T.O축 고장
② 부변속 기어 마모
③ 주변속 기어 마모
④ 좌우 타이어 공기압력의 차이

해설 좌우 타이어 공기압의 차이가 있을 경우 회전하는 차륜의 원주 길이가 달라지므로 직진성이 나빠진다.

26 동력 경운기에 주 클러치의 작용에 해당되지 않는 것은?
① 변속기어의 회전을 중지시키고 기어의 물림을 용이하게 한다.
② 엔진을 시동할 때 엔진을 무부하 상태로 한다.
③ 엔진 시동된 채로 경운기를 정지 시킬 수 있다.
④ 주행속도를 변화시키고 엔진의 회전수를 일정하게 유지한다.

해설 주 클러치가 작동하지 않는 것은 위험한 상태이다. 이때는 주행속도를 저속 또는 중립으로 정지시켜야 하고 엔진의 회전 속도는 낮추거나 시동을 꺼야한다.

27 경운기에 있어서 히치란?
① 경운 엔진과 몸체의 연결부분
② 체인 스프로켓
③ 캠기어 축의 핀
④ 경운기 몸체와 트레일러 연결 부분

해설 경운기의 히치는 변속기의 끝단에 부착되어 있으며 견인이 필요한 작업기를 부착할 때 활용된다. 부착작업기는 트레일러, 쟁기 등이 대표적이다.

28 동력 경운기 작업기 연결에서 동력 취출축(PTO)과 직접 연결하는 작업기는?
① 동력분무기
② 쟁기
③ 트레일러
④ 로터리

해설 쟁기와 트레일러는 경운기의 동력으로 견인력만 필요로 한다. 동력분무기는 경운기 미션부에 거치대를 만들어 고정한 후 동력 취출축(PTO)에 풀리를 부착하고 걸어 동력을 사용하기도 한다. 로터리라고 흔히 부르는 로터베이터는 히치를 떼어내고 히치 부착 부분에 볼트로 로터리를 고정하며 올드햄 커플러로 동력 취출축(PTO)에 연결하여 사용한다.

Answer 22.③ 23.③ 24.③ 25.④ 26.④ 27.④ 28.④

29 동력경운기용 트레일러 운반 작업 시 안전 운전으로 올바른 것은?
① 윤거를 될 수 있는 대로 좁게 한다.
② 주행속도를 30km/h이하로 한다.
③ 제동할 때는 트레일러 브레이크만 사용한다.
④ 내리막길에서는 핸들로 조정한다.

해설 윤거는 될수록 넓게 하고 주행속도는 15km/h이하로 한다. 제동할 때는 브레이크레버와 트레일러 브레이크를 동시에 사용한다.

30 동력 경운기에서 조향 클러치 레버를 잡으면?
① 잡은 쪽의 바퀴에 제동이 걸린다.
② 잡은 쪽의 바퀴에 더 큰 회전력이 전달된다.
③ 잡은 쪽 바퀴의 동력전달이 차단된다.
④ 잡은 쪽의 반대 바퀴에 제동이 걸린다.

해설 조향 클러치는 잡은 쪽 바퀴를 무부하 상태로 하여 평지나 오르막길에서는 멈추지만 내리막길에서는 더 빨리 회전하게 된다.

31 동력경운기의 주 클러치 미끄러짐으로 본체가 전진되지 않을 때 조치해야할 사항으로 옳지 않은 것은?
① 물의 침입 여부확인
② 구동판의 마멸상태 점검
③ 윤활유의 침입여부 확인
④ 미션내부의 고장상태 점검

해설 주클러치는 물의 침입, 구동판의 마멸, 윤활유의 침입으로 인하여 마찰력이 변화될 수 있으므로 이를 점검해야 한다.

32 경운기 로터리에 사용되고 있는 경운날은?
① 작두형 날
② 특수 날
③ 보통 날
④ L자형 날

해설 경운기 로터리날로 사용하는 것은 작두형 날이다.

33 동력경운기의 조향클러치 사용 시 내리막에서 방향을 오른쪽으로 가게하려면 어느 쪽 클러치를 잡아야 하는가?
① 오른쪽을 잡는다.
② 오른쪽과 왼쪽을 동시에 잡는다.
③ 오른쪽과 왼쪽을 순차적으로 잡는다.
④ 왼쪽클러치를 잡아야 한다.

해설 내리막에서는 되도록 조향클러치를 사용하지 않는 것이 안전하나, 급회전이 필요할 경우에는 왼쪽 클러치를 잡아야 오른쪽으로 회전하게 된다. 내리막에서 회전하는 바퀴가 무부하 상태에서 관성과 중력가속도에 의해 더 빨리 회전하기 때문이다.

34 동력 경운기 조향장치는 무슨 식인가?
① 링키지형
② 일체형
③ 클러치형
④ 유체형

해설 동력경운기의 조향장치는 클러치형(도그 클러치)으로 동력을 전달하거나 차단하여 방향을 설정하게 된다.

35 다음 중 경운기를 시동할 때 주의사항 중 틀린 것은?
① 변속기어를 중립 위치에 놓고 클러치 레버를 "브레이크"위치에 놓는다.
② 경운기를 움직이지 않도록 안전하게 고임목 등으로 바퀴를 고정시킨다.
③ 시동레버를 돌릴 때는 처음은 힘껏 나중은 서서히 힘을 뺀다.
④ 시동위치를 정확히 하고 주위에 사람이 접근하지 않도록 한다.

해설 경운기는 압축압력이 높아야 시동이 용이하므로 공기 압축력보다 큰 힘으로 시동레버를 돌려야 함으로 힘껏 돌려야 한다.

Answer 29.④ 30.③ 31.④ 32.① 33.④ 34.③ 35.③

36 동력경운기 부속 작업기와 작업종류가 맞지 않는 것은?

① 경운 – 쟁기작업
② 경운 쇄토 – 로터리 작업
③ 두둑 만들기 – 배토판
④ 경운 – 원판 해로우 작업

해설 원판 해로우 작업은 정지작업의 종류이다.

37 벨트를 거는 방법에 관한 사항이다. 틀린 것은?

① 바로 걸기에 있어서는 아래쪽이 항상 인장측이 되게 해야 한다.
② 엇걸기는 바로 걸기의 경우보다 접촉각이 크다.
③ 벨트의 수명은 엇걸기가 길다.
④ 안내차를 두어 벨트가 벗겨지지 않게 할 수 있다.

해설 벨트를 거는 방법 중 엇걸기는 접촉각(마찰부분)이 크므로 수명이 짧다.

38 경운기를 장기보관 할 경우 피스톤의 위치는 어느 위치에 놓아야 하는가?

① 하사점 위치
② 상사점 위치
③ 하사점 근처 위치
④ 상사점과 하사점 중간위치

해설 경운기뿐만 아니라 엔진을 장기간 보관할 때에는 피스톤 위치가 상사점에 두는 것이 좋다. 실린더의 녹 방지, 밸브 스프링의 장력 유지 등을 위해서이다.

39 다음 중 회전구동력을 얻어서 경운 작업을 수행하는 구동형 경운기의 구동방식으로 가장 널리 이용되는 것은?

① 로터리식   ② 크랭크식
③ 스크루식   ④ 스로틀식

해설 PTO와 연결하여 경운작업을 수행하는 방식은 로터리식이다.

40 승용트랙터 팬벨트의 유격은 어느 정도가 되어야 적당한가?

① 손으로 눌러 벨트의 여유가 30~35mm정도
② 손으로 눌러 벨트의 여유가 10~15mm정도
③ 손으로 눌러 벨트의 여유가 3~5mm정도
④ 손으로 눌러 벨트의 여유가 없어야 한다.

해설 팬벨트의 유격은 10kgf 정도의 힘으로 벨트를 눌러 벨트의 여유가 10~15mm 정도가 적당하다.

41 트랙터의 취급방법이 바르게 설명된 것은?

① 엔진이 시동된 상태로 연료를 공급하였다.
② 경사진 길을 내려올 때 기어를 중립상태로 하고 주행하였다.
③ 도로 주행 시 좌우 브레이크 페달을 연결하고 주행하였다.
④ 운행도중 잠시 쉬고자 하여 시동을 끄고 시동키를 꽂아 둔 채로 휴식하였다.

해설 연료를 공급할 때에는 시동을 끈 상태에서 실시하고 경사진 곳에서는 엔진 브레이크를 사용하면서 천천히 주행한다. 운행도중 잠시 쉬고자 할 때에는 시동을 끄고 시동키를 뺀 후 휴식을 해야 한다.

42 승용트랙터의 토인 조정은 어느 것으로 하는가?

① 타이로드
② 조향상자의 위엄기어
③ 스핀들 각
④ 앞바퀴의 폭

해설 토인각의 조정은 타이로드를 구성하고 있는 턴버클식의 나사로 조정한다.

Answer 36.④ 37.③ 38.② 39.① 40.② 41.③ 42.①

161

43 트랙터 3점 링크를 움직이는 유압실린더는 일반적으로 어떤 형식인가?
① 단동 실린더 ② 복동 실린더
③ 다단 실린더 ④ 단·복동 실린더

해설 트랙터의 3점 링크 중 하부링크 2개를 이용하여 작업기를 올리고 내리게 되는데 올릴 때는 유압을 보내주지만 하강 시에는 작업기 자중에 의해 떨어지게 되므로 단동실린더이다.

44 트랙터의 독립브레이크는 어느 때 사용하는 것이 가장 효과적인가?
① 급브레이크를 필요로 할 때 사용한다.
② 트레일러를 달고 운반 작업을 할 때 사용한다.
③ 경운작업 시 선회반경을 작게 할 때 사용한다.
④ 항상 사용한다.

해설 독립브레이크는 선회반경을 작게 할 때 사용하는 트랙터의 장치로 좌측과 우측 브레이크가 별도로 작동되는 형태로 되어 있으며 도로주행이나 고속 주행 시에는 꼭 좌우측의 독립브레이크를 연결하여 사용해야한다.

45 트랙터 클러치 페달의 조작방법으로 올바른 것은?
① 느리게 차단하고 빠르게 연결한다.
② 느리게 차단하고 느리게 연결한다.
③ 빠르게 차단하고 빠르게 연결한다.
④ 빠르게 차단하고 느리게 연결한다.

해설 클러치를 조작할 때는 빠르게 차단하고 느리게 연결해야만 마모를 줄이고 클러치의 수명을 연장시킬 수 있다.

46 트랙터에서 유압으로 작동하는 장치는?
① 견인장치 ② 차동장치
③ 3점 링크 장치 ④ 시동장치

해설 상부링크, 하부링크 2개로 이루어진 3점링크가 트랙터의 유압작동 장치중 하나다.

47 플라우를 연결할 때의 작업순서를 바르게 표시한 것은?

1. 트랙터를 부착하기 편리하게 후진시킨다.
2. 우측 하부링크를 끼운다.
3. 좌측 하부링크를 끼운다.
4. 톱링크를 끼운다.
5. 체크 체인을 조정한다.
6. 좋은 작업이 될 수 있도록 각 부분을 조정한다.

① 1 → 2 → 3 → 5 → 4 → 6
② 1 → 3 → 2 → 4 → 5 → 6
③ 4 → 1 → 2 → 3 → 5 → 6
④ 4 → 6 → 3 → 2 → 1 → 5

48 트랙터 로터리의 안전클러치 조정 시 6개의 스프링 누림 너트를 똑같이 조여 스프링이 완전히 눌려지게 한 다음 보통 알맞게 풀어주는 정도는?
① 1.5~2회전
② 6~9회전
③ 11~13회전
④ 15~17회전

해설 일반적으로 완전히 조인 후 1.5~2회전 풀어준다.

49 트랙터에 로터베이터를 장착할 때 작업기의 좌우 기울기는 무엇으로 조정하는가?
① 체크 체인의 턴버클
② 상부 링크의 턴버클
③ 좌측 하부 링크의 레벨링 핸들
④ 우측 하부링크의 레벨링 핸들

해설 좌우의 기울기는 우측 하부링크의 레벨링 핸들로 조정을 한다.

Answer 43.① 44.③ 45.④ 46.③ 47.② 48.① 49.④

50 브레이크 작동 시 트랙터가 한쪽으로 쏠리는 원인이 아닌 것은?
① 앞바퀴 정렬이 불량하다.
② 브레이크 라이닝의 접촉이 불량하다.
③ 좌우 타이어 공기 압력이 같지 않다.
④ 마스터 실린더 푸시로드 길이가 너무 길다.

해설 마스터 실린더 푸시로드의 길이가 길면 압력을 증가시켜 브레이크 동작을 더 원활히 할 수 있다.

51 브레이크가 잘 작용하지 않고 페달을 밟는데 힘이 드는 원인이 아닌 것은?
① 타이어 공기압이 고르지 못함
② 피스톤 로드의 조정 불량
③ 라이닝에 오일이 묻음
④ 라이닝의 간극 조정이 불량

해설 타이어 공기압이 고르지 못한 것은 브레이크가 작용하는 힘과는 영향이 없지만 견인력에는 영향을 미칠 수 있다.

52 겨울철에 트랙터의 유압장치가 잘 작동되지 않는 원인이 될 수 없는 사항은?
① 유압오일이 적정량 들어있지 않다.
② 유압 파이프의 조임 볼트가 풀려 누유가 된다.
③ 유압오일의 질이 너무 묽다.
④ 부하가 너무 과중하다

해설 겨울철에는 온도가 저하되므로 유압오일의 점도가 높아지므로 점도가 낮은 오일을 사용하는 것이 좋다.

53 트랙터의 핸들이 무겁다. 그 원인 중 옳지 않은 것은?
① 앞바퀴 타이어의 공기압이 높음
② 조향 웜과 로울러의 조정 불량
③ 핸드축이 휘거나 토인 불량
④ 킹핀 베어링의 파손

해설 앞바퀴가 조향을 하게 되며 공기압이 높으면 접지마찰력이 감소하므로 핸들이 가벼워진다.

54 3점 링크 히치 장치에서 길이를 조절할 수 있는 것과 높이를 조절할 수 있는 것이 바르게 연결된 것은?
① 상부링크 – 앞쪽 리프트 로드
② 상부링크 – 오른쪽 리프트 로드
③ 하부링크 – 왼쪽 리프트 로드
④ 하부링크 – 오른쪽 리프트 로드

해설 3점 링크 히치는 상부링크에서는 길이 조절이 가능하고 하부링크의 오른쪽 리프트로드는 높이를 조절하여 수평을 조절하는데, 최근 생산되는 트랙터는 하부링크의 좌, 우측 모두 높이 조절이 가능하다.(최근 변형되어 추가되었기 때문에 문제에 나온다면 과거의 형태를 보고 답을 선택해야한다.)

55 농업기계에 사용되는 변속기, 차동장치용 윤활유로 가장 적합한 것은?
① SAE90
② SAE30
③ SAE40
④ 그리스

해설 변속기, 차동장치용 윤활유는 기어오일이므로 점도가 높은 오일을 사용하는데 SAE 90을 사용하는 것이 가장 적합하다.

56 트랙터 사용 시에 지켜야 할 사항으로 적당한 것은?
① 시동 스위치는 1회에 10초 이내 가동하여야 한다.
② 예열플러그는 엔진이 더울 때도 사용해야 한다.
③ 시동 스위치는 1회에 2~3분간 돌려도 된다.
④ 작업복은 입지 않아도 된다.

해설 시동 스위치는 1회에 10~15초 이내를 가동하여야 한다.

Answer 50.④ 51.① 52.③ 53.① 54.④ 55.① 56.①

57 트랙터의 안전사항으로 바르지 못한 것은?
① 승차정원은 1명으로 한다.
② 도로주행 시 브레이크 페달은 좌우 연결한다.
③ 포장 작업 시 작업기를 들어 올린 채 방치하지 않는다.
④ 포장 작업 시 작업기를 부착할 땐 엔진 시동을 한다.

해설 포장 작업 시 작업기를 부착할 때는 엔진시동을 끄고 한다.

58 다음은 트랙터의 드래프트 컨트롤장치에 대한 설명이다. 잘못 된 것은?
① 트랙터의 견인력을 일정하게 유지시킨다.
② 플라우를 이용한 경운 작업에 이용된다.
③ 작업기의 위치를 일정하게 유지시킨다.
④ 작업기에 걸리는 저항의 변화를 상부링크 압축력으로 감지한다.

해설 드래프트 컨트롤장치는 견인제어 장치라고도 한다. 작업기의 위치를 일정하게 유지시키는 기능은 위치 제어 레버(포지션 레버)가 한다.

59 트랙터 로터리 작업 시 쇄토정도가 너무 거칠 때 취할 조치 중 잘못된 것은?
① 로터리의 회전수를 높인다.
② 로터리 뒷덮개 판을 내린다.
③ 트랙터의 주행속도를 빠르게 한다.
④ 트랙터의 주행속도를 느리게 한다.

해설 쇄토정도가 너무 거칠 때는 경운피치를 작게 해주면 된다. 경운피치를 조절하는 방법은 주행속도를 낮추는 방법과 회전속도를 높이는 방법이 있다.

60 다음 중 트랙터 취급 시 안전수칙이 아닌 것은?
① 밀폐된 실내에서 기관을 가동하지 말 것
② 운전자 이외에 보조자가 꼭 함께 동승할 것
③ 유압으로 작업기를 올려놓고 그 밑에서 작업하지 말 것
④ 기관이 가동하고 있을 때는 구동형 작업기의 조정 정비를 금할 것

해설 트랙터뿐만 아니라 모든 농기계는 운전자 1명만 탑승을 원칙으로 한다.

61 다음과 같은 특징을 갖고 있는 트랙터용 작업기의 연결 방법은?

> -작업기의 길이가 짧아진다.
> -구조가 간단하고 값이 싸다.
> -중량전이로 견인력이 증가한다.
> -플라우의 유압제어가 간단하다.

① 견인식
② 반장착식
③ 유압제어식
④ 3점 링크식

해설 장착식 또는 3점 링크식이라고 한다.

62 다음 중 트랙터의 일상 점검 기준에 해당하는 것은?
① 오일 필터의 교환
② 배터리 비중의 점검
③ 엔진 오일량의 점검
④ 밸브 간극의 조정

해설 오일필터, 배터리 비중, 밸브간극 등은 사용시간에 따라 점검 시기가 다르며 일상 점검 사항은 아니다.

Answer 57.④ 58.③ 59.③ 60.② 61.④ 62.③

63 농장에서 트랙터로 작업을 할 때 주의할 사항 중 잘못된 것은?
① 운전석은 몸에 맞지 않아도 된다.
② 작업을 하기 전에 기계가 안전한가 점검한다.
③ 사고를 막기 위해서 먼저 계획을 세운다.
④ 히치의 높이는 적당하며 핀은 안전한가 확인한다.

해설 운전석은 몸에 맞게 조절하여야 한다.

64 주행 중 트랙터를 급정지시키고자 할 때는?
① 브레이크 페달을 밟고 클러치 페달을 밟는다.
② 클러치 페달을 밟고 브레이크 페달을 밟는다.
③ 브레이크와 클러치 페달을 동시에 밟는다.
④ 주변속기어부터 중립으로 한다.

해설 급정지 시에는 브레이크와 클러치페달을 동시에 밟아야 한다.

65 트랙터 매일 점검사항과 관계없는 것은?
① 엔진오일, 냉각수, 연료
② 누유 및 누수
③ 타이어 공기압
④ 연료필터 청소

해설 연료필터 청소는 100시간에 한 번씩 실시한다.

66 트랙터 기관의 회전수가 2400rpm, 변속기의 감속비가 1.5, 종감속비가 4.0 일 때 뒷바퀴의 회전수(rpm)는?
① 200
② 350
③ 400
④ 800

해설 뒷바퀴 회전수 = $\dfrac{\text{기관의 회전수}}{\text{변속기 감속비} \times \text{종감속비}}$
$= \dfrac{2400}{1.5 \times 4} = 400 rpm$

67 엔진 회전 2,000rpm, 종감속비 6 : 1, 타이어 지름 90cm 일 때 시속은 약 몇 km/h인가?
① 46.5   ② 56.5
③ 49.5   ④ 59.5

해설 최종적으로 속도는 시속이다. 단위는 km/h이므로 단위 환산에 주의해야한다.
바퀴의 회전수(N)
$= \dfrac{2,000}{6} = 333.33 rpm$

타이어의 둘레(한바퀴 회전시)
$= D \times \pi = 90 cm \times \pi = 2.826 m$

속도(km/h)
$= \dfrac{\text{타이어의 둘레} \times \text{바퀴의 회전수(시간으로 환산)}}{\text{거리 단위 환산}}$
$= \dfrac{2.826 m \times 333.33 rpm \times 60}{1,000} = 56.52 km/h$

68 앞 차륜 정렬 측정 시 주의하여야 할 사항으로 잘못된 것은?
① 타이어의 공기압이 규정으로 되어 있어야 한다.
② 공장 바닥은 약간 앞으로 경사져 있어야 한다.
③ 스프링의 세기는 일정하여야 한다.
④ 볼 조인트는 이상이 없어야 한다.

해설 앞차륜 정렬 측정 시에는 공장 바닥은 평탄해야 한다.

69 트랙터 타이어에서 12.4 × 11 - 4인 경우 4의 의미는?
① 림의 직경이다.
② 림의 폭이다.
③ 타이어 높이이다.
④ 플라이(ply)수 이다.

해설 바퀴폭 × 바퀴지름 - 플라이 수

Answer   63.① 64.③ 65.④ 66.③ 67.② 68.② 69.④

70 다음 중 바퀴형 트랙터의 견인 계수가 가장 큰 것은?
① 목초지
② 건조한 점토
③ 사질토양
④ 건조한 가는 모래

해설 견인 계수는 토양의 마찰계수와 동일하다. 일반적으로 공극이 많을수록 마찰계수가 작고 공극이 작아질수록 입자들끼리의 거리가 좁아 마찰저항에 견디는 힘이 강해진다.
목초지(목초와 습기 때문에 마찰계수가 작다.〈 건조한 가는 모래 〈 사질토양 〈 건조함 점토

71 트랙터에 있어서 진행방향을 바꿀 때 외측 차륜을 내측 차륜보다 빨리 회전하게 하는 장치는?
① 토크 디바이더
② 유니버설 조인트
③ 이중 기어
④ 차동 기어

해설 외측 차륜과 내측 차륜의 회전을 조절하는 장치는 차동기어이다.

72 트랙터의 디퍼렌셜 로크장치(차동잠금장치)는?
① 차동장치의 차동작용을 확실하게 한다.
② 차동장치의 차동작용을 하지 못하게 한다.
③ 딱딱한 땅에서 작업 시 주행 효율을 향상시킨다.
④ 진흙에서의 작업 시 주행효율을 향상시키지 못하게 한다.

해설 디퍼렌셜 로크장치는 습지에서 견인력을 증가시키기 위해 차동장치를 동작하지 않도록 하는 장치이다.

73 트랙터 로터리 작업 시 쇄토정도가 너무 거칠어 질 때 취해야할 조치 중 관계가 없는 것은?
① 뒷덮게 판을 내린다.
② 주행을 느리게 한다.
③ 회전속도를 높인다.
④ 주행속도를 높인다.

해설 쇄토정도가 너무 거칠 때는 경운피치를 작게 해 주면 된다. 경운피치를 작게 하는 방법은 주행속도를 낮추는 방법과 회전속도를 높이는 방법이 있다.

74 트랙터에 있어서 차동 고정 장치의 사용 목적은?
① 작업 시 작업기에 무리한 힘이 걸렸을 때 사용하는 장치이다.
② 굴곡진 길을 주행할 때 진동을 적게 하는 장치이다.
③ 트랙터의 구동바퀴가 공전하는 것을 막기 위한 장치이다.
④ 커브를 틀 때 사용하는 장치이다.

해설 차동 장치가 작동할 경우에는 양쪽의 바퀴 중, 힘을 덜 필요로 하는 바퀴만 회전하게 된다. 이런 현상을 방지하기 위해 차동장치가 동작하지 않도록 고정시키는 장치이다.

75 트랙터 제동 시 정지거리는?
① 속도가 빠를수록 짧아진다.
② 속도가 빠르면 길어진다.
③ 눈, 비로 노면이 습하면 짧아진다.
④ 노면이 건조할 때가 가장 길어진다.

해설 제동거리는 속도가 길수록, 노면이 습할수록, 노면이 미끄러울수록 길어진다.

Answer 70.② 71.④ 72.② 73.④ 74.③ 75.②

76 로터리를 트랙터에 부착하고 좌우 흔들림을 조정하려고 한다. 무엇을 조정하여야 하는가?
① 리프팅 암
② 체크체인
③ 상부링크
④ 리프팅로드

해설 트랙터에 완전장착식으로 부착이 되는 로터리 쟁기 등의 좌우 흔들림은 체크체인으로 조정한다.

77 트랙터 운전 중 진흙구렁에 빠졌을 때 적당한 조치방법은?
① 변속레버를 저속에 넣고 기관을 저속으로 회전시키며 출발한다.
② 변속레버를 최상단에 놓고 액셀레이터를 최대로 높인다.
③ 변속레버를 저속에 넣고 차동고정장치 페달을 밟고 직진한다.
④ 차동고정장치 페달을 밟으며 선회한다.

해설 진흙구렁에 빠지게 되었을 때는 저속으로 넣게 되면 지면의 마찰력을 최대한 발휘할 수 있으며 구동을 4륜으로 변환하고 차동고정장치(차동잠금장치)페달을 밟고 직진하는 것이 가장 효과적이다.

78 트랙터로 도로를 주행해야할 때 지켜야 할 사항으로 옳은 것은?
① 차동잠금장치를 고정하여 주행한다.
② 좌우브레이크 페달을 연결하여 주행한다.
③ 내리막길에서 브레이크를 자주 사용한다.
④ 주행 중에 클러치 페달에 발을 올려놓아 반 클러치 상태로 주행한다.

해설 트랙터로 도로를 주행할 때에는 차동잠금(고정)장치를 해제하고 좌우 브레이크페달은 연결해야 한다. 내리막길에서는 브레이크를 자주 사용하기 보다는 엔진 브레이크를 사용하는 것이 좋다. 주행 중 클러치 페달에 발을 올려놓게 되면 반 클러치 상태가 되어 클러치판의 마모가 촉진되므로 주행 중에는 클러치 페달에서 발을 떼고 주행해야 한다.

79 트랙터의 점검 방법 중 옳은 것은?
① 기관의 점검은 브레이크를 풀어 놓은 상태에서 실시한다.
② 클러치는 완전히 밟아둔다.
③ 작업기가 부착되었을 때는 반드시 유압장치를 올려놓는다.
④ 작업기의 점검 정비는 평탄한 장소에서 실시한다.

해설 모든 장비의 점검은 평탄한 장소에서 실시한다.

80 장궤형 트랙터의 장점은?
① 견인력이 크고 연약한 땅 등의 정지가 되지 않은 땅에서의 작업에 편리하다.
② 운전이 용이하다.
③ 과속도 운전이 가능하다.
④ 제작 가격이 싸다.

해설 궤도로 되어 있는 형태의 트랙터이다. 이런 형태는 견인력이 크고 연약한 지형을 빠져나오기 쉽고 정지되지 않은 땅에서 작업이 용이하다.

81 트랙터의 핸들이 1회전하였을 때 피트먼 암이 30°움직였다. 조향 기어 비는 얼마인가?
① 12:1   ② 6:1
③ 6.5:1 ④ 12.5:1

해설 1회전(360):30=12:1

82 트랙터의 취급방법이 바르게 설명된 것은?
① 엔진이 시동된 상태로 연료를 보급하였다.
② 경사진 길을 내려올 때 기어를 중립상태로 하고 주행하였다.
③ 도로 주행 시 좌우 브레이크 페달을 연결하고 주행하였다.
④ 운행도중 잠시 쉬고자 하여 시동을 끄고 시동키를 꽂아둔 채로 휴식하였다.

Answer 76.② 77.③ 78.② 79.④ 80.① 81.① 82.③

해설 트랙터는 브레이크가 좌우로 나눠져 있으므로 도로 주행 시에는 꼭 연결하여 주행해야 한다. 운행 도중 잠시 쉬고자 할 경우 시동을 끄고 시동키를 빼고 휴식을 취한다.

83 동력전달장치 순서로 옳은 것은?

1. 주클러치	2. 주축 및 변속축
3. 최종구동축	4. 조향클러치
5. 차축	

① 1→2→3→4→5
② 1→2→4→3→5
③ 1→2→3→5→4
④ 1→2→5→4→3

84 콤바인의 기능이 아닌 것은?
① 전처리 기능　② 예취기 기능
③ 탈곡 기능　④ 도정기능

해설 도정기능은 정미기에 있는 장치이다.

85 주행하면서 농작물의 예취 및 탈곡을 함께 하는 기계는?
① 바인더　② 리퍼
③ 콤바인　④ 모워

해설
• 바인더 : 예취 후 결속하는 기계
• 리퍼 : 곡물수확기를 수확하는 기계
• 모워 : 잔디 또는 풀을 깎는 기계

86 콤바인 작업 시 예취부가 작동하지 않을 때의 고장 원인이 아닌 것은?
① 예취구동 벨트의 미끄러짐
② 예취클러치 와이어 늘어남
③ 예취 반송곡간 통로에 이물질이 끼임
④ 예취날의 간극이 넓음

해설 예취날의 간극이 넓으면 마찰이 감소하기 때문에

작동은 더욱 원활하지만 벼의 절단이 되지 않을 수 있다.

87 다음 중 '커터바 모우어'라고도 하며 콤바인이나 바인더에 사용하는 것은?
① 로터리 모우어　② 왕복 모우어
③ 플레일 모우어　④ 회전 모우어

해설 콤바인이나 바인더에는 왕복식 예취 장치를 사용한다. 아래 칼날은 고정되어 있으며 위쪽 칼날을 크랭크 장치를 이용하여 왕복하면서 작물을 베는 형태이다.

88 콤바인으로 벼를 수확할 때 벼의 도복각이 크면 어떻게 되는가?
① 곡립손실이 많아진다.
② 곡립손실이 적어진다.
③ 곡립손실과 상관없다.
④ 도복각이 크면 수확량이 크다.

해설 도복각은 벼가 바닥으로 쓰러진 정도의 각도이기 때문에 도복각이 크면 곡립손실이 많아진다.

89 콤바인으로 벼 수확작업 시 길쭉한 직사각형 포장에서 적합한 예취방법은?
① 좌회전 예취
② 중할 예취
③ 한 방향 예취(한쪽 베기)
④ 2방향 예취(왕복 베기)

해설 직사각형이므로 긴 방향으로 왕복베기가 적합하다.

90 콤바인 작업방법 중 포장의 형태가 길쭉할 때 효과적인 방법은?
① 왕복예취　② 좌회전 예취
③ 중간분할　④ 우회전 예취

해설 포장이 길쭉한 직사각형일 경우에는 왕복 예취방법이 가장 효과적이며, 일반적으로 넓은 포장의 작업방법은 좌회전 예취를 선택하여 작업하는 것이 효과적이다.

Answer 83.② 84.④ 85.③ 86.④ 87.② 88.① 89.④ 90.①

91 콤바인의 방향센서의 역할은 무엇인가?

① 자동으로 줄맞춤을 할 수 있는 기능이다.
② 자동으로 예취높이를 조정할 수 있는 기능이다.
③ 자동 정지기능이다.
④ 위험경보 기능이다.

해설 방향센서는 자동으로 줄을 맞춰줄 수 있는 기능을 하는 센서이다.

92 콤바인 조향 방식이 아닌 것은?

① 브레이크 턴 방식   ② 전자 조향방식
③ 급선회 방식   ④ 완선회 방식

해설 콤바인의 조향 방식은 궤도의 동력을 어떻게 차단하여 진행하느냐에 따라 달라진다. 예를 들어 한쪽 바퀴에 동력을 차단하여 한쪽만 구동한다면 브레이크 턴 방식이 되고 한쪽 바퀴를 전진으로 한쪽 바퀴를 후진으로 설정하게 되면 급선회 방식이 된다. 전진은 그대로 진행하되 한쪽 바퀴는 정상적으로 회전하고 한쪽 바퀴를 서서히 전진 방향으로 회전하면 완선회 방식이 된다. 이는 궤도 차량에 사용되는 조향 방식이다.

93 다음 중 콤바인을 좌우로 선회할 때나 예취부의 승하강에 사용하는 것은?

① 주변속 레버
② 부변속레버
③ 예취 클러치 레버
④ 올마이티 스티어링 레버

해설 콤바인에서의 좌우 선회할 때와 예취부의 승하강을 위해서 사용되는 장치는 올마이티 스티어링 레버라고 한다.

94 콤바인에 HST(Hydro Statics Transmission) 장치를 많이 사용하는 이유는?

① 동력 손실을 감소시킬 수 있기 때문에
② 연료 소비량이 감소하기 때문에
③ 작업 중 변속이 편리하기 때문에
④ 예취부 위치 변동이 용이하기 때문에

해설 HST는 유압으로 구동되는 방식으로 무변속 주행장치라고도 한다. 즉, 레버를 밀어주고 당겨주는 양에 따라서 주행 속도와 작업속도가 변하게 된다.

95 콤바인의 청소와 보관 시 주의사항 중 바르게 설명되지 않은 것은?

① 접합부는 완전히 밀착되어서는 안 된다.
② 정비를 위한 분해 조립 시는 무리한 힘을 가하지 않도록 한다.
③ 차체 도장 부분이 손상되지 않도록 한다.
④ 기체를 정지 시킨 후 정비를 하도록 한다.

96 콤바인에서 많이 사용되는 무단 변속장치는?

① HST 무단변속기
② 펠콘 풀리
③ 토크 컨버터
④ 선택 치차식 변속기

해설 HST는 유압으로 구동되는 방식으로 무변속 주행장치라고도 한다. 즉, 레버를 밀어주고 당겨주는 양에 따라서 주행 속도와 작업속도가 변하게 된다.

97 작물의 줄기를 가지런히 정돈하는 역할을 하는 탈곡 급치는?

① 정소치
② 보강치
③ 병치
④ 환원치

해설
- **정소치(제1종 급치)** : 폭이 넓은 급치로 큰 흡입각을 갖도록 설치되어 작물의 줄기를 가지런히 정돈하는 역할을 하는 급치
- **보강치(제2종 급치)** : 정소치 다음에 배열되어 정소치에서 탈립되지 않은 것을 탈립시키는 급치
- **병치(제3종 급치)** : 탈립을 하기 위하여 두가지 이상의 것을 한곳에 나란히 설치하는 형태의 급치

Answer 91.① 92.② 93.④ 94.③ 95.① 96.① 97.①

98 자탈형 콤바인의 탈곡통에 부착된 탈곡치가 이삭이 들어오는 입구부터 배열된 순서는?
① 정소치 → 병치 → 절단치
② 탈곡치 → 병치 → 보강치
③ 정소치 → 보강치 → 탈곡치
④ 정소치 → 보강치 → 병치

해설 급치의 순서는 정소치 → 보강치 → 병치이다.

99 다음 중 콤바인 급동의 입구 쪽에 있는 급치는?
① 보강치
② 정소치
③ 정류치
④ 병치

해설 급치의 순서는 정소치 → 보강치 → 병치이다.

100 콤바인 작업 시 급동의 회전 속도가 낮을 때 증상 중 틀린 것은?
① 선별 불량
② 탈부미 증가
③ 막힘
④ 능률저하

해설 탈부미는 콤바인에서 나타나는 증상이 아니고 정미기에서 나타나는 현상이다.

101 탈곡을 하려고 한다. 급통의 회전수는 어느 정도가 적당한가?
① 벼 : 500~550rpm, 맥류 : 650~700rpm
② 벼 : 600~800rpm, 맥류 : 300~500rpm
③ 벼 : 500~800rpm, 맥류 : 100~300rpm
④ 벼 : 600~800rpm, 맥류 : 100~300rpm

해설 일반적으로 벼 수확 시 급통의 회전은 500~800rpm으로 하고 보리 같은 맥류 수확시 급통의 회전수는 100~300rpm으로 속도가 낮은 상태에서 한다.

102 탈곡기 급동의 지름이 400mm이고, 회전수가 800rpm일 때 급동의 원주 속도는?
① 603m/min
② 803m/min
③ 904m/min
④ 1005m/min

해설 급동의 원주속도 $= \dfrac{400mm \times \pi \times 800}{1,000mm}$
$= 1,004.8 m/min$

103 다음은 콤바인의 경보장치이다. 해당되지 않는 것은?
① 벼 만충경보
② 충전 경보
③ 탈곡통 회전경보
④ 시동경보

해설 시동경보는 없음

104 콤바인으로 벼를 탈곡 작업할 때 급실 내의 검불이송을 조절하는 것은?
① 배진량 조절 레버
② 풍량 선택 레버
③ 교반 장치
④ 공급깊이 조절 레버

해설 급실 내의 검불이송을 조절하는 것은 배진량으로 조절한다.

105 자탈형 콤바인 수확작업 시 주의사항 중 맞는 것은?
① 보통 시계방향으로 선회하면서 작업한다.
② 손으로 벤 벼는 한자리에 세워놓고 탈곡하는 것이 안전하다.
③ 알곡기 3번구로 비산되면 풍구의 속도를 올린다.
④ 모서리에서 선회할 때에는 기관의 속도를 줄이지 않는다.

Answer 98.④ 99.② 100.② 101.③ 102.④ 103.④ 104.① 105.④

PART 5 주요 농업기계

106 콤바인의 작업 전 일일 점검 사항이다. 점검 항목에 속하지 않는 것은?
① 냉각수량
② 연료량
③ 엔진오일량
④ 짚 절단 칼날

해설 콤바인의 일일 점검사항 : 냉각수, 연료량, 엔진오일량 등

107 콤바인에서 사용되는 오일로 점도가 가장 낮은 것은?
① 엔진오일
② 미션오일
③ 베어링 오일
④ 그리스

해설 엔진오일은 SAE기준으로 50미만을 사용하고, 미션오일은 UTF오일이라고도 하는 기어오일과 유압오일이 섞인 상태의 오일을 사용하게 된다. 점도는 80이상이다. 베어링 오일과 그리스는 액체라기보다는 젤 형태를 주로 사용한다. 그러므로 점도를 기준으로 본다면 엔진오일의 점도가 가장 낮다.

108 동력이앙기에 대한 설명 중 올바른 것은?
① 스윙 핸들은 방향전환 시 사용한다.
② 묘를 기계의 묘탱크에 실을 때 묘를 완전히 건조시킨 후 올린다.
③ 동력이앙기는 4조식과 6조식이 비교적 보급이 많으며 8조식도 있다.
④ 이앙기의 탑재엔진은 특수엔진이라 크랭크실에 SAE 90번을 사용한다.

해설 방향전환 시에는 조향클러치를 사용하고 묘탱크에 실을 때는 적당한 수분을 유지한다. 이앙기 엔진은 가솔린엔진이므로 가솔린용 엔진오일을 사용하면 된다.

109 공랭식 기관을 탑재한 이앙기의 일상점검 내용과 거리가 먼 것은?
① 각부의 볼트, 너트의 이완 상태를 점검
② 엔진오일양 및 누유 점검
③ 냉각수량 점검
④ 연료량 점검

해설 공랭식 기관이므로 냉각수량을 점검할 필요가 없다.

110 승용이앙기 전륜의 토인 값은 일반적으로 얼마로 조정해야 하는가?
① 0~15mm
② 16~25mm
③ 25~35mm
④ 36~46mm

111 다음 중 이앙기의 바퀴가 지나간 자국을 없애주고 흙의 표면을 평탄하게 해주는 것은?
① 플로트
② 모 멈추게
③ 유압레버
④ 가늠자 조작레버

해설 플로트는 바퀴가 지나간 자국을 없애주며 흙의 표면을 평탄하게 해준다. 또한 높이 조절로 묘의 식부깊이도 조절이 가능하다.

112 보행형 이앙기에는 보통 4개의 클러치가 있다. 두 개의 사이드 클러치 이외에 다른 두 가지의 클러치는 어느 것인가?
① 주행 클러치와 식부날 속도 클러치
② 주행 클러치와 주간간격 조정 클러치
③ 주행 클러치와 식부 클러치
④ 주행 클러치와 횡이송 클러치

Answer 106.④ 107.① 108.③ 109.③ 110.① 111.① 112.③

171

해설 보행형 이앙기의 클러치 종류 : 좌우 조향 클러치, 주행 클러치, 식부 클러치

113 이앙기에서 식부본수는 무엇으로 조절하는가?
① 횡종 이송 조절
② 주간조절
③ 유압 와이어 조절
④ 플로트 조절

해설 식부 본수는 모떼기량, 묘취량 이라고도 하며 식부암은 일정하게 회전하므로 식부본수 조절은 묘탑재판의 전제 높이조절과 횡이송량으로 조절한다.

114 이앙기에서 평당 주수조절은 무엇으로 하는가?
① 횡이송과 종이송 조절
② 주간거리 조절
③ 플로트 조절
④ 유압 조절

해설 이앙기의 평당 주수조절은 주간 조절과 조간 조절이 있으나 조간 조절은 30cm내외로 조절이 불가능하고 주간조절로 주수조절을 한다.

Answer 113.① 114.②

PART 6
안전관리 일반

PART 6 안전관리 일반

01 산업재해 개요

1 산업재해 개요
① 근로자가 업무에 관계되는 건설물, 설비, 원재료, 가스, 증기, 분진 등에 의하거나 작업 기타 업무에 기인하여 사망 또는 부상당하거나 질병에 걸리는 것
② 위험 기계, 유해가스 등 물적 요인에 기인하는 재해, 근로자의 기능이나 지식의 부족, 신체 조건 등 인적요인에 기인하는 재해 및 유해물질에 장기간 노출됨으로써 생기는 건강상의 장해(직업성 질병 포함)를 포함하여 업무수행과 관련하여 발생하는 것

2 산업안전 개요
① 일반산업 사업장에 있어 산업재해가 일어날 가능성이 있는 건물, 장치, 기계 재료 등의 손상, 파괴에 기인하는 잠재 위험성을 배제해서 안전성을 확보하는 것
② 기업 내 또는 기업 간의 안전관리에 있어서 재해 방지를 위한 활동

02 무재해 개요 및 정의

1 무재해란?
① 근로자가 상해를 입지 않고 상해를 입을 수 있는 위험 요소가 없는 상태
② 근로자가 업무에 기인하여 사망 또는 4일 이상의 요양을 요하는 부상 또는 질병에 이환되지 않는 것
③ 인간존중의 이념을 바탕으로 사업주, 관리감독자, 안전관리자, 보건관리자 및 근로자 등 전원이 적극적으로 참가하여 안전과 보건을 선취하여 밝고 활기찬 직장풍토를 조성

2 재해율

① 연천인율 : 근로자 1,000명당 1년간에 발생하는 재해자 수를 말한다.

$$연천인율 = \frac{재해자수(1년간)}{평균근로자수} \times 1,000$$

② 도수율(빈도율) : 도수율은 연 100만 근로시간당 몇건의 재해가 발생했는지를 나타낸다.

$$도수율 = \frac{재해건수}{연근로시간수} \times 1,000,000$$

③ 강도율 : 근로시간 1,000시간당 발생한 근로손실 일수를 말한다.

$$강도율 = \frac{근로손실일수}{연근로시간수} \times 1,000$$

3 안전사고 예방

① 인적요인에 의한 사고 : 운전자의 운전 미숙, 실수, 사용설명서 미준수 등의 사고
② 기계적인 요인에 의한 사고 : 회전체, 돌기부, 틈새, 칼날등의 안전 덮개 등 안전장치 미설치
③ 환경적 요인에 의한 사고 : 농로, 진출입로, 경사지등 농업기계가 주행하는 조건이 좋지 않아 발생하는 사고

03 배기가스의 유동성 및 발생농도

1 질소산화물

질소산화물은 기관의 연소실 내에 고온·고압 공기가 과잉일 때 주로 발생되는 가스로 광화학 스모그의 원인의 된다. 질소산화물의 발생원인은 다음과 같다.

① 질소는 잘 산화하지 않으나 고온·고압 및 전기 불꽃 등이 존재하는 곳에서는 산화하여 질소산화물을 발생시킨다.
② 연소온도가 2,000℃이상인 고온연소에서는 급격히 증가한다.
③ 질소산화물은 이론 공연비 부근에서 최대값을 나타내며, 이론 공연비보다 농후해지거나 희박해지면 발생률이 낮아진다.

2 탄화수소

농도가 낮은 탄화수소는 호흡기 계통에 자극을 줄 정도이지만 심하면 점막이나 눈을 자극하게 된다.

3 일산화 탄소

① 불완전 연소할 때 다량 발생한다.
② 혼합가스가 농후할 때 발생량이 증대된다.
③ 촉매변환기에 의해 CO_2로 전환이 가능하다.
④ 일산화탄소를 흡입하면 인체의 혈액 속에 있는 헤모글로빈과 결합하기 때문에 수족 마비, 정신분열 등을 일으킨다.

● 탄화수소 발생원인
- 농후한 연료로 불완전 연소할 때 발생한다.
- 화염전파 후 연소실내의 냉각작용으로 연소되다가 남은 혼합가스이다.
- 희박한 혼합가스에서 점화, 실화로 인해 발생한다.

04 안전표지와 색깔

1 색깔별 구분

근로자가 쉽게 알아볼 수 있는 크기로 제작되어야 하며, 야간에는 표식에 조명등을 설치하거나 야광색으로 제작하여 빨리 알아볼 수 있도록 해야 함

① 빨간색 : 화재 방지에 관계되는 물건에 나타내는 색으로 방화표시, 소화전, 소화기, 화재경보기 등이 있으며 정지표지로 긴급정지버튼, 정지신호, 통행금지, 출입금지 등 위험 장소나 부위에 사용
② 주황색 : 재해나 상해가 발생하는 장소에 위험표지로 사용, 뚜껑없는 스위치, 스위치 박스, 뚜껑의 내면, 기계 안전커버의 외면, 노출 톱니바퀴의 내면, 항공, 선박의 시설 등에 사용
③ 노란색 : 충돌, 추락주의표시, 크레인의 훅, 충돌의 위험이 있는 기둥, 피트의 끝, 바닥의 돌출물, 계단의 디딤면 등에 사용
④ 청색 : 임의로 조작하면 안되는 지역에 표시하며, 수리중의 운행이 정지된 기계의 보관 장소를 표시, 전기 스위치의 외부표시 등에 사용
⑥ 녹색 : 위험, 구급장소를 나타낸다. 대피장소 또는 방향을 표시, 비상구, 안전위생 지도 표시 등에 사용

⑥ 흰색 : 통로의 표지, 방향지시, 통로의 구획선, 물품을 두는 장소, 보조색 방화 등에 사용
⑦ 흑색 : 주의, 위험 표지의 글자, 보조색 등에 사용
⑧ 보라색 : 방사능 등의 표시에 사용

2 안전표지의 종류

① **금지표지** : 출입금지, 보행금지, 차량통행금지, 사용금지, 탑승금지, 금연, 화기금지, 물체이동금지 등으로 흰색 바탕에 기본 모형은 빨간색, 관련 부호 및 그림은 검정색으로 한다.
② **경고표지** : 인화성 물질, 산화성 물질, 폭발물, 독극물, 부식성 물질, 방사성 물질, 고압전기, 매달린 물체, 낙하물체, 고온, 저온, 몸 균형 상실, 레이저광선, 유해물질, 위험장소 등으로 바탕은 노란색으로하며 기본 모형은 관련 부호 및 그림은 검정색으로 한다.
③ **지시표지** : 보안경, 방독마스크, 방진마스크, 보호안면, 안전모자, 귀마개, 안전화, 안전장갑, 안전복 착용으로 바탕은 파란색으로, 관련 그림은 흰색으로 한다.
④ **안내표지** : 녹십자표지, 응급구호표지, 세안장치, 비상구, 좌측 비상구, 우측 비상구가 있는데 바탕은 흰색, 기본 모형 및 관련부호는 녹색, 바탕은 녹색, 관련부호 및 그림은 흰색으로 한다.

05 공구사용법

1 수공구 사용시 유의사항

(1) 스패너 렌치

① 스패너의 입이 너트폭과 맞는 것을 사용하고 입이 변형된 것은 사용하지 않는다.
② 스패너를 너트에 단단히 끼워서 앞으로 당기도록 한다.
③ 스패너를 두 개로 이어서 사용하거나 자루에 파이프를 이어 사용해서는 안된다.
④ 멍키 스패너는 웜과 랙의 마모에 유의하여 물림상태를 확인한 후 사용한다.
⑤ 멍키 스패너는 아래 턱 방향으로 돌려서 사용한다.

(2) 해머 사용시 주의사항

① 해머작업시 장갑을 착용하지 않는다.

② 작업자세를 바르게 잡는다.

③ 마모가 되거나 파손이된 해머를 사용하지 않는다.

④ 공작물을 고정시킨 후 작업한다.

⑤ 보호구를 착용한다.

⑥ 1인이상 작업 시 호흡을 맞춰서 작업한다.

⑦ 열처리된 금속이나 유리등 깨질 수 있는 물체는 타격하지 않는다.

(3) 줄작업 및 드릴 사용시 주의사항

① 작업 중 줄자루가 빠지지 않도록 고정상태를 확인한다.

② 줄 작업 중 무리함 힘을 가하지 않도록 한다.

③ 줄 작업 중 시선은 반드시 공작물의 절삭이 되는 부분을 바라보고 작업한다.

④ 줄은 사용 후 반드시 정해진 자리에 정리정돈한다.

⑤ 금긋기 바늘은 사용후 코르크 마개를 끼워서 제자리에 정리정돈한다.

⑥ 금긋기 시에 무리한 힘을 가하지 않도록 한다.

⑦ 드릴링 작업 시 장갑을 끼지 않도록 한다.

⑧ 드릴링 시 절삭유를 충분히 준다.

⑨ 드릴링 시 공작물을 단단히 고정한다.

(4) 정 작업

① 머리부위가 이상이 있는 것은 사용하지 않는다.

② 정은 깨끗이 한 후 사용한다.

③ 날끝이 파손되거나 둥글어진 것은 사용하지 않는다.

④ 보호안경을 착용한다.

⑤ 정 작업시 반대편에 막을 설치한다.

⑥ 정 작업은 처음에는 가볍게 두들기고 목표가 정해진 후에 차츰 세게 두드린다.

⑦ 담금질한 재료를 정으로 타격하지 않는다.

⑧ 절삭면은 손가락으로 만지거나 절삭칩을 손으로 제거하지 않는다.

(5) 줄 작업
① 줄은 그 손잡이가 확실한 것을 사용한다.
② 땜질한 줄은 부러지기 쉬우므로 사용하지 않는다.
③ 줄은 두드리거나 타격을 가하지 않는다.
④ 줄질에서 생긴 가루는 입으로 불지 않는다.
⑤ 줄을 다른 용도로 활용하지 않는다.

(6) 바이스 작업
① 바이스대는 항상 정리 정돈하여 사용한다.
② 바이스대에는 재료나 공구를 놓아두지 않는다.
③ 바이스의 가공물을 잡는 이가 완전한 지를 확인하고 사용한다.
④ 가공물이 완전히 바이스에 물려 있는 지를 확인하고 사용한다.

2 전동, 공기구 사용시 유의사항

(1) 연삭기 작업
① 안전커버를 떼고 작업해서는 안 된다.
② 숫돌 바퀴에 균열이 있는가 확인한다.
③ 나무 해머로 가볍게 두드려 보아 맑은 음이 나는지 확인한다.
④ 숫돌차의 과속 회전을 하지 않는다.
⑤ 숫돌차의 표면이 심하게 변형된 것은 반드시 드레싱하여 사용한다.
⑥ 받침대는 숫돌차의 중심선보다 낮게 하지 않는다.
⑦ 숫돌차의 주면과 받침대와의 간격은 3mm 이내로 한다.
⑧ 숫돌차의 장치와 시운전은 정해진 사람만 하도록 한다.
⑨ 숫돌 바퀴가 안전하게 끼워졌는지 확인한다.
⑩ 연삭기의 커버는 충분한 강도를 가진 것으로 규정된 치수의 것을 사용한다.
⑪ 숫돌차의 측면에서 서서 연삭해야 하며 반드시 보호안경을 착용한다.

(2) 드릴 작업

① 회전하고 있는 축이나 드릴에 손이나 위험물질(감길 수 있는 물체)을 대거나 머리를 가까이하지 않는다.
② 드릴은 사용 전에 점검하고 상처나 균열이 있는지 확인한다.
③ 가공 중에 드릴날의 절삭분이 불량해지고 이상음이 발생하면 중지하고 즉시 드릴날을 바꾼다.
④ 가공 중 드릴이 깊이 들어가면 기계를 멈추고 손으로 돌려 드릴날은 뽑아낸다.
⑤ 드릴날이나 척을 뽑을 때는 되도록 주축을 내려서 낙하거리를 적게 하고 테이블 등에 나무조각 등을 놓고 받는다.
⑥ 드릴 머신은 작업 중 컬럼과 암을 확실하게 체결하며, 주위를 조심하여 암을 선회시키고, 정지 시에는 암을 베이스의 중심 위치에 놓는다.
⑦ 면장갑을 착용해서는 절대로 안 된다.
⑧ 작은 가공물이라도 가공물을 손으로 고정시키고 작업해서는 안된다.
⑨ 가공물이 관통될 쯤에 알맞게 힘을 가해야 한다.
⑩ 드릴날 끝이 가공물을 관통하였는지 손으로 확인해서는 안된다.
⑪ 가공물을 이동시킬 때에는 드릴 날에 손이나 가공물이 접촉되지 않도록 드릴을 안전한 위치에 올려두고 작업해야 한다.
⑫ 드릴날 회전중 칩 제거하는 것은 위험하므로 절대 하지 않는다.
⑬ 드릴날은 항상 점검하여 상처나 균열이 생긴 드릴을 사용해서는 안된다.
⑭ 주물 소재 칩은 해머나 입으로 불어서 제거해서는 안된다.
⑮ 드릴날은 척에 고정시킬 때 유동이 되지 않도록 고정시켜야 한다.
⑯ 천공 작업 시는 가공물의 반대쪽을 확인하고 작업해야 한다.
⑰ 가공 작업 중 소음이나 진동이 발생 시에는 작업을 중지하고 기계의 이상 유무를 확인한다.

(3) 밀링 작업

① 보호 안경을 착용할 것
② 밀링 커터에 작업복의 소매나 보호장구가 들어가지 않도록 주의할 것
③ 가공품을 풀어 낼 때는 반드시 밀링 커터의 운전을 정지시킨다.
④ 조작중에 완성면을 손가락으로 만져보지 않는다.
⑤ 칩은 반드시 솔로 털어내고 걸레를 사용하지 않는다.

(4) 선반 작업

① 회전 부위에 손을 대지 말 것
② 천조각이나 이물질이 회전부위에 닿지 않도록 한다.
③ 공구를 기계 위에 놓지 않는다.
④ 절삭된 칩은 반드시 쇠솔로 청소하고 손으로 만지지 않는다.
⑤ 치수를 측정할 때는 먼저 선반을 멈추고 측정한다.
⑥ 선반 작업 중 회전의 방향 전환을 하지 말 것
⑦ 작업 전에 심압대가 잘 죄어 있는 지 확인한다.

(5) 세이퍼 작업

① 재료는 힘껏 물려 놓을 것
② 바이트는 가급적 짧게 물릴 것
③ 조작중 완성면을 손가락으로 만지지 말 것
④ 칩이 튀어 나가지 않도록 칸막이를 세울 것
⑤ 작업중에는 바이트가 운동하는 방향에 서 있지 말 것
⑥ 보호 안경을 착용할 것
⑦ 가공품을 측정할 때는 기계의 회전을 멈출 것
⑧ 램은 필요 이상의 행정(바이트가 이동하는 거리)으로 조정하지 말 것
⑨ 시동하기 전에 행정을 조정하는 핸들을 빼놓을 것

(6) 공기구 작업

① 공기구는 기계의 힘을 응용한 것이기 때문에 활동 부분에는 항상 기름 또는 그리스를 삽입시키고 원활하게 움직이도록 한다.
② 정상 여부와 사용 가능 여부를 사용 전에 점검하고 이물질은 완전히 떼어낸다.
③ 사용할 때는 반드시 보호안경 및 방진마스크를 사용한다.
④ 밸브를 서서히 열어 속도를 조절하고 한번에 열어서는 안 된다.
⑤ 공기가 전달되는 호스가 꺾이거나 구부러져서는 안된다.
⑥ 공구 교체 또는 고장시에는 반드시 밸브을 꼭 잠그고 정비를 실시한다.

3 용접 작업

(1) 가스용접작업

① 봄베(가스통) 방청제를 바르지 않는다.

② 토치는 반드시 작업대 위에 놓고 기름이나 그리스가 묻지 않도록 한다.

③ 가스를 완전히 멈추지 않거나 점화된 상태로 방치해 두지 않는다.

④ 봄베(가스통)를 던지거나 넘어뜨리지 말 것

⑤ 산소용기의 보관온도는 40℃이하로 한다.

⑥ 반드시 소화기를 준비한다.

⑦ 아세틸렌 밸브를 먼저 열고 점화한 후 산소밸브를 연다.

⑧ 점화는 성냥불로 직접하지 않는다. (전용 숫돌 사용)

⑨ 산소 용접할 때는 역류, 역화가 일어나면 빨리 산소 밸브부터 잠근다.

⑩ 운반할 때는 전용 운반차량을 사용한다.

(2) 산소-아세틸렌 작업

① 산소는 산소병에 35℃에서 150기압으로 압축 충전한다.

② 아세틸렌의 사용 압력은 1기압이며, 1.5기압 이상이면 폭발할 위험이 있다.

③ 산소 봄베에서 산소의 누출여부를 확인할 때는 비눗물을 사용한다.

④ 산소통의 메인 밸브가 얼었을 때는 60℃이하의 물로 녹여야 한다.

⑤ 아세틸렌 호스는 적색, 산소 호스는 녹색으로 구분한다.

(3) 카바이트 작업

① 밀봉해서 보관한다.

② 인화성이 없는 곳에 보관한다.

③ 저장소에 전등을 설치할 경우 방폭 구조로 한다.

④ 카바이트를 습기가 있는 곳에 보관을 하면 수분과 카바이트가 작용하여 아세틸렌 가스를 발생시키고 소석회로 변한다.

⑤ 카바이트 저장소에는 전등 스위치가 옥내에 있으면 폭발 위험이 있다.

06 작업장 안전 보건 조치사항

1 안전조치

(1) 안전조치를 해야 할 위험 요인
① 기계 기구 그 밖의 설비에 의한 위험
② 폭발성, 발화성, 인화성 물질 등에 의한 위험
③ 전기, 열 그 밖의 에너지에 의한 위험

(2) 떨어짐에 의한 위험의 방지(안전보건 규칙 제42조)
근로자가 떨어지거나 넘어질 위험이 있는 장소에서 작업을 하여 근로자가 위험해질 우려가 있는 경우, 비계를 조립하는 등의 방법으로 작업 발판을 설치하고, 곤란하다면 안전망을 설치하거나 안전대를 착용하도록 해야 함

(3) 낙하물에 의한 위험의 방지(안전보건규칙 제14조)
① 작업장의 바닥, 도로 및 통로 등에서 낙하물이 근로자에게 위험을 미칠 우려가 있는 경우, 보호망을 설치하는 등 필요한 조치를 해야 함
② 작업으로 물체가 떨어지거나 날아올 위험이 있는 경우, 낙하물 방지망, 수직 보호망 또는 방호 선반 설치, 출입금지구역 설정, 보호구 착용 등 위험을 방지하기 위하여 필요한 조치를 해야 함

(4) 안전 보건 표지의 설치
① 근로자가 쉽게 식별할 수 있는 장소 시설 또는 물체에 설치 부착되어야 함
② 흔들리거나 쉽게 파손되지 않도록 설치, 부착해야함
③ 안전보건 표지의 성질상 설치 또는 부착의 곤란할 경우, 물체에 직접 도장할 것

07 농작업 안전사고 예방

1 농작업의 특성

① 노동집약적인 작업특성
② 농번기/수확기 등 특정기간에 집중되는 작업
③ 고령화 및 여성 농업인 증가
④ 제한된 인력에 따른 작업량 증가
⑤ 표준화되어 있지 않고 비연속적인 작업특성

2 농작업 안전사고 요인과 안전행동 요령

① 농업기계 사고(사용자 60%이상이 사고 경험) : 경운기〉트랙터〉제초기
② 부상 신체 부위 : 팔, 손, 손가락, 발가락 등 기타
③ 사고발생원인 : 부주의, 열악한 작업 여건, 운전미숙 등
④ 재해발생 형태 : 넘어짐, 감김, 끼임, 떨어짐 등
⑤ 사망사고 형태 : 떨어짐, 교통사고, 감김, 끼임
⑤ 재해 취약시간 : 오전 10~12시, 오후 2~4시

3 농업기계 사고예방과 안전사용법

(1) 농업기계 사고예방을 위한 운전자 준비사항

① 정확한 안전장구 착용
② 안전모 : 농업기계 전복 또는 작업중 머리에 충격에 대한 예방
③ 몸에 맞는 옷 : 늘어진 옷으로 인해 농업기계에 말려 들어가지 않도록 해야 함
④ 안전화 : 농기구가 떨어지거나 발 등이 기계에 끼는 사고 예방
⑤ 운전 미숙련자는 반드시 다른 사람의 도움으로 연습 후 운전
⑥ 피로한 상태 또는 음주 상태에서 농업기계 조작 금지
⑦ 조작 전 반드시 농업기계에 부착된 안전주의 명판 및 사용 설명서 숙지
⑧ 농업기계 관련된 교육 수강

(2) 농업기계 안전사용

① 농업기계 작업은 진동 소음이 많고 지속적으로 신경을 집중함에 따라 쉽게 피로해지며 집중력이 저하되므로 바쁘더라도 일정한 휴식을 취하며 작업한다.
② 혼자 작업할 경우 사고시 발견이 늦어 큰 사고로 진전될 수 있으므로, 비상연락이 가능하도록 조치해야 한다.
③ 야광반사판을 반드시 부착하고, 방향지시등, 비상등 작동을 수시로 점검한다.
④ 고령자는 어두운 곳에서 시력 시야가 감소되므로 어스름한 저녁이나 야간 운전시 특히 주의한다.
⑤ 농업기계 교통사고에 주의해야한다.

(3) 경운기 재해예방과 안전사용법

① 차폭이 좁아 작업 또는 운전 중 넘어짐 등 위험성이 높음
② 운전자를 보호하기 위한 안전장비 미비
③ 후진시 핸들이 돌아가거나 급격히 꺾여 넘어짐 또는 운전자 끼임이 발생
④ 운전석 및 트레일러에 운전자 이외의 탑승을 하지 않도록 조치
⑤ 도로주행 시 도로교통법 준수 및 음주운전 금지

(4) 작업 전 주의사항

① 경운기 기능에 악영향을 줄수 있는 외부 또는 내부 기계류의 임의 개조 금지
② 사전 환기 조치하며, 환기가 불충분한 곳에서는 예열 운전이나 작업을 금지하고 환기가 될 수 있도록 조치
③ 경운기 트레일러에는 사람의 탑승 금지
④ 운전자가 뛰어 올라 타거나, 뛰어내리는 행위 금지
⑤ 트레일러 장착 시마다 히치 취부 고정핀 확인

(5) 작업 중 주의사항

① 타이어 조정폭을 넓혀 안전한 상태로 작업한다.
② 급출발, 급정지, 급방향전환을 금한다.
③ 지반이 약한 도로나 풀이 많은 도로는 되도록 주행을 삼가한다.
④ 비가 내릴 경우에는 운전자의 시야를 가릴 수 있으므로 운행하지 않거나 서행 운행한다.
⑤ 비탈길에서는 일단 멈추고 변속하여 저속으로 주행한다.
⑥ 비탈길에서는 저속 상태에서 엔진브레이크를 사용한다.

⑦ 비탈길에서는 조향클러치 조작을 자제하고 핸들로 조작하여 방향을 전환한다.
⑧ 위험지역에서 후진할 때는 유도자를 두어 신호에 따라 저속으로 진행한다.
⑨ 후진 시 핸들이 튀어오르는 경우가 발생하므로 엔진속도를 낮추고 핸들을 누르면서 천천히 클러치를 연결한다.
⑩ 후진시에는 반드시 후방의 기둥, 나무 등 장애물을 꼭 확인한다.

08 방제 안전사고 예방

1 농약 안전사고 유형

① 음용(마시는 사고)
② 방제 시 호흡으로 인한 흡입
③ 방제 중 이동으로 인한 넘어짐 등

2 농약 살포기 안전 준수사항

① 농약 희석 살포 시 바람을 등지고 작업한다.
② 농약 사용설명서 필독
③ 농약 살포전 건강 상태 확인
④ 불침투성 보호의, 보호장갑, 보호안경, 보호장화, 방진 마스크 착용
⑤ 기온이 높을 때 작업금지
⑥ 1시간 작업후 10분 휴식
⑦ 농약 살포시 흡연이나 음식물 섭취 금지
⑧ 노즐이 막혔을 시 입으로 불거나 빠는 작업 금지
⑨ 농약은 전용 용기에 넣고 지정된 안전장소 보관
⑩ 농약과 장비는 통풍이 잘되는 장소에 보관하고 자물쇠로 잠금
⑪ 농약 용기에 잘보이도록 경고 표시
⑫ 농약 빈병 반드시 회수
⑬ 농약 개봉시 몸에 묻지 않도록 하고 희석 용량 준수
⑭ 피부 노출 금지

3 농약 중독 사고 예방대책

(1) 농약 중독 증상

① 경증 : 두통, 현기증, 구토, 머리가 무겁고 몸이 나른하고 처짐 현상
② 중등증 : 구토, 복통, 설사, 고열, 홍열, 머리가 멍하고 땀과 침이 많이 남, 눈이 빨갛고 아픔, 피부에 수포 발생 등
③ 중증 : 의식을 잃음, 전신의 경련, 입에 거품, 호흡과 맥박이 빨라짐

(2) 농약 살포 후 안전 대책

① 수건은 구분하여 사용
② 손과 얼굴을 잘 씻고 양치질을 함
③ 살포 후 목욕 또는 샤워

09 사고 시 응급처치

1 응급처치 순서

① 응급상황인지 아닌지 확인한다.
② 환자상태를 판단한다.
③ 환자의 상태가 위급하다고 생각되면 119에 전화하여 구급차를 요청한다.
④ 안전한 장소로 환자를 옮긴다.
⑤ 환자의 상태를 파악하고 어떤 조치가 필요한지를 즉시 결정한다.
⑥ 응급처치를 실시한다.

2 응급조치 사항

(1) 출혈 응급처치

① 환자를 담요로 보온하고 즉시 병원으로 이송한다.
② 5분 이상 출혈부위를 직접 압박 지혈, 출혈 부위를 심장보다 높게 들어 올린다.
③ 지혈대는 절단 등 생명이 위급할 때만 사용, 상처에서 심장 쪽으로 적용, 지혈대 사용시간을 기록하고 병원으로 이송한다.

(2) 심폐소생술

① 손바닥 중앙을 흉부의 정중앙에 놓고 손가락이 가슴에 닿지 않도록 한다.

② 팔을 쭉 펴고 수직으로 분당 100~200회의 속도로 가슴을 5~6cm깊이로 눌러준다.

③ 흉부압박을 30회 실시한다.

④ 머리를 뒤로 젖히고 턱을 들어 올려 기도를 열어준다.

⑤ 환자의 코를 막고 인공호흡을 2회 실시한다.

③→④→⑤을 119구급대원이 현장에 도착할 때까지 반복한다.

(3) 뾰족한 물체에 찔렸을 때의 응급처치(자상)

① 칼이나 창과 같은 예리한 물체에 찔려서 입은 상처는 감염의 위험성이 크다.

② 녹이 슬었거나 지저분한 못에 찔렸을 때는 파상풍 예방주사 접종을 한다.

③ 빠지지 않는 상태이면 물체를 뽑지 않고 수건 등으로 찔린 곳을 고정하고 병원으로 후송한다.

(4) 절단 시 응급처치

① 절단 부위를 소독된 거즈에 싸고 비닐에 담아 밀봉한다.

② 더 큰 용기에 물을 담고 얼음을 띄워 차갑게 하고 밀봉된 절단 부위를 넣고 접합 전문병원으로 후송한다.

(5) 화상시 응급조치

① 즉시 화상부위를 차게하고 흐르는 물에 식한다.

② 옷이나 양말은 그 위로 물을 끼얹어 냉각시킨 후 벗기기 힘들면 가위로 자른다.

③ 2도 화상으로 생긴 수포는 터뜨리지 않는다.

④ 환부를 충분히 냉각, 아무것도 바르지 않은채로 의사에게 의뢰한다.

⑤ 119구급차량을 이용하여 화상치료가 가능한 병원으로 후송한다.

10 측정기

1 측정 방법

(1) 직접 측정과 비교 측정

① **직접 측정** : 실물의 치수를 직접 읽는 측정으로 마이크로미터, 버니어 캘리퍼스, 측장기, 각도자등이 있다.

② **비교 측정** : 실물의 치수와 표준치수의 차를 측정해서 실물의 치수를 아는 방법으로 다이얼게이지, 미니미터, 옵티미터, 공기 마이크로미터, 전기 마이크로미터 등이 있다.

(2) 측정 오차의 종류

오차의 원인은 고정 오차와 우연오차로 나눈다.

① **고정오차** : 측정기의 고유 오차, 측정자의 개인오차, 환경에 의한 오차

② **우연오차** : 복잡한 영향에 의한 오차

2 길이의 측정

(1) 선의 측정

① **버니어 캘리퍼스** : 내측, 외측, 깊이 등을 측정할 수 있으며, 미터식에서는 1/20(mm), 1/50(mm)까지 측정할 수 있다. 0.001mm까지 읽을 수 있다.

- M형 : 1/20(mm)까지 측정
- CB형 : 1/50(mm)까지 측정
- CM형 : 1/50(mm)까지 측정

그림 버니어 캘리퍼스

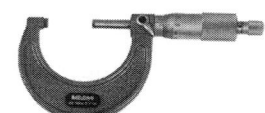
그림 마이크로미터

② **마이크로미터** : 마이크로미터는 정밀하게 만든 암나사와 수나사의 끼워맞춤을 응용한 정밀도가 높은 측정기이다. 0.01mm까지의 치수를 읽을 수 있다.

- 외경용, 내경용, 깊이용이 별도로 구성되어 있다.

③ **하이트 게이지** : 하이트 게이지는 정반 위에 설치하여 공작물에 평행선을 정확하게 긋거나 공작물의 높이 측정, 검사를 하는데 사용한다.

④ 다이얼 게이지 : 다이얼 게이지는 길이의 비교 측정에 사용되며 평면이나 원통형의 평활도, 원통의 진원도, 축의 흔들림 정도 등의 검사나 측정에 쓰이고 시계형, 부채꼴형이 있으나 시계형을 대부분 사용한다. 일반적으로 눈금은 원둘레를 100등분하여 1 눈금이 1/100mm를 나타내지만, 특수한 것은 1/1000mm까지 나타내는 것도 있다.

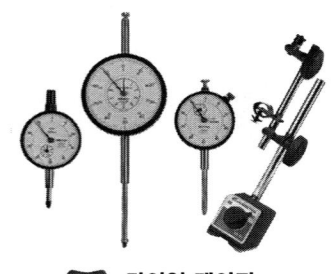

그림 다이얼 게이지

(2) 단면 측정

① 표준게이지
  - **블록게이지** : 각 면의 치수가 다른 육면체로 아주 정밀하게 다듬질되어 있다. 이들 각 면 몇 개를 조합, 밀착시켜 필요한 치수를 만들어 길이의 기준으로 정한다.
  - **표준 테이퍼 게이지** : 모스 테이퍼, 브라운 샤프 테이퍼, 내셔널 테이퍼등의 측정에 사용된다.

② **한계 게이지** : 제품을 가공할 때 치수대로 가공하기 어려우므로 허용 한계를 두게 되는데, 이 허용 한계를 쉽게 측정하는 게이지가 한계 게이지이다.

(3) 기타 측정기

① **시그니스 게이지** : 기계 조립시 부품 사이의 틈새 또는 좁은 홈 폭을 측정하는데 사용된다.
② **반지름 게이지** : 공작물의 라운딩 부분을 측정한다.
③ **드릴 게이지** : 장방향의 얇은 강판에 각종 치수의 구멍이 있어 드릴의 직경을 판정하는데 사용된다.
④ **와이어 게이지** : 각종 철강선의 굵기 및 박강판의 두께를 판정하는데 사용한다.
⑤ **피치 게이지** : 나사산과 나사산의 거리를 치수와 형상에 맞춰 측정, 판정하는데 사용한다.

3 각도의 측정

① **각도게이지** : 블록 게이지와 같이 2개 이상 밀착시켜 임의의 각도를 측정하는 형태의 게이지이다.
② **만능 각도 측정기** : 스토크와 블레이드 사이에 측정물을 넣어 본척과 부척에 의해 5′ 단위의 각도를 읽을 수 있다.

③ 수준기 : 수평이나 직각도를 간단히 조사하는 것으로 기포가 관내에서 항상 최고 위치에 있는 성질을 이용한 형태이다.
④ 사인바 : 직각 삼각형의 두변의 길이로 삼각함수에 의해 각도를 구하는 것으로 삼각법에 의한 측정에 많이 이용된다.
⑤ 콤비네이션 세트 : 강철자, 직각자 및 분도기 등을 조합하여 각도 측정에 사용된다.
⑥ 탄젠트바 : 일정한 간격 L로 놓여진 2개의 블록 게이지 H 및 h와 그 위에 놓여진 바에 의해 각도를 측정한다.

4 면의 측정

(1) 평면도의 측정

① 광선선반에 의한 측정방법
② 스트레이트에지에 의한 측정방법
③ 수준기에 의한 측정방법
④ 오토콜리미터에 의한 측정방법
⑤ 긴장강선에 의한 측정방법

(2) 표면 거칠기의 측정

① 표면 거칠기 표준편과 비교하는 방법
② 촉침법
③ 광절단법

5 나사의 측정

① 유효지름의 측정 : 나사 마이크로미터(직접 측정방법), 삼침법(간접 측정방법)
② 피치의 측정 : 피치게이지
③ 나사산의 각도 : 투영 검사기

11 수기 가공

1 금긋기 작업

- 금긋기 공구 : 정반, 서패이스 게이지, V블록, 직각자, 평행대, 스크루우 잭, 센터 펀치, 금긋기 바늘, 디바이더 등이 있다.

2 정작업

① 바이스 : 평형 바이스와 직립 바이스가 있다.
② 정의 종류 : 평정, 홈정이 있는데 날끝각은 단단한 재료를 절단할수록 큰 것을 택한다.

3 줄작업

(1) 줄의 종류

① 단면형에 의한 분류 : 평형, 원형, 반원형, 각형, 삼각형 등이 있다.
② 날의 종류에 의한 분류 : 홑줄날, 두줄날, 라스프 날, 곡선날 등이 있다.

(2) 줄의 작업

① 직진법 : 줄 다듬질 시의 최후에 하는 방법
② 사진법 : 줄을 오른쪽으로 기울여 전방으로 움직이는 절삭법으로, 절삭량이 커서 거친 깎기 또는 면깎기 작업에 적합하다.

4 탭작업

암나사를 손작업으로 만드는 방법을 탭작업이라 하고 수나사를 만드는 방법을 다이스작업이라고 한다.

① 탭(암나사)의 종류 : 등경 수동탭, 증경탭, 기계탭, 가스탭 등이 있다.
② 다이스(수나사)의 종류 : 솔리드 다이스, 조정 다이스가 있다.

PART 6 출제 예상 문제

01 다음은 일반적인 재해의 원인들이다. 생리적 원인이라 생각되는 것은?
① 조작자가 기계의 특징 및 성능을 잘 몰랐을 경우
② 처음부터 안전장치나 보호 장치가 없었을 경우
③ 작업자의 작업복이나 시설, 설비가 알맞지 않을 때
④ 과중한 노동 질병 등으로 조작자가 피로한 상태일 때

해설 생리적 원인은 신체의 조직이나 기능에 관련되는 사항으로 피로, 질병 등에 관련되어 발생하는 재해

02 산업재해가 발생되는 직접원인은 불안전 상태와 불안전 행동으로 크게 나눈다. 다음 중 불안전한 행동에 해당되지 않는 것은?
① 위험장소 접근
② 보호구의 잘못 사용
③ 안전보호 장치의 결함
④ 기계 기구의 잘못 사용

03 농기계 사고 발생의 3대 요인으로 볼 수 없는 것은?
① 인간적인 요인
② 기계적인 요인
③ 경험적인 요인
④ 환경적인 요인

해설 농기계 사고 발생 요인은 인간적인 요인, 기계적인 요인, 환경적인 요인이 있다.

04 다음 중 사고 발생 원인과 관계없는 것은?
① 산만한 상태
② 불안한 상태
③ 애매한 상태
④ 환경이 좋은 상태

05 다음 중 안전관리란 말을 가장 잘 설명한 것은?
① 안전을 확보하기 위하여 실태를 파악하는 안전 활동
② 근로자가 상해를 입을 수 있는 위험요소가 없는 상태
③ 생산을 둘러싼 각종 위험을 제거하여 이익을 확보하는 기술
④ 재해로부터 인간의 생명과 재산을 보호하기 위한 체계적인 제반활동

해설 안전관리란 산업재해를 방지하기 위해 실시하는 재해 방지대책이며, 안전관리를 지속적으로 추진한다면 재해로부터 인간의 생명과 재산을 보호할 수 있는 제반활동이다.

06 안전업무 중 사업주(경영주)의 의무사항이 아닌 것은?
① 국가에서 시행하는 산업재해 예방시책 준수
② 근로조건의 개선으로 적절한 작업환경 조성
③ 산업재해 예방을 위한 기준 준수
④ 산업재해 예방 계획의 수립

해설 산업재해 예방 계획의 수립은 고용노동부장관이 추진해야하는 사항이다.

Answer　1.④　2.③　3.③　4.④　5.④　6.④

07 안전사고의 개념에 해당되지 않는 사고는?
① 교통사고
② 화재사고
③ 작업 중 기계에 의한 사고
④ 폭풍우에 의한 가옥 도괴사고

해설 폭풍우에 의한 가옥 도괴사고는 자연재해에 해당된다.

08 안전사고에서 불안전한 행동인 것은?
① 심한 진동
② 기계의 소음
③ 보호구 미착용
④ 작업장의 어두운 조명

해설 심한 진동, 기계의 소음, 작업장의 어두운 조명등은 불안전한 환경에 해당된다.

09 안전사고 발생 원인 중 인적 요인에 속하는 것은?
① 기계 점검 정비의 미비
② 누적된 피로
③ 불안전한 작업 장소
④ 안전장치의 미비

해설 인적요인은 사람의 누적된 피로, 약물복용, 음주 등이 있다.

10 다음 중 안전사고의 정의와 거리가 먼 것은?
① 고의성에 의한 사고이다.
② 불안전한 행동이 선행된다.
③ 능률을 저하시킨다.
④ 인명이나 재산의 손실을 가져온다.

해설 안전사고란 안전교육 미비 또는 부주의에 의해 발생되는 사고를 말하며 고의성이 의한 사고는 안전사고에 해당되지 않는다.

11 감전되거나 전기 화상을 입을 위험이 있는 작업에서는 무엇을 사용하여야 안전한가?
① 보호구
② 구급용구
③ 신호기
④ 구명구

해설 직접적인 사고가 발생할 수 있으므로 보호구(보호장구)를 사용해야 한다.

12 안전작업이 필요한 가장 큰 이유는?
① 공구관리 철저
② 다량생산
③ 좋은 제품을 생산
④ 인명피해 예방

해설 안전작업이 필요한 가장 큰 이유는 인명피해를 예방하기 위함이다.

13 안전사고가 발생하는 요인으로 다음과 같은 것을 들 수 있다. 이 중 심리적 요인에 해당되는 것은?
① 신경계통의 이상
② 감정
③ 극도의 피로감
④ 육체적 능력의 효과

14 안전작업에 관한 사항 중 틀린 것은?
① 해머작업하기 전에는 반드시 주의를 살핀다.
② 숫돌 작업은 정면을 피해서 작업한다.
③ 사다리 각도는 75° 이내로 하고 미끄러지지 않게 한다.
④ 긴 물건을 운반할 때 뒤쪽을 위로 올리고 운반한다.

해설 긴 물건을 운반할 때는 뒤쪽을 아래로 내리고 운반해야 사고를 예방할 수 있다.

Answer 7.④ 8.③ 9.② 10.① 11.① 12.④ 13.② 14.④

15 공장 내 안전표지를 부착하는 이유는?

① 능률적인 작업을 유도하기 위하여
② 인간 심리의 활성화 촉진
③ 인간 행동의 변화 통제
④ 공장 내 환경정비 목적

해설 안전표지는 인간 행동의 변화를 통제함을 목적으로 한다.

16 산업안전관리의 의의에 해당되지 않는 것은?

① 인적 물적인 재해예방
② 근로자의 생명과 신체보전
③ 근로자의 생활 유지발전
④ 공공사회 질서 유지

해설 산업재해가 일어날 가능성이 있는 건물. 장치, 기계 재료 등의 손상, 파괴에 기인하는 잠재 위험성을 배제해서 안전성을 확보하고 재해방지를 위한 활동

17 다음 중 작업 환경의 구성요소가 아닌 것은?

① 조명
② 소음
③ 연락
④ 채광

해설 작업환경의 구성요소는 조명의 밝기, 소음의 정도, 채광정도 등이 해당된다.

18 감전사고로 의식불명의 환자에게 알맞은 응급조치는 어느 것인가?

① 전원을 차단하고, 인공호흡을 시킨다.
② 전원을 차단하고, 찬물을 준다.
③ 전원을 차단하고, 온수를 준다.
④ 전기충격을 가한다.

해설 감전사고로 의식불명의 환자가 발생하면 전원을 차단하고 인공호흡을 실시해야 한다.

19 참모식 안전관리 조직의 설명으로 올바르지 못한 것은?

① 300명 정도의 기업규모에서 적용된다.
② 안전관리자 스스로 생산라인에서 안전 업무를 추진한다.
③ 안전에 관한 지식과 기술개발, 축적이 가능하다.
④ 안전과 생산을 별개로 취급하기 쉽다.

해설 안전관리자는 직원들이 생산라인에서 안전하게 업무를 추진할 수 있도록 지도해야한다.

20 안전관리의 기본이념은 인명존중에 있으며, 안전관리 목적을 실현시키는 것이다. 이에 해당되지 않는 것은?

① 사회복지의 증진
② 인적 재산손실 예방
③ 작업환경 개선
④ 경제성의 향상

해설 안전관리의 인명존중을 위한 방법으로 사회복지의 증진, 인적 재산손실 예방, 경제성의 향상 등이며, 작업환경 개선은 해당되지 않는다.

21 안전교육 계획을 수립할 때 포함 시키지 않아도 되는 것은 어느 것인가?

① 교육시간
② 교육내용
③ 교육대상자
④ 연락방법

해설 안전교육 계획수립에 필요한 사항은 교육시간, 교육내용, 교육대상자, 장소 등이 포함되지만 연락방법은 포함되지 않는다.

Answer 15.③ 16.④ 17.③ 18.① 19.② 20.③ 21.④

22 안전교육의 종류와 내용이 알맞게 짝지어진 것은?

① 지식교육 – 기계장치의 조작법
② 문제해결 교육 – 설비의 구조, 기능, 성능의 개념 형성
③ 태도교육 – 의욕을 부여해 줌
④ 기능교육 – 원인 탐구 및 대책 순서 지도

해설
- **지식교육**: 설비의 구조, 기능, 성능의 개념 형성
- **문제해결교육**: 원인 탐구 및 대책 순서 지도
- **기능교육**: 기계장치의 조작법

23 다음 중 안전관리조직의 형태에 속하지 않는 것은?

① 감독형   ② 직계형
③ 참모형   ④ 복합형

해설 〈안전관리조직의 형태〉
- **직계형**: 계선식 조직으로 100인 미만 사업체에 적용
- **참모형**: 500~1000명인 사업체에 적용
- **복합형(계선참모형)**: 직계형과 참모형의 혼합형으로 1000명이상 업체인 대기업에 적용

24 공장 내 안전표지를 부착하는 이유는?

① 능률적인 작업을 유도하기 위하여
② 인간 심리의 활성화 촉진
③ 인간 행동의 변화 통제
④ 공장 내 환경정비 목적

해설 안전표지를 부착하는 이유는 인간의 행동 변화를 통제하기 위한 것임

25 다음 산업재해 통계 중 어느 일정한 시간 안에 발생한 재해 발생의 빈도를 나타내는 것은 어느 것인가?

① 천인율   ② 강도율
③ 도수율   ④ 연천인율

해설 도수율(빈도율): 도수율은 연 100만 근로시간당 몇건의 재해가 발생했는지를 나타낸다.

$$도수율 = \frac{재해자수}{연근로시간수} \times 1,000,000$$

26 작업장에서 안전수칙을 준수함으로써 얻을 수 있는 것 중 틀린 것은?

① 인간의 생명을 보호한다.
② 기업의 경비를 절감한다.
③ 기업의 재산을 보호한다.
④ 천인율을 증가시킨다.

해설 안전수칙을 준수하면 천인율은 감소한다.

27 사고의 원인 중 인간의 결함에 의한 것은 무엇인가?

① 불충분한 덮개
② 조명 불량
③ 주의 산만
④ 재료 불량

해설 사고의 원인 중 인간의 결함에 의한 사항은 주의 산만이다.

28 사고의 요인 중 기계의 결함에 의한 것은 무엇인가?

① 공작상의 결함
② 혐오감
③ 격렬한 기질
④ 흥분성 기질

해설 혐오감, 격렬한 기질, 흥분성 기질 등은 심적인 요인에 해당된다.

Answer 22.③ 23.① 24.③ 25.③ 26.④ 27.③ 28.①

29 사고의 연쇄성을 잘 나타낸 것은?
① 환경 → 심신의 결함 → 불안전한 행동 → 사고
② 환경 → 불안전한 행동 → 심신의 결함 → 사고
③ 불안전한 행동 → 심신의 결함 → 환경 → 사고
④ 불안전한 행동 → 환경 → 심신의 결함 → 사고

해설 사고의 연쇄성의 1단계는 사회적 환경 및 유전적 요인, 2단계는 개인적 결함, 3단계는 불안전한 행동과 상태, 4단계는 사고, 5단계는 재해이다.

30 기계작업에서 적당하지 않은 것은?
① 구멍깍기 작업 시에는 기계 운전 중에도 구멍을 청소할 것
② 작동 중에는 다듬면을 검사하지 말 것
③ 치수 측정은 작동 중에 하지 말 것
④ 베드 및 테이블 윗면을 공구대 대용으로 사용하지 말 것

해설 구멍깍기(드릴) 작업 시에는 기계 운전 중에 절대 구멍을 청소하면 안 된다.

31 재해 빈발 발생자에 대한 대책 중 가장 적당한 것은?
① 업무를 바꾸어 준다.
② 강경한 행정 조치를 취한다.
③ 휴가를 주어 심신의 피로를 풀어 준다.
④ 권고 사직시킨다.

해설 재해가 반복적으로 자주 발생하는 사람에게는 업무를 변경해주는 것이 좋다.

32 다음 중 분진에서 오는 직업병이 아닌 것은?
① 규폐증 ② 난청
③ 납중독 ④ 피부염

해설 분진으로 인한 피부접촉, 폐 관련 질환 등이 발생할 수 있으며, 난청은 소음으로 인한 직업병이다.

33 가스의 누설검사에 사용하기에 알맞은 것은?
① 촛불
② 비눗물
③ 뜨거운 물
④ 침

해설 산소의 누출여부를 확인할 때는 비눗물을 사용한다.

34 가스, 증기, 분진 등 폭발의 위험이 있는 장소의 조치사항과 관계가 없는 것은?
① 배수장치
② 제진장치
③ 통풍장치
④ 환기장치

해설 가스, 증기에 의한 조치사항은 환가 통풍장치를 설치하는 것이고, 분진에 의한 조치사항은 제진장치를 설치한다.

35 다음 가스 중 독성이 가장 강한 것은?
① 염소
② 일산화질소
③ 포스겐
④ 브롬메틸

해설 포스겐은 독가스로 활용되는 가스이다.

36 다음 전동장치 중 재해가 가장 많이 나타날 수 있는 것은?
① 벨트
② 기어
③ 차축
④ 풀리

해설 전동장치 중 재해가 가장 많이 발생하는 장치는 벨트이다.

Answer 29.① 30.① 31.① 32.② 33.② 34.① 35.③ 36.①

37 작업장에서 안전보호구 착용상태를 설명한 것이다. 옳은 것은?
① 안전화 대신 슬리퍼를 착용해도 된다.
② 귀마개 대신 이어폰을 사용한다.
③ 날씨가 더우면 분진이 많아도 분진 마스크를 하지 않아도 된다.
④ 낙하 위험 작업장에서 안전모를 착용한다.

해설 낙하 위험 작업장에서는 안전띠와 안전 고리를 활용하여 신체의 낙하를 예방해야한다.

38 방독 마스크를 사용할 수 없는 조건은?
① 산소의 농도가 16% 이하인 장소
② 산소의 농도가 18% 이하인 장소
③ 산소의 농도가 20% 이하인 장소
④ 산소의 농도가 21% 이하인 장소

해설 방독 마스크는 산소농도가 18%이상인 장소에서는 사용할 수 있다.

39 호흡용 보호구의 종류가 아닌 것은?
① 방진 마스크
② 방독 마스크
③ 흡입 마스크
④ 공기 마스크

해설 호흡용 보호구는 여과식, 급기식, 기타마스크류로 나누어진다.
• 여과식 : 방진마스크, 방독마스크
• 급기식 : 송기마스크(호스마스크), 공기 산소호흡기
• 기타 마스크류 : 피난탈출용 호흡기

40 다음 사항 중 소음크기의 측정단위는?
① L
② PPM
③ dB
④ mg/m²

해설 소음의 크기를 측정하는 단위는 dB(데시벨)을 사용한다. L: 부피, mg/m² 압력, PPM : 농도

41 안전화는 인체의 어느 부위의 보호를 목적으로 하는가?
① 손
② 무릎
③ 가슴
④ 발

해설 안전화는 발을 보고하기 위한 보호 장구이다.

42 수공구 사용 시에 적당하지 않은 것은?
① 좋은 공구를 사용할 것
② 해머의 쐐기 유무를 확인할 것
③ 해머의 사용면이 넓어진 것을 사용할 것
④ 스패너를 너트에 잘 맞는 것을 사용할 것

해설 해머의 사용면이 넓어진 것은 오래 사용하여 새것으로 교체를 하여 사용해야 한다.

43 내연기관 취급 시 발생하기 쉬운 사고들 중 조작자 부상의 원인이 될 수 있는 것은?
① 운동부분 및 동력 전달장치와의 접촉
② 전기계통의 접지불량
③ 배기가스의 흡입
④ 운전 중 연료보급

해설 모두 사고의 원인이 될 수 있지만 조작자의 부상이 가장 많은 발생하는 사고는 운동 부분 및 동력 전달 장치 같은 회전부의 접촉이다.

44 트랙터 트레일러 밖으로 물건이 나온 것을 그대로 운반하고자 할 때 어떤 색으로 위험표시를 하는가?
① 청색   ② 노란색
③ 흰색   ④ 빨간색

해설 빨간색 : 화재 방지에 관계되는 물건에 나타내는 색으로 방화표시, 소화전, 소화기, 화재경보기 등이 있으며 정지표지로 긴급정지버튼, 정지신호, 통행금지, 출입금지등 위험 장소나 부위에 사용

Answer   37.④   38.①   39.③   40.③   41.④   42.③   43.①   44.④

45 동력경운기 관련 재해를 예방하기 위한 주의사항으로 올바른 것은?

① 정비를 위해 커버를 분리할 때 엔진 정지 후 안전하게 분리한다.
② 엔진이 뜨거운 동안에 급유 및 주유를 실시하여 시간의 낭비를 막는다.
③ 작업자가 많고 이동거리가 멀 경우 경운기 트레일러에 사람을 태워 이동한다.
④ 타이어는 취급 설명서에 기재된 공기압 이상으로 주입하여 과적에도 문제가 없도록 한다.

해설 동력경운기를 점검, 정비할 때, 급유, 주유할 때에는 엔진을 정지한다. 이동거리가 멀지라도 농업기계의 탑승인원은 1명이다. 타이어는 취급설명서에 맞도록 공기압을 주입하고 과적하지 않도록 한다.

46 동력경운기의 사고 발생 빈도가 가장 높은 원인은?

① 안전지식 부족
② 운전 미숙
③ 기계불량
④ 무리한 운행

해설 동력경운기의 사고발생 빈도가 가장 높은 것은 운전 미숙이다.

47 지게차의 안전운행 조건으로 잘못된 것은?

① 포크 위에 사람을 태워 약간의 전후진은 안전하다.
② 운전원 외의 어떠한 자도 절대 승차시키지 않는다.
③ 경사진 위험한 곳에 장비주차를 하면 안 된다.
④ 주행 시 포크는 반드시 내리고 운전한다.

해설 포크 위에는 사람을 태워 전후진 하면 절대로 안 된다.

48 트랙터에서 상해빈도가 가장 높은 부위는?

① 머리
② 다리
③ 발
④ 손

해설 트랙터는 지상고가 높기 때문에 다리를 다칠 확률이 가장 많고 상해빈도도 높다.

49 통로의 구조에서 이동식 사다리식 통로의 기울기는 몇도 이하로 하는가?

① 30°
② 50°
③ 75°
④ 90°

해설 사다리의 기울기 각을 물어볼 때는 15°이지만 통로의 기울기를 물어볼 때는 75°로 답해야 한다.

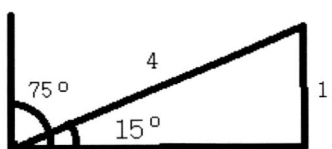

50 다음 수공구의 작업 중 옳은 것은?

① 조절렌치(몽키 스패너)는 밀면서 작업한다.
② 숫돌과 받침대 간격은 3mm이하로 작업한다.
③ 숫돌작업은 가능한 정면에서 작업한다.
④ 스패너의 힘이 약할 때에는 두 개로 연결해서 사용한다.

해설 조절 렌치(몽키 스패너)는 당기면서 작업한다.
숫돌과 받침대 간격은 3mm이하로 작업한다.
숫돌작업은 가능한 측면서서 작업한다.
스패너의 힘이 약할 때에는 복스와 복스렌치를 활용하여 사용한다.

Answer 45.① 46.② 47.① 48.② 49.③ 50.②

51 안전표지에 있어서 노란색이 표시하는 뜻은?
① 정지   ② 방화
③ 주의   ④ 유도

해설
- 빨간색 : 정지
- 주황색 : 위험
- 노란색 : 주의
- 청 색 : 임의로 조작하면 안 되는 지역에 표시
- 녹 색 : 대피장소 또는 방향을 표시, 지도표시 등
- 흰 색 : 통로의 표지, 방향지시
- 흑 색 : 위험표지의 글자, 보조색 등에 사용
- 보라색 : 방사능 등의 표시에 사용

52 수공구 취급에 대한 안전수칙 중 잘못된 것은?
① 줄 작업 시 절삭 칩은 입으로 불지 않는다.
② 해머 자루에는 쐐기를 박아 사용한다.
③ 정 작업 시 정의 머리 부분에 기름이 묻지 않도록 한다.
④ 작업 중 바이스를 조여 줄 필요는 없다.

해설 수공구인 바이스를 사용할 때 작업 중 작업물이 조금이라도 움직이면, 조여 움직이지 않도록 한 후 작업해야 안전하다.

53 다음 공구 중에서 일반 공구와 분리해서 보관하는 것은?
① 구리망치
② 센터펀치
③ 바이스 플라이어
④ 강철자

해설 측정공구는 일반 공구와 분리하여 보관해야 한다.

54 스패너 사용법 중 틀린 것은?
① 자세는 몸의 균형을 잡아야 한다.
② 스패너의 입은 너트의 치수에 맞는 것을 사용한다.
③ 스패너를 해머대신 사용은 금한다.
④ 스패너로 너트를 풀 때 조금씩 밀어서 푼다.

해설 스패너를 사용할 때는 풀 때와 쪼일 때 동일하게 당기는 방향으로 풀어야 한다.

55 다음은 수공구의 사용 후 안전취급에 관한 규칙이다. 틀린 것은?
① 지정된 장소에 보관한다.
② 정리 정돈하여 공구의 종류 및 수량을 확실히 파악한다.
③ 사용 후에는 반드시 점검하고 수리하여 둔다.
④ 안전한 구석에 놓아둔다.

해설 수공구를 사용한 후에는 안전하고 지정된 곳에 보관해야 한다.

56 다음 드라이버 작업에 대한 설명 중 안전에 위반되는 사항은?
① 드라이버의 날 끝이 나사 홈의 너비와 길이에 맞는 것을 사용한다.
② 나사를 조일 때는 나사 홈에 수직으로 대고 한손으로 가볍게 돌린다.
③ 드라이버 날 끝의 이가 빠진 것이나 둥글게 된 것은 사용하지 않는다.
④ 녹이 슬어 움직이지 않는 나사는 드라이버를 대고 망치로 충격을 가한 다음 작업한다.

해설 녹이 슬어 움직이지 않는 나사는 드라이버를 대고 망치로 충격을 가하면 안 된다. 녹이 발생하게 되면 나사의 부피가 확장되어 조임이 더 강해지므로 윤활유를 도포하여 윤활을 확보한 후에 나사를 풀어야 한다.

57 수공구 사용 후 보관방법으로 옳은 것은?
① 사용 후 물에 깨끗이 닦아서 둔다.
② 사용 후 깨끗이 닦아서 지정된 장소에 둔다.
③ 적당한 습기가 있는 곳에 보관한다.
④ 사용 후 그대로 두어도 무방하다.

해설 수공구는 사용 후 깨끗이 닦아서 지정된 장소에 보관을 하는 것이 좋다.

Answer 51.③ 52.④ 53.④ 54.④ 55.④ 56.④ 57.②

58 공구 사용 후의 정리정돈법이다. 가장 좋은 방법은?

① 창고 입구에 보관한다.
② 공구 상자에 보관한다.
③ 통풍이 좋은 임의의 장소에 보관한다.
④ 방풍이 잘된 임의의 장소에 보관한다.

해설 보기 내용 중에서 가장 적합한 방법은 공구상자에 보관하는 것이다.

59 일반공구의 사용법 및 관리에 대한 설명 중 적합하지 않은 것은?

① 공구는 사용 전에 반드시 점검해야 한다.
② 공구는 작업에 적합한 것을 사용해야 한다.
③ 손이나 공구에 기름이 묻었을 때는 완전히 닦은 후에 사용한다.
④ 사용 후에는 창고의 아무 곳에나 걸어둔다.

60 해머 작업 시 안전작업에 위배되는 것은?

① 장갑을 끼고 해머를 사용하지 말 것
② 처음부터 힘들이지 말고 차차 타격을 할 것
③ 열처리된 재료는 강하게 때릴 것
④ 해머의 공동작업은 호흡을 맞출 것

해설 열처리된 재료는 경화되어 있는 상태이기 때문에 재료가 깨질 수 있으므로 타격을 가하면 안 된다.

61 해머 작업에 있어서 안전작업 사항으로 어긋나는 것은?

① 해머를 휘두르기 전에 반드시 주위를 살핀다.
② 불꽃이 생기거나 파편이 생길 수 있는 작업에서는 반드시 보호 안경을 써야 한다.
③ 좁은 곳이나 발판이 불안한 곳에서 해머 작업을 하여서는 안 된다.
④ 해머 작업 시 타격 가공할 때 눈은 해머 머리 부분을 본다.

해설 눈은 해머 머리 부분을 보는 것이 아니라 타격하는 부분을 주시하고 타격한다.

62 줄 작업 시 주의사항이 아닌 것은?

① 작업물을 바이스에 완전히 물린다.
② 솔질은 결과 수직방향으로 한다.
③ 신품의 줄은 연한 재질에 줄질을 하여 길을 들인 후 사용한다.
④ 함석과 같은 얇은 철판을 자를 때는 길이로 밀어서 자른다.

해설 솔질은 결과 수평방향으로 한다.

63 다음 중 공구사용으로 발생되는 재해를 막기 위한 방법이 아닌 것은?

① 결함이 없는 공구 사용
② 작업에 적당한 공구를 선택사용
③ 공구의 올바른 취급과 사용
④ 공구는 임의의 것을 사용

해설 공구는 임의의 것을 사용하지 않고 적당한 공구를 선택하여 사용해야 한다.

64 보호안경을 착용해야 할 작업으로 다음 중 가장 적당한 것은?

① 기화기를 차에서 뗄 때
② 변속기를 차에서 뗄 때
③ 장마철 노상운전을 할 때
④ 배전기를 차에서 뗄 때

해설 눈의 이물질이 들어가는 것을 예방하기 위한 보호안경을 착용한다. 변속기를 때낼 때 하부에서 작업을 해야 하기 때문에 눈으로 변속기어오일이 들어갈 수 있기 때문에 보호안경을 착용해야 한다.

65 다음은 수공구의 사용 전 유의 사항이다. 틀린 것은?
① 공구의 성능을 충분히 알고 있을 것
② 작업에 적합한 공구를 선택할 것
③ 장비 상태의 이상 여부를 확인 할 것
④ 기름을 충분히 칠 할 것

해설 수공구에는 기름을 칠하지 않는다.

66 에어 콤프레셔의 취급 시 안전사항에 위배되는 것은?
① 사용하고 남은 압축공기는 다음 날 사용한다.
② 정기적으로 안전밸브와 자동압력 조정기를 검사한다.
③ 기동 시에는 언로더 밸브를 열고 기동하고 기동이 된 후 언로더 밸브를 잠근다.
④ 정기적으로 윤활유의 양과 질을 검사하고 불량하면 교환한다.

해설 언로더 밸브는 감액밸브로 기동할 때는 잠가야한다.

67 전동공구 및 공기공구의 취급 안전에 관한 사항으로 틀린 것은?
① 감전 사고에 주의한다.
② 전선 코드의 취급을 안전하게 한다.
③ 회전하는 공구는 적정 회전수로 사용한다.
④ 콤프레셔의 압축된 공기의 물 빼기를 할 때는 고압 상태에서 배수 플러그를 조심스럽게 푼다.

해설 콤프레셔의 압축된 공기의 물 빼기를 할 때는 언로더 밸브를 사용하여 압력을 제거한 후에 플러그를 조심스럽게 풀어 제거한다.

68 전동기 사용 시 가장 안전하지 못한 사항은?
① 온도가 높으면 물수건으로 식힐 것
② 온도가 높으면 부하를 줄일 것
③ 윤활유를 점검할 것
④ 정전 시에 스위치를 차단할 것

해설 전기장치에는 물수건을 냉각시켜서는 안 되며 수분의 접촉을 최대한 피해야 한다.

69 그라인더 숫돌차를 설치할 때 주의사항 중 틀린 것은?
① 숫돌차를 두들겨보아 맑은 소리가 나는 것을 사용한다.
② 그라인더 축과 숫돌차 구멍의 간극은 0.1~0.15mm이내이면 정상이다.
③ 설치 후 회전 균형이 맞지 않으면 투루밍을 설시한 후 사용한다.
④ 설치 후 1분정도 공회전 시켜 이상유무를 확인한 다음 사용한다.

해설 그라인더 숫돌차를 설치 후 3~5분 정도 공회전시켜 이상유무를 확인해야 한다.

70 다음은 연삭숫돌의 검사종류와 검사방법에 대한 설명이다 검사방법이 바르지 못한 것은?
① 외관검사는 균열, 이물질, 수분 등의 유무를 육안으로 살펴본다.
② 균형검사는 회전 중 떨림을 조사하며 이상이 있을 시 균형추로 조절한다.
③ 음향검사는 볼핀해머로 숫돌을 두들겨 울리는 소리로 이상 유무를 진단한다.
④ 회전검사는 사용속도의 1.5배로 3~5분간 회전 시켜 원심력에 의한 파괴여부를 검사한다.

해설 음향검사는 나무 해머로 가볍게 두드려 보아 맑은 음이 나는지 확인한다.

Answer 65.④ 66.③ 67.④ 68.① 69.④ 70.③

PART 6 안전관리 일반

71 연삭숫돌을 고정할 때 주의할 사항으로 틀린 것은?
① 플랜지와 숫돌 사이에 종이나 고무를 끼운 후 숫돌을 고정한다.
② 나무해머로 숫돌차를 가볍게 두드려 상처의 유무를 확인한다.
③ 숫돌차에 붙어 있는 종이라벨을 떼어낸 후 고정한다.
④ 숫돌차는 정확히 평행하도록 끼운다.
  해설 플랜지와 숫돌 사이에 종이나 고무를 모두 제거한 후에 숫돌을 고정해야 한다.

72 연삭숫돌 작업 중 숫돌이 파손되는 원인이 아닌 것은?
① 숫돌과 공작물 재질이 맞지 않을 때
② 숫돌 커버가 없을 때
③ 숫돌 측면에 대고 작업할 때
④ 숫돌 회전수가 규정이상 일 때
  해설 숫돌과 공작물 재질이 맞지 않을 때 숫돌 측면에 대고 작업을 할 때, 숫돌 회전수가 규정이상일 때, 충격을 가할 때 등에 숫돌이 파손된다.

73 작업장에서 작업복 착용 시 지켜야할 사항이 아닌 것은?
① 작업의 종류에 따라 정해진 작업복을 착용한다.
② 땀을 닦을 수건을 허리띠에 끼우거나 목에 감는다.
③ 기름이 묻고 더러운 작업복은 입지 않는다.
④ 해지고 찢어진 작업복은 입지 않는다.
  해설 땀을 닦을 수건을 허리띠에 끼우거나 목에 감는 행위는 회전부에 감길 경우 큰 사고로 이어질 수 있기 때문에 절대 해서는 안 되는 행동이다.

74 다음은 선반 작업 시 재해 방지에 대한 설명이다. 틀린 것은?
① 기계 위에 공구나 재료를 올려놓지 않는다.
② 이송을 걸은 채 기계를 정지시키지 않는다.
③ 기계 회전을 손이나 공구로 멈추지 않는다.
④ 절삭중이거나 회전 중에 공작물을 측정한다.
  해설 공작물을 측정할 때는 선반이 완전히 멈춘 상태에서 측정해야한다.

75 다음은 전기드릴 작업 시 주의사항이다. 틀린 것은?
① 드릴날의 규격이 작은 것은 고속으로 사용하고 큰 것은 저속으로 한다.
② 드릴척에는 오일을 주유하지 않는다.
③ 큰 구멍을 뚫을 때는 작은 드릴로 구멍을 뚫은 후 큰 드릴로 완성한다.
④ 작업이 끝날 때까지 처음과 같은 힘으로 작업하도록 한다.
  해설 드릴작업을 실시할 때는 처음에는 작은 힘으로 작업을 하고 조금씩 힘을 가하며 종료 시점에서는 힘을 빼면서 작업을 종료한다.

76 프레스 작업 시 인체 중 어느 부분이 다치기 쉬운가?
① 머리
② 손
③ 가슴
④ 발
  해설 프레스는 큰 압축 압력을 이용하여 형상을 만드는 기계이므로 손이 다칠 수 있다.

Answer 71.① 72.② 73.② 74.④ 75.④ 76.②

77 공기 공구를 사용할 때의 주의사항이다. 거리가 먼 것은?
① 공기 공구 사용 시 차광안경을 착용한다.
② 호스는 공기압력을 견딜 수 있는 것을 사용한다.
③ 사용 중 고무호스가 꺾이지 않도록 주의한다.
④ 공기 압축기의 활동부의 윤활유 상태를 점검한다.

해설 공기 공구사용 시에는 차광안경이 아닌 보호안경을 착용해야한다. 차광안경은 용접 등 강한 빛에 의한 사고를 예방하기 위한 방법이다.

78 치차를 사용하는 동력전달 장치에서 통행 또는 접촉할 때 위험이 있을 경우 어떻게 하여야 하는가?
① 안전 커버를 덮는다.
② 조심해서 통행한다.
③ 통행을 금지한다.
④ 작업을 중지한다.

해설 치차는 기어를 말하며 기어가 회전하는 부위에는 안전커버를 덮는 것이 가장 좋은 방법이다.

79 프레스(Press)작업 중 안전에 가장 중요한 점검은?
① 펀치의 점검   ② 다이의 점검
③ 동력의 점검   ④ 클러치의 점검

해설 프레스작업은 큰 힘으로 모형을 찍어내는 형태의 기계로 손을 다칠 수 있으며 응급 시 동작을 끊어주는 클러치를 점검해야 한다.

80 다음 중 장갑을 착용해도 좋은 작업은?
① 선반작업   ② 해머작업
③ 분해조립작업   ④ 그라인더작업

해설 선반작업은 회전하는 물체를 가까이 가공해야하므로 장갑을 착용해서는 안 되며, 해머작업 시 장갑을 착용하면 해머가 미끄러져 사고가 발생할 수 있다. 분해 조립을 할 때에는 장갑의 이물질이 조립단계에서 영향을 미칠 수 있으므로 착용하지 않는다.

81 다음 중 귀마개를 착용하지 않았을 때 청력장해가 일어날 수 있는 작업은?
① 단조작업   ② 압연작업
③ 전단작업   ④ 주조작업

해설 단조는 망치나 큰물체로 타격을 가해 금속을 단단하게 하는 작업이므로 큰 소음이 발생한다.

82 보호장갑과 가죽 앞치마를 반드시 사용하여야 하는 작업은?
① 선반작업
② 용접작업
③ 연삭작업
④ 목공작업

해설 용접작업을 하게 되면 금속의 열과 스패터의 발생등으로 화상이 발생할 수 있으므로 보호장갑과 가죽 앞치마를 반드시 착용해야한다.

83 다음 중 반드시 앞치마를 사용하여야 하는 작업은?
① 목공작업
② 용접작업
③ 선반작업
④ 드릴작업

해설 용접 작업 중에는 앞치마를 사용한다. 여기에 사용되는 앞치마는 가죽같이 뜨거운 스패터에 구멍이 나지 않는 재질의 앞치마여야 한다.

84 부품의 세척작업 중 알칼리성이나 산성의 세척유가 눈에 들어갔을 때 응급조치 방법은?
① 먼저 산성 세척유로 중화시킨다.
② 먼저 바람 부는 쪽을 향해 눈을 크게 뜨고 눈물을 흘린다.
③ 먼저 수돗물로 씻어낸다.
④ 먼저 붕산수를 넣어 중화시킨다.

해설 세척유가 눈에 들어갔을 경우에는 제일 먼저 흐르는 수돗물로 씻어 내는 것이 좋다.

Answer 77.① 78.① 79.④ 80.④ 81.① 82.② 83.② 84.③

85 납땜 작업도중 염산이 몸에 묻으면 어떻게 응급조치를 해야 하는가?
① 황산을 바른다.
② 물로 빨리 세척한다.
③ 손으로 문지른다.
④ 그냥 두어도 상관없다.

해설 염산은 강산성으로 피부가 상하게 할 수 있으므로 물로 빨리 세척하는 것이 우선이다.

86 아크용접 작업 시 발생할 수 있는 재해와 거리가 가장 먼 것은?
① 유해광선에 의한 장해
② 감전에 의한 장해
③ 누전에 의한 재해
④ 소음에 의한 청력 재해

해설 아크용접은 전류를 이용하기 때문에 감전에 유의해야 하고, 전류에 의해 모재와 용접봉이 녹을 때 발생하는 빛에 의해 장해를 입을 수 있으므로 주의해야 한다. 또한 큰 전류를 사용하기 때문에 누전에 의한 재해도 주의해야 한다.

87 산소 누설을 점검하는데 가장 적합한 것은?
① 성냥불   ② 석유
③ 물   ④ 비눗물

해설 산소의 누출여부를 확인할 때는 비눗물을 사용한다.

88 가스 용기를 보관하는 방법 중 맞는 것은?
① 가스의 누설검사는 냄새로 한다.
② 가스용기를 눕혀서 보관한다.
③ 가스용기의 온도는 40℃이하로 보관한다.
④ 가스용기는 직사광선에 두면 누설이 적다.

해설 가스의 누설검사는 비눗물을 이용하고 가스용기는 세워서 보관해야한다. 가스용기는 직사광선을 피해야한다.

89 가스용접 작업의 안전사항으로 옳지 않은 것은?
① 용접하기 전에 반드시 소화기, 소화수의 위치를 확인할 것
② 작업장 정리를 잘하고 환기가 되지 않도록 할 것
③ 보호안경을 반드시 쓸 것
④ 토치 내에서 소리가 날 때 또는 과열 되었을 때는 역화에 주의할 것

해설 가스용접 작업 시 산소, 아세틸렌을 대부분 사용하기 때문에 눈이 보이지도 냄새도 없기 때문에 더욱 주의해야하며 가스 누설이 있을 수 있으므로 환기는 필수사항이다. 화재 산소결핍 등에 발생할 수 있다.

90 일반적으로 가스용접 시 아세틸렌 용접기에서 사용하는 아세틸린 고무 호스의 색깔은?
① 백색
② 적색
③ 노란색
④ 청색

해설 산소호스는 청색, 아세틸렌 호스는 적색으로 한다.

91 공업용 가스 용기의 도색 표시가 틀린 것은?
① 액화암모니아 – 청색
② 아세틸렌 – 황색
③ 수소 – 주황색
④ 액화염소 – 갈색

해설 〈가연성 가스 및 독성가스의 용기〉
• 액화암모니아 : 백색
• 아세틸렌 : 황색
• 수소 : 주황색
• 액화염소 : 갈색
• 액화석유가스 : 회색

Answer   85.②   86.④   87.④   88.③   89.②   90.②   91.①

92 산소용접기를 취급할 때 주의사항에 위배되는 것은?

① 산소 사용 후 용기가 비어 있을 때는 반드시 밸브를 잠가 둘 것
② 항상 기름을 칠하여 밸브 조작이 잘 되도록 할 것
③ 밸브의 개폐는 천천히 할 것
④ 용기는 항상 40℃이하로 유지할 것

해설 산소용접기는 산소와 아세틸렌을 혼합하여 높은 온도의 불꽃을 활용하기 때문에 주변이나 바닥에 기름이 있으면 화재 위험이 높다.

93 다음 중에서 인화성 물질이 아닌 것은?

① 아세틸렌   ② 신너
③ 경유   ④ 산소

해설 인화성이란 불에 의해 발화되는 성질을 말한다. 아세틸렌, 신나, 경유 등은 불을 가까이 가져가면 발화가 되지만, 산소는 발화물(연소의 요소)이다.

94 연소의 3요소에 해당되는 것은?

① 공기, 산소, 탄소
② 공기, 산소공급원, 점화원
③ 가연물, 공기, 산소공급원
④ 가연물, 산소공급원, 점화원

해설 연소의 3요소는 가연물, 열 또는 점화원, 산소이다.

95 다음은 연소가 잘 되는 조건이다. 틀린 것은?

① 발열량이 큰 것일수록 연소가 잘 된다.
② 산화되기 어려운 것 일수록 연소가 잘된다.
③ 산소와의 접촉면이 큰 것일수록 연소가 잘 된다.
④ 건조도가 좋은 것일수록 연소가 잘 된다.

해설 산화되기 어려운 것 일수록 연소가 안 된다.

96 화재발생 시 소화방법으로 옳지 않은 것은?

① 가연물의 제거
② 산소 공급원의 차단
③ 연속적 관계의 연결
④ 냉각에 의한 온도저하

해설 화재 소화방법으로는 가연물의 제거, 산소공급원 차단, 냉각에 의한 온도저하 등의 방법을 활용한다.

97 다음 소화설비에 적용해야 할 사항으로 틀린 것은?

① 작업의 성질   ② 화재의 성질
③ 작업의 상태   ④ 폭발의 상태

해설 소화설비에는 작업의 성질, 화재의 성질, 폭발의 상태 등을 적용해야 한다.

98 다음 소화방법 중에서 가연물에 물을 뿌려 기화 잠열을 이용하여 소화하는 것은?

① 냉각 소화법
② 제거 소화법
③ 질식 소화법
④ 차단 소화법

해설 • 냉각 소화법 : 발화점 이하로 온도를 낮춰 불을 끄는 방법
• 제거 소화법 : 연소 물질의 제거함으로써 연소하는 방법
• 질식 소화법 : 산소 공급을 차단하여 불을 끄는 방법

99 화재는 A급, B급, C급, D급으로 구분 한다. 전기 화재는 다음 중 몇 급인가?

① A급   ② B급
③ C급   ④ D급

해설 • A급 : 일반가연물의 화재
• B급 : 유류에 의한 화재
• C급 : 전기 화재
• D급 : 금속 화재

Answer 92.② 93.④ 94.④ 95.② 96.③ 97.③ 98.① 99.③

100 전기화재 시 다음 중 어떤 소화기를 사용하는 것이 가장 적당한가?

① 포말 소화기
② CO₂ 소화기
③ 다량의 물
④ 모래

해설
- A급(포말 소화기-백색) : 일반가연물의 화재
- B급(분말 소화기-황색) : 유류에 의한 화재
- C급(CO₂소화기-청색) : 전기 화재
- D급(무색) : 금속 화재
- E급(황색) : 가스 화재

101 유류 화재 시 사용해서는 안 되는 것은?

① 물
② 이산화탄소
③ 모래
④ 가마니

해설 유류 화재 시 B급 화재에 해당되면 물을 부으면 물보다 비중이 작은 기름이 물위에 뜨면서 퍼지는 물 그대로 기름 막도 확산되어 불이 더 번진다.

102 유류 화재 시의 조치사항으로 맞지 않은 것은?

① 분말소화기를 사용한다.
② 모래를 뿌린다.
③ 가마니를 덮는다.
④ 물을 부어 끈다.

해설 유류 화재 시에는 산소를 차단하는 방법을 선택해야 한다. 물을 붓는 방법은 물 표면에 유류가 뜨면서 불이 더 확산된다.

103 기계작업에서 적당치 않은 것은?

① 구멍깎기 작업 시에는 기계운전 중에도 구멍을 청소할 것
② 작동 중에는 다듬면을 검사하지 말 것
③ 치수 측정은 작동 중에 하지 말 것
④ 베드 및 테이블 윗면을 공구대 대용으로 쓰지 말 것

해설 구멍깎기 작업 시에 기계 운전 중 청소를 하면 사고위험이 있으므로 절대 해서는 안 된다.

104 전기화재를 일으키는 원인 중 비중이 가장 큰 것은?

① 과전류
② 단락(합선)
③ 지락
④ 절연 불량

해설 과전류, 단락, 절연 불량은 전기화재의 원인이 될 수 있지만 가장 비중이 큰 것은 단락이다. 지락은 전선 또는 전로 중 일부가 직접 또는 간접으로 대지에 연결된 경우이다.

105 농업기계에서 전기 배선작업을 할 때 주의해야 할 사항 중 옳지 않은 것은?

① 배선 작업하는 곳은 건조해야 한다.
② 배선을 차단 할 때는 우선 어스선(접지선)을 떼고 차단한다.
③ 배선을 연결 할 때에는 어스선(접지선)을 먼저 연결한다.
④ 배선 작업에서 접속과 차단을 빨리 하는 것이 좋다.

해설 배선을 차단할 때는 어스선(접지선)을 먼저 떼어 내고, 연결 시에는 어스선을 나중에 연결한다.

106 간접 접촉에 의한 감전 방지방법이 아닌 것은?

① 보호절연
② 보호접지
③ 설치장소의 제한
④ 사고회로의 신속한 차단

해설 설치장소의 제한은 간접 접촉에 의한 감전 방지방법에 해당되지 않는다.

107 정비복에 대한 일반수칙으로 틀린 것은?

① 몸에 맞는 것을 입는다.
② 수건을 허리춤에 차고 한다.
③ 기름이 밴 정비복을 입지 않는다.
④ 상의의 옷자락이 밖으로 나오지 않게 한다.

해설 수건 및 악세사리 등은 절대 착용하지 않는다.

108 농작업을 할 때는 알맞은 복장 및 보호구를 사용하여 위험이 없도록 하여야 한다. 옳지 못한 것은?

① 머리의 상해방지 조치를 한다.
② 기계에 말려들어가는 상해 방지조치를 한다.
③ 방제작업에 있어서 호흡기, 눈, 피부 등이 노출되어도 별 지장이 없다.
④ 발의 손상 및 미끄러짐의 방지조치를 한다.

해설 방제작업은 농약 등을 사용하기 때문에 호흡기, 눈, 피부 등이 노출되므로 마스크, 보호안경, 방제복을 착용해야한다.

Answer 107.② 108.③

PART 7

도로교통법

PART 7 도로교통법

01 도로교통법 용어와 신호기

1 용어 정리

① **자동차 전용도로** : 자동차만 다닐 수 있도록 설치된 도로를 말한다.

② **중앙선** : 차마의 통행 방향을 명확하게 구분하기 위하여 도로에 황색 실선이나 황색 점선 등의 안전표지로 표시한 선 또는 중앙분리대나 울타리 등으로 설치한 시설물을 말한다. 다만, 가변차로가 설치된 경우에는 신호기가 지시하는 진행방향의 가장 왼쪽에 있는 황색 점선을 말한다.

③ **횡단보도** : 보행자가 도로를 횡단할 수 있도록 안전표지 및 도로의 바닥에 표시한 부분을 말한다.

④ **교차로** : 십자로, T자로나 그 밖에 둘 이상의 도로(보도와 차도가 구분되어 있는 도로에서는 차도를 말한다)가 교차하는 부분을 말한다.

⑤ **안전지대** : 도로를 횡단하는 보행자나 통행하는 차마의 안전을 위하여 안전표지나 이와 비슷한 인공 구조물로 표시한 도로의 부분을 말한다.

⑥ **신호기** : 도로교통에서 문자·기호 또는 등화를 사용하여 진행·정지·방향전환·주의 등의 신호를 표시하기 위하여 사람이나 전기의 힘으로 조작하는 장치를 말한다.

⑦ **안전표지** : 교통안전에 필요한 주의·규제·지시 등을 표시하는 표지판이나 도로의 바닥에 표시하는 기호·문자 또는 선 등을 말한다.

⑧ **주차** : 운전자가 승객을 기다리거나 화물을 싣거나 차가 고장 나거나 그 밖의 사유로 차를 계속 정지 상태에 두는 것 또는 운전자가 차에서 떠나서 즉시 그 차를 운전할 수 없는 상태에 두는 것을 말한다.

⑨ 정차 : 운전자가 5분을 초과하지 아니하고 차를 정지시키는 것으로서 주차 외의 정지 상태를 말한다.

⑩ 서행 : 운전자가 차를 즉시 정지시킬 수 있는 정도의 느린 속도로 진행하는 것을 말한다.

⑪ 앞지르기 : 차의 운전자가 앞서가는 다른 차의 옆을 지나서 그 차의 앞으로 나가는 것을 말한다.

⑫ 일시정지 : 차의 운전자가 그 차의 바퀴를 일시적으로 완전히 정지시키는 것을 말한다.

2 신호기 신호의 뜻

(1) 녹색 등화
① 차마는 직진 또는 우회전할 수 있다.
② 비보호 좌회전 표지 또는 비보호 좌회전 표시가 있는 곳에서는 좌회전할 수 있다.

(2) 황색 등화
① 차마는 정지선이 있거나 횡단보도가 있을 때에는 그 직전이나 교차로의 직전에 정지하여야 한다.
② 이미 교차로에 차마의 일부라도 진입한 경우에는 신속히 교차로 밖으로 진행하여야 한다.
③ 차마는 우회전할 수 있고 우회전하는 경우에는 보행자의 횡단을 방해하지 못한다.

(3) 적색 등화
① 차마는 정지선, 횡단보도 및 교차로의 직전에서 정지하여야 한다.
② 다만, 신호에 따라 진행하는 다른 차마의 교통을 방해하지 아니하고 우회전할 수 있다.

(4) 황색 등화의 점멸
차마는 다른 교통 또는 안전표지의 표시에 주의하면서 진행할 수 있다.

(5) 적색 등화의 점멸
차마는 정지선이나 횡단보도가 있을 때에는 그 직전이나 교차로의 직전에 일시 정지한 후 다른 교통에 주의하면서 진행할 수 있다.

3 안전표지

① **주의표지** : 도로상태가 위험하거나 도로 또는 그 부근에 위험물이 있는 경우에 필요한 안전조치를 할 수 있도록 이를 도로 사용자에게 알리는 표지로 빨간색 테두리에 노란색으로 채워지며, 기호는 검은색으로 표시한다.

 주의 표지    규제 표지

② **규제표지** : 도로교통의 안전을 위하여 각종 제한·금지 등의 규제를 하는 경우에 이를 도로 사용자에게 알리는 표지로 빨간색 테두리에 흰색 또는 청색으로 채워지고 검은색 기호를 사용하여 표시한다.

 지시 표지

③ **지시표지** : 도로의 통행방법·통행구분 등 도로교통의 안전을 위하여 필요한 지시를 하는 경우에 도로 사용자가 이에 따르도록 알리는 표지로 청색 바탕에 흰색 기호로 표시되어 있다.

 보조 표지

④ **보조표지** : 주의표지·규제표지 또는 지시표지의 주 기능을 보충하여 도로 사용자에게 알리는 표지로 주로 흰색 바탕에 검은색 글씨로 표시한다.

 노면 표지

⑤ **노면표시** : 도로교통의 안전을 위하여 각종 주의·규제·지시 등의 내용을 노면에 기호·문자 또는 선으로 도로 사용자에게 알리는 표지이다.

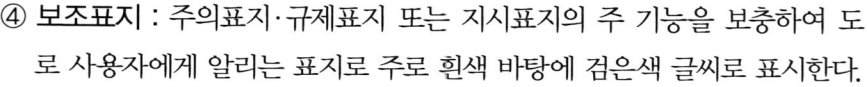

02 제한 속도와 통행 방법

1 건설기계의 속도

(1) 자동차 등의 속도

① 자동차 등의 도로 통행 속도는 행정자치부령으로 정한다.
② 경찰청장(고속도로)이나 지방경찰청장(일반도로)은 도로에서 일어나는 위험을 방지하고 교통의 안전과 원활한 소통을 확보하기 위하여 필요하다고 인정하는 경우에는 구역이나 구간을 지정하여 제1항에 따라 정한 속도를 제한할 수 있다.

(2) 일반도로(고속도로 및 자동차전용도로 외의 모든 도로를 말한다)

① 매시 60km 이내.
② 편도 2차로 이상의 도로에서는 매시 80km 이내

(3) 자동차 전용도로

① 최고속도는 매시 90km
② 최저속도는 매시 30km

(4) 편도 2차로 이상 고속도로

① 최고속도는 매시 80km, 최저속도는 매시 50km
② 상향 지정한 경우 최고속도는 매시 90km 이내, 최저속도는 매시 50km

2 비·안개·눈 등으로 인한 악천후 시 속도

(1) 최고속도의 100분의 20을 줄인 속도로 운행하여야 하는 경우

① 비가 내려 노면이 젖어있는 경우
② 눈이 20mm 미만 쌓인 경우

(2) 최고속도의 100분의 50을 줄인 속도로 운행하여야 하는 경우

① 폭우·폭설·안개 등으로 가시거리가 100m 이내인 경우
② 노면이 얼어붙은 경우
③ 눈이 20mm 이상 쌓인 경우

3 앞지르기 금지시기 및 금지장소

(1) 앞지르기 금지

① 명령에 따라 정지하거나 서행하고 있는 차
② 경찰공무원의 지시에 따라 정지하거나 서행하고 있는 차
③ 위험을 방지하기 위하여 정지하거나 서행하고 있는 차

(2) 앞지르기 금지 장소

① 교차로, 터널 안, 다리 위
② 도로의 구부러진 곳
③ 비탈길의 고갯마루 부근
④ 가파른 비탈길의 내리막
⑤ 안전표지로 지정한 곳

4 교차로 통행 방법

(1) 교통정리가 있는 교차로

① **우회전**: 미리 도로의 우측 가장자리를 서행하면서 우회전하며, 보행자 또는 자전거에 주의하여야 한다.
② **좌회전**: 미리 도로의 중앙선을 따라 서행하면서 교차로의 중심 안쪽을 이용하여 좌회전하여야 한다.
③ 다른 차의 통행에 방해가 될 우려가 있는 경우에는 정지선 직전에 정지한다.

(2) 교통정리가 없는 교차로

① 이미 교차로에 들어가 있는 다른 차가 있을 때에는 진로를 양보하여야 한다.
② 교차로에 들어가고자 하는 차가 통행하고 있는 도로의 폭보다 교차하는 도로의 폭이 넓은 경우에는 서행하여야 한다.
③ 폭이 넓은 도로로부터 교차로에 들어가려고 하는 차가 있는 때에는 그 차에 진로를 양보하여야 한다.
④ 동시에 들어가고자 하는 차는 우측도로의 차에 진로를 양보하여야 한다.
⑤ 좌회전하고자 하는 차는 그 교차로에서 직진하거나 우회전하려는 차에 진로를 양보하여야 한다.

5 정차 및 주차금지 장소

① 교차로·횡단보도·건널목이나 보도와 차도가 구분된 도로의 보도
② 교차로의 가장자리 또는 도로의 모퉁이로부터 5m 이내의 곳
③ 안전지대가 설치된 도로에서는 그 안전지대의 사방으로부터 각각 10m 이내의 곳
④ 버스여객자동차의 정류를 표시하는 기둥이나 판 또는 선이 설치된 곳으로부터 10m 이내의 곳
⑤ 건널목의 가장자리 또는 횡단보도로부터 10m 이내의 곳

그림 주정차금지

6 주차 금지장소

① 터널 안 및 다리 위
② 화재경보기로부터 3미터 이내의 곳

그림 주차금지

③ 다음 장소로부터 5미터 이내의 곳
- 소방용 기계·기구가 설치된 곳, 소방용 방화 물통
- 소화전 또는 소화용 방화 물통의 흡수구나 흡수관을 넣는 구멍
- 도로공사를 하고 있는 경우에는 그 공사구역의 양쪽 가장자리

7 밤에 도로에서 차를 운행하는 경우 등의 등화

① 자동차 : 전조등, 차폭등, 미등, 번호등과 실내 조명등(승합자동차와 여객자동차운송사업용 승용자동차만 해당)
② 원동기장치 자전거 : 전조등 및 미등
③ 견인되는 차 : 미등·차폭등 및 번호등
④ 자동차 등 외의 모든 차 : 지방경찰청장이 정하여 고시하는 등화

03 제1종 운전면허 적성기준

① 두 눈을 동시에 뜨고 잰 시력이 0.8 이상이고, 두 눈의 시력이 각각 0.5 이상일 것
② 붉은색·녹색 및 노란색을 구별할 수 있을 것
③ 대형면허 또는 특수면허를 취득하려는 경우 55데시벨(보청기를 사용하는 사람은 40데시벨)의 소리를 들을 수 있을 것
④ 조향장치나 그 밖의 장치를 뜻대로 조작할 수 없는 등 정상적인 운전을 할 수 없다고 인정되는 신체상 또는 정신상의 장애가 없을 것. 다만, 보조수단이나 신체장애 정도에 적합하게 제작·승인된 자동차를 사용하여 정상적인 운전을 할 수 있다고 인정되는 경우에는 그러하지 아니하다.

04 주의 표지

+자형 교차로	T자형 교차로	Y자형 교차로	ㅏ자형 교차로	ㅓ자형 교차로
우선도로 표지	우합류 도로표지	좌합류 도로표지	회전형 교차로표지	철길건널목 표지
우로굽은도로표지	좌로굽은도로표지	우좌로굽은도로표지	좌·우로굽은 도로표지	2방향통행표지
오르막경사표지	내리막경사표지	도로폭이좁아짐표지	우측차로없어짐표지	좌측차로없어짐표지
우측방통행표지	양측방통행표지	중앙분리대시작표지	중앙분리대끝남표지	신호기표지
미끄러운도로표지	강변도로표지	노면고르지못함표지	과속방지턱표지	낙석도로표지
횡단보도표지	어린이보호표지	자전거표지	도로공사중표지	비행기 표지
횡풍표지	터널표지	교량표지	야생동물보호표지	위험 표지
상승정체구간표지				

05 규제 표지

통행금지표지	자동차 통행금지표지	화물자동차 통행금지표지	승합자동차 통행금지표지	2륜자동차 및 원동기장치자전거 통행금지표지
승용자동차·2륜자동차 및 원동기장치자전거 통행금지 표지	경운기·트랙터 및 손수레 통행금지표지	자전거 통행금지표지	진입금지표지	직진금지표지
우회전금지표지	좌회전금지표지	유턴금지표지	앞지르기금지 표지	정차·주차금지표지
주차금지표지	차중량제한표지	차높이제한표지	차폭제한표지	차간거리확보표지
최고속도제한표지	최저속도제한 표지	서행표지	일시정지표지	양보표지
보행자보행금지표지	위험물적재차량 통행금지표지			

06 지시 표지

자동차전용도로표지	자전거전용도로표지	자전거 및 보행자 겸용 도로 표지	회전교차로표지	직진표지
우회전표지	좌회전 표지	직진 및 우회전표지	직진 및 좌회전표지	좌회전 및 유턴표지
좌우회전표지	유턴표지	양측방통행표지	우측면통행표지	좌측면통행표지
진행방향별 통행구분표지	우회로표지	자전거 및 보행자 통행구분표지	자전거전용차로표지	주차장표지
자전거주차장표지	보행자 전용도로표지	횡단도로표지	노인보호표지 (노인보호구역안)	어린이보호표지 (어린이보호구역안)
장애인보호표지	자전거횡단도표지	일방통행표지	일방통행표지	일방통행표지
비보호좌회전표지	버스전용차로표지	다인승차량전용차로	통행우선표지	자전거 나란히 통행허용

07 보조 표지

거리표지	거리표지	구역표지	일자표지	시간표지
100m 앞 부터	여기부터 500m	시내전역	일요일·공휴일제외	08:00~20:00
시간표지	신호 동화상태표지	전방우선도로표지	안전속도표지	기상상태표지
1시간이내 차둘수있음	적신호시	앞에 우선도로	안전속도 30	안개지역
노면상태표지	교통규제표지	통행규제표지	차량한정표지	통행주의표지
	차로엄수	건너가지마시오	승용차에 한함	속도를줄이시오
충돌주의표지	표지설명표지	구간시작표지	구간내표지	구간끝표지
충 돌 주 의	터널길이 258m	구간시작 ← 200m	구 간 내 ↔ 400m	구 간 끝 → 600m
우방향표지	좌방향표지	전방표지	중량표지	노폭표지
→	←	↑ 전방 50M	3.5t	▶ 3.5m ◀
거리표지	해제표지	견인지역표지	어린이보호구역표지	
100m	해제	견 인 지 역	어린이보호구역 =여기부터 100M= 08:00-09:00 12:00-15:00 (휴교일제외)	

PART 7 출제 예상 문제

01 운전자의 운전 행동의 과정을 순서대로 맞게 연결한 것은?
① 확인 → 결정 → 예측 → 조작
② 확인 → 예측 → 결정 → 조작
③ 예측 → 확인 → 결정 → 조작
④ 확인 → 예측 → 조작 → 결정

해설 운전 중에는 어떤 상황이 발생하면 그 상황을 확인(인식)하고, 그 상황이나 주위가 어떻게 변할지를 예측하고, 어떻게 행동(운전)할 것인지를 결정한 다음 자동차의 핸들, 변속기어, 브레이크, 가속페달, 경음기, 등화장치 등을 조작하게 된다.

02 운전자의 운전 형태에 영향을 미치는 요인으로 가장 관련성이 높은 것은?
① 운전면허 취득 방법
② 운전자의 학력
③ 운전면허의 종류
④ 운전자의 신체적 상태

해설 운전면허 취득 방법, 운전자 학력, 면허의 종류는 운전자의 운전형태에 크게 영향을 미친다고 볼 수 없다.

03 약물을 복용하고 운전한 경우에 대한 설명으로 맞는 것은?
① 감기약은 안전운전에 전혀 지장이 없다.
② 의사가 처방한 약물은 무조건 이상이 없다.
③ 신경안정제는 안전운전에 지장을 초래하지 않는다.
④ 마약 등의 약물 복용 운전은 형사 처벌 대상이 된다.

해설 약물(마약, 대마 및 향정신성의 약품과 그 밖에 안전행정부령으로 정하는 것을 말한다.)의 영향과 그 밖의 사유로 정상적으로 운전하지 못할 우려가 있는 상태에서 자동차등을 운전하여서는 아니된다.

04 운전자의 피로는 운전 행동에 영향을 미치게 된다. 피로가 운전행동에 미치는 영향을 바르게 설명한 것은?
① 주변 자극에 대해 반응 동작이 빠르게 나타난다.
② 시력이 떨어지고 시야가 넓어진다.
③ 지각 및 운전조작 능력이 떨어진다.
④ 치밀하고 계획적인 운전 행동이 나타난다.

해설 피로는 지각 및 운전 조작 능력이 떨어지게 한다.

05 음주가 운전 능력에 미치는 영향으로 맞는 것은?
① 반응을 빠르게 만든다.
② 인지력을 증가시킨다.
③ 집중력을 저하시킨다.
④ 운전 기능을 향상시킨다.

해설 음주는 인지력을 약화시키며 집중력을 저하시켜 반응을 늦게 하게 만들므로, 운전하면 매우 위험하다.

06 도로 교통법에서 정한 운전이 금지되는 술에 취한 상태의 기준으로 맞는 것은?
① 혈중알코올농도 0.05퍼센트 이상인 상태로 운전
② 혈중알코올농도 0.07퍼센트 이상인 상태로 운전
③ 혈중알코올농도 0.09퍼센트 이상인 상태로 운전
④ 혈중알코올농도 0.1퍼센트 이상인 상태로 운전

해설 운전이 금지되는 술에 취한 상태의 기준은 혈중 알코올농도가 0.05% 이상으로 한다. 행정 처분이 될 경우, 0.05%~0.10% 사이면 면허정지 100일, 인명사고 시엔 면허취소이며, 0.10% 이상이어도 면허취소가 된다.

Answer 1.② 2.④ 3.④ 4.③ 5.③ 6.①

07 피로 및 과로, 졸음운전과 관련된 설명 중 맞는 것을 모두 고르시오.
① 도로 환경과 운전조작이 단조로운 상황에서의 운전은 수면 부족과 관계없이 졸음운전을 유발할 수 있다.
② 변화가 적고 위험 사태의 출현이 적은 도로에서는 주의력이 향상되어 졸음운전 행동이 줄어든다.
③ 피로하거나 졸음이 오면 차로 위의 상황에 대한 대처가 둔해진다.
④ 음주 운전을 할 경우 대뇌의 기능이 활성화되어 졸음운전의 가능성이 적어진다.

해설 교통 환경의 변화가 단조로운 고속도로 등에서의 운전은 시가지 도로나 일반도로에서 운전하는 것 보다 주의력이 둔화되고 수면 부족과 관계없이 졸음운전 행동이 많아진다. 아울러 음주 운전을 할 경우 대뇌의 기능이 둔화되어 졸음운전의 가능성이 높아진다.

08 차마의 통행 방법을 올바르게 설명한 것은?
① 차마는 도로의 중앙선 좌측을 통행한다.
② 차마는 도로의 중앙선 우측을 통행한다.
③ 도로 외의 곳에 출입하는 때에는 보도를 서행으로 통과한다.
④ 안전지대 등 안전표지에 의하여 진입이 금지된 장소는 일시정지 후 통과한다.

해설 차마의 운전자는 도로(보도와 차도가 구분된 도로에서는 차도를 말한다)의 중앙(중앙선이 설치되어 있는 경우에는 그 중앙선을 말한다.)으로부터 우측 부분을 통행하여야 한다.

09 다음 중 안전띠 착용 방법으로 올바른 것은?
① 집게 등으로 고정하여 편리한 대로 맨다.
② 좌석의 등받이를 조절한 후 느슨하게 매지 않는다.
③ 잠금장치가 찰칵하는 소리가 나지 않도록 살짝 맨다.
④ 3점식 안전띠의 경우는 목 부분이 지나도록 맨다.

해설 골반 윗부분은 충격 시 장 파열 등 운전자의 위험성이 커지므로 골반 부분을 감듯이 매야하며, 3점식 안전띠의 경우는 목부분이 지나도록 매서는 안 된다. 잠금장치가 '찰칵'하는 소리가 나도록 해서 완전히 잠겼는지를 확인해야 한다.

10 다음 중 자동차 운전자가 위험을 느끼고 브레이크 페달을 밟아 실제로 정지할 때까지의 '정지 거리'가 가장 길어질 수 있는 경우는?
① 차량의 중량이 상대적으로 가벼울 때
② 차량의 속도가 상대적으로 빠를 때
③ 타이어를 새로 구입하여 장착한 직후
④ 피로 및 음주 운전 시

해설 운전자가 위험을 느끼고, 브레이크 페달을 밟아서 실제로 자동차가 멈추게 되는 소위 자동차의 정지거리는 과로 및 음주 운전 시, 차량의 중량이 무겁거나 속도가 빠를수록 타이어의 마모상태가 심할수록 길어진다.

11 출발 전 후사경을 통한 안전 확인 방법으로 맞는 것을 모두 고르시오.
① 실내 후사경과 실외 후사경 중에서 하나에만 집중하여 안전을 확인한다.
② 후사경을 통한 방법만으로 모든 안전 확인이 가능하다.
③ 후방의 상황을 가급적 넓게 볼 수 있도록 실내 후사경을 조정한다.
④ 후사경을 통한 후방 차량 움직임 파악은 불명확할 수 있으므로 주의해야 한다.

해설 후사경을 통해 안전 확인은 사각지대가 있어 위험하므로 주의하여야 한다.

12 도로교통법상 "차"에 해당되는 것은?
① 의자차 ② 기차
③ 유모차 ④ 우마차

해설 자전거와 우마차는 자동차, 건설기계, 원동기장치자전거와 함께 "차"의 범주에 속한다. 그러나 어린이를 태운 유모차와 일정한 규격의 신체 장애인용 의자차는 도로교통법상 "차"의 범주에 속하지 아니한다.

Answer 7.①, ③ 8.② 9.② 10.② 11.③, ④ 12.④

13 좌석 안전띠의 착용효과로 틀린 것은?

① 충격력을 감소하여 치명적 부상을 막아준다.
② 착용 효과가 없다.
③ 바른 운전 자세를 유지시켜 운전 피로가 적게 해준다.
④ 물속 추락이나 전복사고 시는 큰 부상을 입을 수 있다.

> **해설** 〈좌석 안전띠 착용 효과〉
> 1. 좌석 안전띠는 교통사고 발생 시 충격력을 감소하여 피해를 크게 줄여 줄 뿐만 아니라, 바른 운전 자세를 유지시켜 운전자의 피로를 줄여주는 효과를 갖고 있다.
> 2. 물속 추락이나 전복 사고 시에는 좌속 안전띠가 2차 충격을 예방하고 승차자의 의식을 잃지 않게 해 주므로, 승차자가 쉽게 빠져 나올 수 있는 등 훨씬 효과적이다.

14 경미한 부상자가 피를 흘리고 있다. 응급처치 요령으로 가장 옳은 것은?

① 출혈이 경미할 때는 상처에 깨끗한 헝겊을 대고 손으로 꾹 눌러 압박한다.
② 지혈대를 사용할 경우 심장에서 먼 곳을 묶어 지혈한다.
③ 출혈 부위는 심장보다 낮은 곳에 있어야 한다.
④ 의식이 나빠지면 청심환을 먹인다.

> **해설** 심장과 가까운 곳을 세게 묶어 지혈하고, 출혈 부위는 심장보다 높은 곳에 있어야 한다.

15 분할이 불가능하여 안전기준을 적용할 수 없는 화물의 적재허가를 받은 경우 화물의 양 끝에 너비 30cm, 길이 50cm, ( ) 헝겊을 부착해야 한다. ( )에 들어갈 낱말은?

① 흰색
② 노란색
③ 빨간색
④ 검은색

> **해설** 안전기준을 넘는 화물의 적재허가를 받은 경우 화물의 길이 또는 폭의 양 끝에 너비 30cm, 길이 50cm이상의 빨간 헝겊으로 된 표시를 달아야 한다.

16 교통사고 발생 시 대처방법으로 가정 적절한 것은?

① 경미한 사고의 경우에는 부상자를 그냥 두고 가도 된다.
② 복잡한 교차로에서는 차를 그 자리에 세우고 시비를 가린다.
③ 즉시 정차하고 사상자가 발생하였을 때에는 구호조치를 한다.
④ 차를 이동할 수 없을 때에는 아무 조치 없이 도로에 차를 세워둔다.

> **해설** 교통사고가 발생했을 때에는 즉시 정차하고 사상자가 발생하였을 때에는 바로 구호 조치를 한다. 아무리 경미한 사고라 할지라도 부상자가 발생하였을 때에는 적절한 조치를 해야 하며 절대 그냥 두고 가서는 안 된다. 또한 복잡한 교차로에서 사고가 발생하였을 때에는 현장 사진을 충분히 확보한 후 안전한 곳으로 차를 이동시켜 다른 차량에게 방해되지 않도록 한다. 만약 차를 이동할 수 없을 때에는 비상등 및 삼각대 등의 조치를 하여 후속사고를 방지하도록 한다.

17 부상자의 척추 골절이 아주 심한 경우 응급처치 방법은?

① 직접 구호 조치를 한다.
② 부상자를 갓길로 이동한다.
③ 후속 사고 예방을 위해 신속히 차량을 1차로 이동한다.
④ 함부로 부상자를 옮기지 말고 응급 구호센터에 신고한다.

> **해설** 부상이 심각한 경우 꼭 필요한 경우가 아니면 함부로 부상자를 움직이지 않아야 한다. 척추 골절의 경우 척추 신경을 상하게 하여 전신 장애를 초래할 수 있다.

Answer 13.②, ④ 14.① 15.③ 16.③ 17.④

18 교통사고 발생 시 현장에서 운전자가 취해야 할 순서로 맞는 것은?

① 현장 증거 확보 → 경찰서 신고 → 사상자 구호
② 경찰서 신고 → 사상자 구호 → 현장 증거 확보
③ 즉시 정차 → 사상자 구호 → 경찰서 신고
④ 즉시 정차 → 경찰서 신고 → 사상자 구호

해설 사고가 발생하면 상당수의 운전자들이 먼저 목격자를 확인하거나 경찰서 또는 보험사에 연락하고 있는데, 사고가 발생하며 바로 정차하여 사상자가 발생하였는지 여부를 확인한 후 경찰관서에 신고하는 등의 조치를 하여야 한다.

19 신호에 대한 설명으로 맞는 것은?

① 황색등의 점멸 - 차마는 다른 교통 또는 안전표지에 주의하면서 진행할 수 없다.
② 적색의 등화 - 보행자는 횡단보도를 주의하면서 횡단할 수 있다.
③ 녹색 화살 표시의 등화 - 차마는 화살표 방향으로 진행할 수 있다.
④ 황색의 등화 - 차마가 이미 교차로에 진입하고 있는 경우에는 교차로 내에 정지해야 한다.

해설 **황색의 등화**: 차마는 정지선이 있거나 횡단보도가 있을 때에는 그 직전이나 교차로의 직전에 정지하여야 하며, 이미 교차로에 진입하고 있는 경우에는 신속히 교차로 밖으로 진행하여야 한다. 차마는 추회전을 할 수 있고, 우회전하는 경우에는 보행자의 횡단을 방해하지 못한다.
적색의 등화: 차마는 정지선, 횡단보도 및 교차로의 직전에서 정지하여야 한다. 다만, 신호에 따라 진행하는 다른 차마의 교통을 방해하지 아니하고 우회전할 수 있다.
녹색화살 표시의 등화: 차마는 화살표 방향으로 진행할 수 있다.

20 다음 중 교통사고 또는 사고 발생 시 가장 먼저 취해야할 응급조치 방법은?

① 부상의 상태를 확인하기 전에 안전한 곳으로 옮긴다.
② 부상자 응급조치를 할 때에는 가장 먼저 인공호흡을 실시한다.
③ 부상자 응급조치 전 차량 파손 여부부터 확인한다.
④ 의식이 있는지를 확인하고 의식이 없을 때에는 우선 가슴 압박을 실시한다.

해설 응급조치란 돌발적인 각종 사고로 인한 부상자나 병의 상태가 위급한 환자를 대상으로 전문인에 의한 치료가 이루어지기 전에 실시하는 즉각적이고 임시적인 조치로 병의 악화와 상처의 조속한 처치를 위해 행하여지는 모든 행동을 말한다. 교통사고로 인한 호흡과 의식이 없는 부상자 발생 시에는 가장 먼저 가슴압박을 실시한 후 기도 확보, 인공호흡 순으로 실시한다. 또한 부상자를 움직이지 않고 전문 의료진이 도착할 때 까지 가급적 그대로 두는 것이 좋다.

21 다음 중 트레일러의 종류에 해당되지 않는 것은?

① 풀트레일러   ② 저상트레일러
③ 세미트레일러   ④ 고가트레일러

해설 트레일러는 풀트레일러, 저상트레일러, 세미트레일러, 센터차축 트레일러, 모듈 트레일러가 있다.

22 다음은 트레일러 자동차에 화물을 적재하는 방법을 설명한 것이다. 가장 바람직한 것은?

① 화물 고정 버팀목 등을 사용하여 화물의 흔들림을 최소화 한다.
② 다른 자동차에 비해 화물적재 공간이 넓어 고정끈은 사용하지 않아도 된다.
③ 트랙터와 트레일러 연결부분은 느슨하게 하는 것이 좋다.
④ 화물칸에 사람을 태우고 운행하는 것이 경제운전에 도움이 된다.

해설 커브길, 노면이 고르지 못한 도로 등에서 화물 움직임을 최소화하기 위해 고정 버팀목, 덮개, 고정끈으로 묶어 화물을 고정하는 것이 좋다.

Answer 18.③ 19.③ 20.④ 21.④ 22.①

23 다음의 횡단보도 표지가 설치되는 장소로 가장 알맞은 곳은?

① 포장도로의 교차로에 신호기가 있을 때
② 포장도로의 단일로에 신호기가 있을 때
③ 보행자의 횡단이 금지되는 곳
④ 신호가 없는 포장도로의 교차로나 단일로

해설 횡단보도가 있음을 알리는 표시

24 다음 안전표지가 뜻하는 것은?

① 차폭 제한
② 차 높이 제한
③ 차간거리 확보
④ 터널의 높이

해설 표지판에 표시한 높이를 초과하는 차의 통행을 제한하는 것

25 다음 안전표지가 뜻하는 것은?

① 노면이 고르지 못함을 알리는 것
② 터널이 있음을 알리는 것
③ 과속방지턱이 있음을 알리는 것
④ 미끄러운 도로가 있음을 알리는 것

해설 과속방지턱, 고원식 횡단보도, 고원식 교차로가 있음을 알리는 것

26 다음 안전표지에 대한 설명으로 맞는 것은?

① 보행자는 통행할 수 있다.
② 보행자뿐만 아니라 모든 차마는 통행할 수 없다.
③ 도로의 중앙 또는 좌측에 설치한다.
④ 통행금지 기간은 함께 표시할 수 없다.

27 다음 안전표지에 대한 설명으로 맞는 것은?

① 차의 진입을 금지한다.
② 모든 차와 보행자의 진입을 금지한다.
③ 위험물 적재 화물차 진입을 금지한다.
④ 진입 금지 기간 등을 알리는 보조표지는 설치할 수 없다.

해설 차의 진입을 금지하는 구역 및 도로의 중앙 또는 우측에 설치

28 다음 안전표지에 대한 설명으로 가장 옳은 것은?

① 직진하는 차량이 많은 도로에 설치한다.
② 금지해야 할 지점의 도로 좌측에 설치한다.
③ 이런 지점에서는 반드시 유턴하여 되돌아가야 한다.
④ 좌우측 도로를 이용하는 등 다른 도로를 이용해야 한다.

해설 차의 직진을 금지해야 할 지점의 도로 우측에 설치

Answer 23.④ 24.② 25.③ 26.② 27.① 28.④

29 다음 안전표지에 관한 설명으로 맞는 것은?

① 화물을 싣기 위해 잠시 주차할 수 있다.
② 승객을 내려주기 위해 일시적으로 정차할 수 있다.
③ 주차 및 정차를 금지하는 구간에 설치한다.
④ 이륜자동차는 주차할 수 있다.

해설 차의 주차를 금지하는 구역, 도로의 구간이나 장소의 전면 또는 필요한 지점의 도로 우측에 설치

30 다음 안전표지 중 주의 표지가 아닌 것은?

해설 2번은 '직진 및 좌회전'으로 지시표시이다.

31 다음 안전표지가 있는 도로에서의 운전방법으로 맞는 것은?

① 다가오는 차량이 있을 때에만 정지하면 된다.
② 도로에 차량이 없을 때에도 정지해야 한다.
③ 어린이들이 길을 건널 때에만 정지한다.
④ 적색등이 켜진 때에만 정지하면 된다.

해설 차가 일시정지 하여야 하는 교차로 또는 기타 필요한 지점의 우측에 설치

32 다음 규제표지를 설치할 수 있는 장소는?

① 교통정리를 하고 있지 아니하고 교통이 빈번한 교차로
② 비탈길 고갯마루 부근
③ 교통정리를 하고 있지 아니하고 좌우를 확인할 수 없는 교차로
④ 신호기가 없는 철길 건널목

33 다음 안전표지에 대한 설명으로 맞는 것은?

① 차 높이 제한 표지
② 차 중량 제한 표지
③ 차폭 제한 표지
④ 차간 거리 확보 표지

해설 표지판에 표시한 중량을 초과하는 차의 통행을 제한하는 것

34 다음 안전표지에 대한 설명으로 맞는 것은?

① 차가 우회전하는 것을 금지하는 것
② 차가 좌회전하는 것을 금지하는 것
③ 차가 통행하는 것을 금지하는 것
④ 차가 유턴하는 것을 금지하는 것

해설 차가 우회전을 금지하는 지점의 도로 우측에 설치

Answer 29.③ 30.② 31.② 32.② 33.② 34.①

35 다음 안전표지에 대한 설명으로 맞는 것은?

① 횡단보도가 있음을 알리는 것
② 보행자가 있음을 알리는 것
③ 보행자의 보행을 금지하는 것
④ 자전거의 통행을 금지하는 것

해설 보행자의 보행을 금지하는 것

36 다음 안전표지의 명칭으로 맞는 것은?

① 양측방 통행 표지
② 양측방 통행금지 표지
③ 중앙분리대 시작 표지
④ 중앙분리대 종료 표지

37 다음 안전표지에 대한 설명으로 맞는 것은?

① 신호에 관계없이 차량 통행이 없을 때 좌회전할 수 있다.
② 적색 신호에 다른 교통에 방해가 되지 않을 때에는 좌회전할 수 있다.
③ 비보호이므로 좌회전 신호가 없으면 좌회전할 수 없다.
④ 녹색 신호에서 다른 교통에 방해가 되지 않을 때에는 좌회전 할 수 있다.

해설 진행신호 시 반대방면에서 오는 차량에 방해가 되지 아니하도록 좌회전을 조심스럽게 할 수 있다.

38 다음 안전표지의 명칭은?

① 양측방향 통행 표지
② 좌 우회전 표지
③ 중앙분리대 시작 표지
④ 중앙분리대 종료 표지

39 다음 안전표지가 의미하는 것은?

① 좌측도로는 일방통행 도로
② 우측도로는 일방통행 도로
③ 모든 도로는 일방통행 도로
④ 직진도로는 일방통행 도로

40 다음 안전표지에 대한 설명으로 맞는 것은?

① 양측방 통행 표지
② 유턴 표지
③ 회전 교차로 표지
④ 좌우회전 표지

해설 표지판이 화살표 방향으로 자동차가 회전 진행할 것을 지시하는 것

Answer 35.③ 36.① 37.④ 38.② 39.④ 40.③

41 다음 안전표지에 대한 설명으로 맞는 것은?

① 버스 전용차로를 지시한다.
② 다인승 전용차로를 지시한다.
③ 차 전용도로임을 지시한다.
④ 자동차 전용도로임을 지시한다.

42 다음 안전표지 중 지시 표지가 아닌 것은?

①  ②

③  ④

해설 4번은 지시표시가 아니라 '양측방 통행'으로 주의표시이다.

43 다음 안전표지에 대한 설명으로 맞는 것은?

① 유치원 통원로이므로 자동차가 통행할 수 없음을 나타낸다.
② 어린이 또는 유아의 통행로나 횡단보도가 있음을 알린다.
③ 학교의 출입구로부터 2킬로미터 이후 구역에 설치한다.
④ 어린이 또는 유아가 도로를 횡단할 수 없음을 알린다.

해설 어린이 또는 유아의 통행로나 횡단보도가 있음을 알리는 것, 학교, 유치원 등의 통학, 통원로 및 어린이 놀이터가 부근에 있음을 알리는 것

44 다음 안전표지 중 규제 표지가 아닌 것은?

①  ②

③  ④

해설 1번은 '어린이 보호' 주의 표지이다.
2번은 '자동차 통행금지' 규제 표지이다.
3번은 '차간 거리 확보' 관련 규제 표지이다.
4번은 '보행자 보행금지' 관련 규제 표지이다.

Answer 41.④ 42.④ 43.② 44.①

MEMO

- 안전사고 예방 -

1. 일반 안전수칙
2. 기계 안전수칙
3. 전기 안전수칙
4. 기타 안전수칙
5. 안전 보건 표지

01 일반 안전 수칙

A 일반 안전 수칙

1) 작업을 할 때는 규정된 복장 및 보호구를 착용한다.
2) 시설 및 작업기구는 점검 후 사용한다.
3) 작업장 주위환경을 항상 정리한다.
4) 인화물질 또는 폭발물이 있는 장소에는 화기 취급을 엄금한다.
5) 위험표시 구역은 담당자외 무단출입을 금한다.
6) 담배는 흡연장소에서만 피워야 한다.
7) 모든 기계는 담당자 이외의 취급을 금한다.
8) 음주 후 작업을 금한다.
9) 현장 내에서는 장난을 하거나 뛰어다녀서는 안된다.
10) 모든 전선은 전기가 통한다고 생각하고 주의한다.
11) 기계 가동중 기계에 대한 청소, 정비 및 칩 등을 제거하지 않는다.
12) 사전 승인이 없는 화기취급은 절대 엄금한다.
13) 책상, 캐비넷등은 사용 후 서랍을 꼭 닫도록 한다.
14) 기계의 가동시는 자리를 비우지 말 것
15) 기계의 가동중에는 정비, 청소하지 말 것
16) 기계의 조정이나 정비시 막대기를 사용하지 말 것
17) 밸브는 서서히 열고, 잠그도록 할 것
18) 작업내용을 모르는 기계에 함부로 손대지 말 것
19) 모든 기계는 담당자 이외에 손대지 갈 것
20) 작업장 내에서는 뛰어다니지 말 것
21) 통제구역은 허가 없이 출입하지 말 것
22) 안전방호장치는 이상이 없는지 확인 할 것
23) 기계 운전시 사전 안전점검을 할 것
24) 기계 고장시 적합한 수리보수 등의 조치를 취하고 작업에 임할 것

B 안전의 10대 포인트

1) 복장은 언제나 단정하게 할 것
2) 보호구는 바르게 착용할 것
3) 작업 전에는 기계나 수공구의 점검을 행할 것
4) 스위치는 신호확인을 할 것
5) 안전장치를 임의로 제거하지 않을 것
6) 공동운반은 항상 신호를 맞추고 행할 것
7) 수공구는 사용목적에 맞는 것을 사용할 것
8) 넘어지기 쉬운 것은 밴드나 쇠사슬로 고정시킬 것
9) 물건을 적재할 때는 큰 것부터 작은 것으로, 무거운 것부터 가벼운 것으로 할 것

C 복장 보호구 안전수칙

1) 그라인더 작업, 용접 작업, 유독물질 취급작업 등에는 눈을 해칠 위험성이 있으므로 적절한 보안경을 착용할 것
2) 물체의 낙하 또는 비래* 의 위험이 있는 작업에는 안전모를 착용할 것
3) 고소작업자는 안전대를 착용할 것
4) 중량물을 취급하는 자는 안전화를 착용할 것
5) 유독물질이나 분진이 발생하는 작업에는 방독마스크나 방진마스크를 착용할 것
6) 뜨거운 물질, 철판, 주조물을 취급하는 근로자는 안전장갑을 착용할 것
7) 소음이 많이 발생하는 곳에서 귀마개를 착용할 것
8) 기계주위에서 작업할 때 넥타이를 착용하지 말 것
9) 너플거리거나 찢어진 바지를 입지 말 것

비래 : 날아오는 물건, 떨어지는 물건 등이 주체가 되어서 사람에 부딪쳤을 경우를 말함

D 정리 정돈 안전 수칙

1) 불필요한 것이 눈에 띌 때 즉시 정리정돈 한다.
2) 자재와 장비 그리고 잔재와 버리는 토막은 장소를 정하고 제자리에 두어야 한다.
3) 올바른 방법과 안전한 방법으로 정리정돈 한다.
4) 작업장 주위에 통로나 작업장 내의 청소를 항시 깨끗이하고 작업을 행한다.
5) 소화전, 화재 및 비상표시, 안전표시를 잘 보이는 곳에 올바르게 부착한다.
6) 구르기 쉬운 물건은 받침대를 튼튼히 하고 가능한 한 묶어서 적재 또는 보관한다.
7) 사용시기별, 용도별로 정리하고 빨리 사용할 것을 밑에 쌓지 않는다.
8) 부식 및 발화위험이 있는 위험물질은 별도로 보관한다.
9) 품명 및 수량을 파악하기 좋도록 정리정돈 한다.
10) 정리정돈이 잘 된 곳이 재해없는 안전한 곳이란 것을 명심한다.

E 통행 안전 수칙

1) 구내 통행수칙을 잘 알아두고 준수한다.
2) 계단을 오르내릴 때는 난간을 붙잡고 우측 통행한다.
3) 높은 곳이나 비계, 도크 등에서 뛰어내리지 않는다.
4) 통로를 보행할 때는 움직이는 기계를 잘 살피고 조심한다.
5) 달리는 운반차에 뛰어오르거나 뛰어내리지 않는다.
6) 통로에 장해물이 있으면 즉시 치우는 습관을 가진다.
7) 선반, 레일, 앵글, 기타 물건을 넘어다니지 말고 그 위를 걷지도 않는다.
8) 통제구역이나 지름길을 허가 없이 다니지 않는다.
9) 보통 통로를 이용하고 질러가지 말고 항상 주위를 살피며 함부로 뛰지 않는다.
10) 문의 개폐를 조용히 한다. 문을 열 때 자기 앞으로 당기게 되어있는 문은 반드시 옆으로 서서 당긴다.
11) 상부에서 작업중이거나 물체가 매달려 있는 상태에서는 그 밑을 일체 통행하지 않는다.
12) 부득이 설비 밑으로 통행하는 경우에는 안전모를 반드시 착용한다.

F 창고관리 안전 수칙

1) 환경관리를 깨끗이 하는 것은 올바른 저장법의 요소가 된다.
2) 물건을 쌓을 때는 떨어지거나 건드려서 넘어지게 하지 말고 모든 저장품은 안전하게 보관해야 한다.
3) 끝이 뾰족하거나 날카로운 물건은 이를 취급하는 사람이 다치지 않도록 보관해야 한다.
4) 가연성 액체를 저장하거나 취급할 때는 증발하지 않도록 주의할 것이며 증발할시 공기와 혼합될 기회를 주지 말아야 한다.
5) 물품을 야외에 저장할 때는 밑받침을 하여 부식을 방지하고 덮개를 덮어야 한다.
6) 드럼통류의 저장시는 굴러 떨어지지 않게 단단히 고여 놓아야 하며 세워서 쌓을 때는 밑통과 위의 통을 정확히 맞추어야 한다.
7) 높이 올려 쌓은 물건은 쌓아서 무너질 염려가 없도록 할 것이며 쌓아놓은 물건 위에 다른 물건을 던져 쌓아 물건이 무너지는 것을 방지하여야 한다.
8) 공중에 매달린 물건 밑에 다른 물건을 놓지 말고 작은 물건 위에다 큰 물건을 놓지 말아야 한다.
9) 가늘고 긴 물체는 세우거나 기대놓지 말고 눕혀 놓아야 한다.
10) 물건을 한줄로 높이 쌓지 말아야 한다.
11) 물품 운반 시에는 운반작업 수칙을 필히 준수하여야 한다.
12) 산소 및 아세틸렌은 가연성물질과 멀리 떨어진 곳(별도 창고)에 보관하여야 하고 유류가 닿지 않도록 할 것이며, 직사광선에 노출 저장을 피해야 한다.

G. 사다리 작업 안전 수칙

1) 기계나 적재물, 나무상자 등을 사다리 대신 사용하지 말 것
2) 사다리는 사용 전에 결함여부를 꼭 점검할 것
3) 직선사다리(외줄사다리)를 사용할 때는 벽으로부터 1m이상 띄울 것
4) 손을 잡을 때와 디딜 때는 특히 조심할 것
5) 작업이 진행됨에 따라 사다리를 자주 옮길 것
6) 사다리로부터 자기 팔길이 이상 떨어진 곳에서 작업을 하지 말 것
7) 사다리를 오르기 전에 밑을 잘 고정시키고 올라갈 때 두 손을 사용할 것
8) 출입문이나 통로 가까이에 사다리를 세울 필요가 있을 때에는 주의 표지를 붙이거나 바리케이트를 쳐둘 것
9) 사다리를 세울 때에는 윗부분이 자기 위치에서부터 1m이상 여유가 있도록 세울 것

H. 작업장 안전 수칙

1) 작업은 질서 있게 하는 습관을 가질 것
2) 장난하지 말 것
3) 바닥에 유독물질을 방치하지 말 것
4) 공구 기타 물품을 자기 무릎 높이 이상의 위에서 던지지 말 것
5) 상부에서 작업시는 그 밑의 통행을 금지시키고 공구 기타 물건을 떨어뜨리지 말 것
6) 자기 작업부서를 함부로 이탈하지 말 것
7) 작업 중에는 자기의 숙련을 믿고 방심하지 말 것
8) 모든 안전수칙과 표지를 준수할 것
9) 요행을 바라지 말 것
10) 작업 중에는 작업에만 전념하고 경거망동하지 말 것
11) 공동작업은 서로 긴밀한 협조를 할 것
12) 무리한 작업은 선임자에게 보고하고 적절한 조치를 취할 것
13) 교대 시에는 작업에 대한 내용을 확실하게 인수인계할 것

I 공동작업 안전 수칙

1) 작업 전 작업지휘자를 정하고 지휘신호에 따라 작업한다.
2) 기계 수리 작업자에는 경광등을 설치하여 주변 접근을 통제한다.
3) 기계 수리 작업시 2개소 이상 동시작업을 절대 하지 않는다.
4) 작업 전 상호신호를 반드시 정한다.
5) 작업형태에 따라 필요한 보호구를 반드시 착용한다.
6) 작업순서와 작업방법을 반드시 익히고 정해진대로 바르게 한다.
7) 기계의 수리작업시는 사전 안전점검을 반드시 실시한다.
8) 작업중 교대시에는 작업내용을 확실하게 인수인계한다.
9) 기계 수리 후 조작하기 전에 주변의 작업자를 반드시 확인한다.
10) 중량 취급시는 상호 신호나 연락을 정확히 하고 호흡을 맞춘다.
11) 작업장 주변은 정리, 정돈과 청결을 유지한다.

J 사고·재해예방 요점

1) 안전규칙, 작업표준, 안전상의 주의점을 지키자.
2) 직장의 정리, 정돈, 청소를 하자.
3) 올바르게 결정된 일을 준수하자.
4) 자기 담당 외의 일을 할 때는 감독자에게 연락하자.
5) 기계, 공구는 사용전에 점검한다.
6) 안전복장을 지키며, 정해진 안전 보호구를 착용하자.
7) 기계, 공구가 망가지면 우선 책임자에게 알리자.
8) 동료의 불안전 행위를 발견한 때는 주의를 주자.
9) 일상생활은 무엇보다도 건강에 유의하고, 사생활을 바르고 원만하게 하자.
10) 교통사고에 항상 주의한다.

K 작업 후 10가지 점검표

1) 작업하는데 의문사항은 없었는가?
2) 기계, 장비의 이상유무를 보고하였는가?
3) 파손된 부분의 수리·보충은 했는가?
4) 화기나 위험물의 뒤처리는 좋은가?
5) 스위치의 고장부분은 없는가?
6) 교체할 부속품은 없는가?
7) 정리정돈·청소는 정확히 하였는가?
8) 공구는 원 위치에 두었는가?
9) 기계나 공구의 손질은 잘 했는가?
10) 내일 작업에 이상없도록 준비되었는가?

L 일반공구 사용수칙

1) 사용 전 검사한다.
2) 정확한 도구를 사용한다.
3) 주기적으로 관리한다.
4) 날카로운 도구는 취급시 손잡이 있는 것을 사용한다.
5) 칼끝 절단은 한 마디씩 절단기를 사용하여 절단한다.

M 안전의 지름길 12가지

1) 안전점검은 스스로 하자.
2) 작업은 정해진 순서대로 하자.
3) 위험한 동작은 일체하지 말자.
4) 규칙을 지키자, 그리고 지키게 하자.
5) 작업 상처도 소홀히 말고 치료하자.
6) 항상 정리정돈, 청소청결을 생활화하자.
7) 보호구 착용을 반드시 하자.
8) 숨은 위험을 찾아내어 시정하자.
9) 위험물 취급에 만전을 기하자.
10) 지시사항은 철저히 지키자.
11) 안전표시 내용을 알고 따르자.
12) 건강은 자기 스스로 지키자.

N 안전색상 표시법

1) 적색 : 소방시설, 긴급정지 누름단추 등 표시
2) 적색와 황색 줄무늬 : 85dB이상의 소음 구역 표시
3) 황색과 흑색 줄무늬 : 위험물, 장해물 표시
4) 황색 : 압출기 공기 파이프, 최소한의 안전표시
5) 녹색 : 의료장비, 공장 내 보도 위, 안전샤워 전구표시
6) 자주색 : 방사선 장비구역 표시
7) 희색 : 주차장 위치표시
8) 오렌지색 : 기계설비의 위험부위 표시
9) 녹색과 백색 줄무늬 : 긴급 대피, 제반 안전지시 표시
10) 남색 : 스위치 제어상자, 가동정지 등 표시

0 재해발생시 응급처치 요령

1) 침착하고 신속하게 상황을 파악한다.
2) 급한 환자부터 순서대로 조치한다.
3) 부상의 정도 및 일반상태를 주의깊게 관찰한다.
4) 구급차를 부르거나 의료요원에게 연락한다.
5) 부상부위가 오염되지 않도록 주의한다.
6) 환자의 체온유지을 유지한다.
7) 음료수를 공급한다.(단, 심한 출혈환자, 복부 손상환자, 무의식 환자등 기타 수술을 요하는 환자는 음료수를 주면 안 된다.)
8) 심신이 안정되도록 돕는다.
9) 변, 구토물 등의 증거품을 보존한다.
10) 자신이 조난당하지 않도록 한다.
11) 운반준비
    - 적절한 운반방법 모색
    - 운반재료 확인, 운반자 요청
    - 불필요한 이동피하고 쇼크예방
12) 응급처치의 구명 4단계
    - 지혈
    - 기도유지(구강내 이물질 제거)
    - 상처보호(오염방지)
    - 쇼크예방 및 치료(보온유지)
13) 사고 발생시 일반적인 주의사항
    - 침착하고 냉정하게, 재빨리 재해자의 상태를 충분히 관찰하여 조치한다.
    - 재해자를 함부로 움직이지 않는다.
    - 재해자에게 가장 편안한 자세를 취하게 한다.
    - 내출혈, 호흡정지, 심정지나 음독 등은 빠르게 조치한다.
    - 재해자의 보온에 주의한다.
    - 신속히 의사에게 연락한다.

02 기계 안전수칙

1 기계 안전수칙

1) 자기 담당기계 이외의 기계는 움직이거나 손을 대지 않는다.
2) 원동기와 기계의 가동은 각 직원의 위치와 안전장치의 적정여부를 확인한 다음 행한다.
3) 움직이는 기계를 방치한 채 다른 일을 하면 위험하므로 기계가 완전히 정지한 다음 자리를 뜬다.
4) 정전이 되면 우선 스위치를 내린다.
5) 기계의 조정이 필요하면 원동기를 끄고 완전 정지할 때까지 기다려야 하며 손이나 막대기로 정지시키지 않아야 한다.
6) 기계는 깨끗이 청소해야 한다. 청소할 때에는 브러시나 막대기를 사용하고 손으로 청소하지 않는다.
7) 기계 작업자는 보안경을 착용해야 한다.
8) 기계 가동 시에는 소매가 긴옷, 넥타이, 장갑 또는 반지를 착용하지 않는다.
9) 고장 중인 기계는 (고장, 사용금지)등의 표지를 붙여 둔다.
10) 기계는 일일이 점검하고 사용 전에 반드시 점검하여 이상유무를 확인한다.

2 수공구 안전수칙

1) 수공구는 쓰기 전에 깨끗이 청소하고 점검한 다음 사용할 것
2) 정이나 끌과 같은 기구는 때리는 부분이 버섯모양 같이 되면 반드시 교체하여야 하며 자루가 망가지거나 헐거우면 바꾸어 끼울 것
3) 수공구는 사용 후에 반드시 보관함에 넣어둘 것
4) 끝이 예리한 수공구는 반드시 덮개나 칼집에 넣어서 보관 이동할 것
5) 파편이 튀길 위험이 있는 작업에는 보안경을 착용할 것
6) 각 수공구는 일정한 용도 이외에는 사용하지 말 것

3 드릴 작업 안전수칙

1) 시동 전에 드릴이 올바르게 고정되어 있는지 확인한다.
2) 장갑을 끼고 작업하지 않는다.
3) 드릴을 회전시킨 후 테이블을 고정하지 않도록 한다.
4) 드릴회전 중에는 칩을 입으로 불거나 손으로 털지 않도록 한다.
5) 큰 구멍을 뚫을 때에는 먼저 작은 구멍을 뚫은 다음에 뚫도록 한다.
6) 얇은 판에 구멍을 뚫을 때에는 나무판을 밑에 받치고 뚫도록 한다.
7) 이송레버를 파이프에 걸고 무리하게 돌리지 않는다.
8) 전기드릴을 사용할 때는 반드시 접지하도록 한다.

4 밀링 작업 안전수칙

1) 사용 전에 반드시 기계 및 공구를 점검, 시운전한다.
2) 일감은 테이블 또는 바이스에 안전하게 고정한다.
3) 커터의 제거, 설치 시에는 반드시 스위치를 내리고 한다.
4) 테이블 위에 측정구나 공구를 놓지 않도록 한다.
5) 칩을 제거할 때에는 기계를 정지시킨 후 브러시로 행한다.
6) 가공 중에 얼굴을 기계에 접근시키지 않는다.
7) 가공 중에 손으로 가공면을 점검하지 않는다.
8) 황동이나 주강 같은 철가루가 날리기 쉬운 작업 시에는 보안경을 착용한다.

5 둥근톱 작업 안전수칙

1) 작업 전 반드시 시운전을 하여 이상유무를 확인하고 작업한다.
2) 톱날의 균열 마모, 손상은 되지 않았는가 확인한다.
3) 안전장치의 파손, 작동불량 등 이상이 없는지를 작업중 수시로 확인한다.
4) 작업중 안전보호구를 착용하고 작업한다.
5) 톱날의 체결 너트는 확실하게 체결하고 작업한다.
6) 톱날 교체 시는 충분히 시운전한 후 작업한다.
7) 무부하 운전시 이상소음 진동이 발생하는지 확인한다.
8) 기계 작동중 자리 이탈을 금하며, 담당자 이외는 취급을 금한다.
9) 작업종료 후 자리 이탈 및 정전 시에는 스위치를 반드시 끈다.

6 연삭기 작업 안전수칙

1) 연삭기의 덮개 노출각도는 90°이거나 전체 원주의 1/4을 초과하지 말 것
2) 연삭숫돌의 교체시는 3분 이상 시운전할 것
3) 사용 전에 연삭 숫돌을 점검하여 균열이 있는 것은 사용하지 말 것
4) 연삭숫돌과 받침대 간격은 3mm 이내로 유지할 것
5) 작업 시는 연삭숫돌 정면으로부터 150°정도 비켜서 작업할 것
6) 가공물은 급격한 충격을 피하고 점진적으로 접촉시킬 것
7) 작업 시 연삭숫돌의 측면을 사용하여 작업하지 말 것
8) 소음이나 진동이 심하면 즉시 점검할 것

7 선반 작업 안전수칙

1) 작동 전 기계의 모든 상태를 점검할 것
2) 절삭작업 중에는 보안경을 착용할 것
3) 바이트는 가급적 짧고 단단히 조일 것
4) 가공물이나 척에 휘말리지 않도록 작업자는 옷 소매를 단정히 할 것
5) 작업도중 칩이 많아 처리할 때에는 기계를 멈춘 다음에 행할 것
6) 긴 물체를 가공할 때는 반드시 방진구를 사용할 것
7) 칩을 제거할 때는 압축공기를 사용하지 말고 브러시를 사용할 것

03 전기 안전수칙

1 전기 안전수칙

1) 물 묻은 손으로 전기 기계·기구의 조작 금지
2) 누전차단기의 동작여부는 월1회 이상 주기적으로 수동 시험하여 동작되지 않을 시는 교체
3) 비닐 코드선을 전기배선으로의 사용금지
4) 문어발식 배선으로 한번에 많은 전기기구를 사용하면 코드가 과열되어 위험

5) 플러그는 콘센트에 완전히 접속하여 접촉 불량으로 과열을 방지
6) 습기가 있는 장소에서는 감전사고 예방을 위하여 반드시 접지 시설을 한다.
7) 코드(배선)을 묶거나 무거운 물건을 올려 놓지 않도록 주의한다.
8) 감전사고 예방을 위하여 덮개가 있는 콘센트의 사용을 권장한다.
9) 플러그를 장기간 꽂아둔 채 사용하면 콘센트와 플러그 사이에 먼지가 쌓여 습기가 차면 누전이나 화재의 원인이 될 수 있으므로 수시로 청소
10) 전기공사는 정부면허 전문공사업체에 의뢰

2 용접작업 시 안전수칙

1) 용접작업 시 물기있는 장갑, 작업복, 신발을 절대 착용하지 않는다.
2) 용접작업 시 안전보호구를 철저히 착용한다.
3) 용접기 주변에 물을 뿌리지 않는다.
4) 용접기를 사용하지 않을때는 스위치를 차단시키고 전선을 정리해 둔다.
5) 용접기 어스선의 접속상태를 확인한다.
6) 용접작업 중단 시 전원을 차단시킨다.
7) 용접작업장 주위에는 기름, 나무조각, 도료, 헝겊 등 타기 쉬운 물건을 두지 않는다.
8) 전압이 걸려 있는 홀더에 용접봉을 기운채 방치하지 않는다.
9) 절연커버가 파손되지 않은 홀더를 사용한다.
10) 탱크 등 좁은 공간에 용접시 물체가 기대지 않는다.

3 전기안전 10요점

1) 배선접속은 전기취급자가 한다.
2) 이동용 기기는 누전을 금한다.
3) 용접기는 전격을 방지한다.
4) 기계에는 접지를 실시한다.
5) 단동전선은 케이블을 사용한다.
6) 이동 전구는 코너에 붙인다.
7) 기계는 사용 전 점검을 한다.
8) 기계의 수리이동은 전원을 끊고 한다.
9) 충전부분은 노출이 안 되게 한다.
10) 고압선을 방호한다.

04 기타 안전수칙

1 화재예방 수칙

1) 금연 수칙을 잘 지킬 것
2) 인화성 물질을 취급하는 곳에서 화기작업을 할 경우 반드시 화기 작업 허가를 받은 후에 작업할 것
3) 금연 구역에는 가연성 물질이 있음을 뜻하므로 가연성 물질이 보이지 않더라도 화기를 사용하지 말 것
4) 가연성 쓰레기 등은 금속용기에 모아 버려야 하며 보관시에는 밀폐하여 둘 것
5) 소화기의 점검, 소화액 보급 등을 철저히 하고 점검표를 붙여서 점검, 정비, 사용, 소화액 사용 등을 상세히 기록할 것
6) 소화기의 비치 장소를 사전에 알아 둘 것
7) 소화기의 사용 방법을 알아 둘 것
8) 비상탈출구의 위치를 알아 두고 비상탈출구는 언제나 사용할 수 있도록 해 둘 것
9) 소화기나 소방호스, 소화전은 정상으로 유지해 놓을 것
10) 휘발유, 석유, 납사 등에 젖은 옷은 즉시 갈아 입을 것
11) 관리 감독자가 교육한 안전교육 내용에 따라 인화성 물질을 취급할 것
12) 경보장치의 위치와 사용방법을 알아 둘 것
13) 화기사용 후에는 반드시 소화상태를 확인하고 작업장을 떠날 것
14) 하수구에는 절대로 유류를 버리지 말 것
15) 페인트 작업 시에는 특히 화기에 주의할 것

2 폭발성 물질 등 수칙

1) 관리 감독자는 작업자가 안전수칙을 준수하도록 관리 감독할 것
2) 폭발성 물질은 저장, 취급할 때에는 불티, 불꽃, 고온체에의 접근을 피하고 과열, 충격, 마찰을 방지할 것
3) 발화성 물질은 저장, 취급할 때에는 산화재와의 접촉·혼합, 불티·불꽃, 고온체에의 접근, 과열, 물과의 접촉을 피할 것

4) 산화성 물질은 저장, 취급할 때에는 분해 촉진 물질, 가연물, 가열, 충격, 마찰을 피할 것
5) 인화성 물질을 저장, 취급할 때에는 불티, 불꽃, 고온체에의 접근을 방지하고 증기 발생을 억제할 것
6) 부식성 물질을 저장, 취급할 때에는 인체와의 접촉, 가연물과의 접촉, 분해촉진물과의 접근을 피할 것
7) 독성물질을 저장, 취급할 때에는 누출, 인체와의 접촉을 피할 것
8) 위험물질이 있는 장소에 안전표지를 설치할 것

3 보호구 착용수칙

1) 관리 감독자는 사업장 내 규정된 안전수칙을 준수하도록 관리 감독할 것
2) 사업장에서 근무하는 임직원은 작업특성에 적합한 규정된 작업복을 착용할 것
3) 추락 또는 낙하·비래 등의 위험이 있는 장소에서는 안전화 및 안전모를 착용할 것
4) 드릴 등 회전하는 기계에 접근하여 작업하는 자는 장갑을 착용하지 말 것
5) 비분, 칩, 기타 비산물이 발생하는 절단·연삭·기계가공 등의 작업을 수행할 때는 보안경을 착용할 것
6) 유해 화학물질 취급작업 수행 시는 보안경, 내산장갑, 앞치마 등을 착용할 것
7) 유해광선이 발생하는 장소에서는 차광안경을 착용할 것
8) 대지전압이 30V를 초과하는 전기기계·기구·배선 또는 이동전선의 충전 선로를 점검 및 수리하는 자는 절연안전모, 절연 장갑 등 절연 보호구를 착용할 것
9) 수중에 전락할 우려가 있는 장소에서 작업하는 자는 구명조끼를 착용할 것
10) 산소농도가 18%미만인 장소에서 작업 시 공기 공급식 호흡보호구를 착용할 것
11) 독성가스가 허용농도 이상으로 존재하는 장소에서는 공기 공급식 호흡보호구를 착용할 것
12) 소음이 많이 발생하는 장소에서는 귀마개, 귀덮개를 착용할 것

4 복장 안전수칙

1) 관리감독자는 안전수칙을 준수하도록 관리 감독할 것
2) 사내에서는 회사에서 지급한 작업복을 단정하게 착용할 것
3) 안전모와 안전화는 조정실, 사무실을 제외한 곳에서는 필히 착용할 것
4) 상의 단추나 자크는 잠그고 단정한 복장으로 작업에 임할 것
5) 소음이 많이 발생하는 곳 및 「귀마개 착용」표지판이 부착된 곳은 반드시 귀마개를 착용할 것

6) 유독물질이나 분진이 발생하는 작업에는 방독마스크, 방진마스크를 착용해야 하며 필터는 필터의 교환주기를 반드시 준수할 것
7) 그라인더 작업, 용접작업, 유독물질 취급등에는 눈을 헤칠 우려가 있으므로 적절한 보안경을 착용할 것
8) 용기 출입 시는 반드시 공기호흡기 등 호흡용 보호구를 착용할 것
9) 안전조치가 되어 있지 않은 고소작업에는 반드시 안전대를 착용할 것
10) 부식성 물질을 취급시 적절한 내산장갑, 고무장갑, 기타 앞치마 등을 착용할 것

5 고압가스 안전수칙

1) 가스 연소기에 점화할 때에는 먼저 점화원을 제공한 후 가스를 공급하여 점화하여야 한다.
2) 고압가스는 관계자 이외의 사람이 취급하거나 접근해서는 안된다.
3) 충전용기는 40℃이하의 온도에 저장하여야 하며, 직사광선 또는 발열체로부터 보호되어야 한다.
4) 사용하지 않는 용기는 반드시 보호캡을 씌워서 밸브의 손상을 방지해야 한다.
5) 고압가스 용기는 소정의 용기검사를 필한 용기를 사용해야 한다.
6) LPG 또는 수소 취급 지역내에서 금속, 철재공구, 자재 등을 던지거나 타격해서는 안된다.
7) 가스용기를 도관에 연결할 때는 확실히 하여야 하며 연결 후 비눗물 검사를 하여 누설이 있을 경우 가스를 완전히 차단 후 다시 연결하여야 한다.
8) 충전용기를 보관 또는 운반할 때에는 전락, 전도 등으로 인한 충격을 방지하기 위하여 와이어 또는 체인으로 견고하게 결속해야 한다.
9) 고압가스 저장 또는 취급장소에서 화기를 사용해서는 안된다.
10) 고압가스 용기를 사용하기 전 도색 및 품명 표시등을 확인하여 오사용이 없도록 한다.
11) LPG를 충전할 때에는 저장탱크의 경우 실제용적의 90% 이하, 용기는 85% 이하로 충전하여야 한다.
12) 전선 또는 접지선 가까이 용기를 저장해서는 안된다.
13) 손으로 열리지 않을 정도로 굳게 잠김 밸브를 다른 공구로 무리하게 열려고 해서는 안된다.
14) 밸브가 고장난 용기를 취급해서는 안된다.
15) 상·하차 작업을 할때는 고무판, 가마니 등을 사용하여 용기에 가해지는 충경을 최소한으로 방지하여야 한다.

16) 가연성 가스와 산소가스를 함께 보관·운반해서는 안되며 부득이한 경우에는 서로 멀리 떨어지게 하고 또한 각 충전용기의 밸브가 서로 마주보지 않도록 해야 한다.
17) 고압가스 충전용기의 밸브는 서서히 개폐하고 밸브 또는 배관을 가열할 때는 열습포나 섭시 40℃이하의 더운물을 사용하여야 한다.
18) 고압가스 저장 또는 취급 장소에 구리스, 기름 등의 유지류 또는 가연성 물질을 사용하거나 방치해서는 안된다.

05 안전 보건 표지

지시표지(9종)

보안경 착용	방독마스크 착용	방진마스트 착용	보안면 착용	안전모 착용
귀마개 착용	안전화 착용	안전장갑 착용	안전복 착용	

금지표지(8종)

출입금지	보행금지	차량통행금지	사용금지
탑승금지	금연	화기금지	물체이동금지

안내표지(7종)

녹십자표지	응급구호표지	들것	세안장치

비상용기구	비상구	좌측비상구	우측비상구

경고표지(15종)

인화성물질경고	산화성물질경고	폭발성물질경고	급성독성물질경고

부식성물질경고	방사성물질경고	고압전기경고	매달린물체경고

낙하물경고	고온경고	저온경고	몸균형상실경고

레이저광선경고	발암성·변이원성·생식독성·전신독성·호흡기과민성물질경고		위험장소경고

Tip

안전·보건 표지의 종류별 용도, 형태 및 색채

① **지시 표지**: 바탕은 파란색, 관련 그림은 흰색
② **금지 표지**: 바탕은 흰색, 기본 모형은 빨간색, 관련 부호 및 그림은 검은색
③ **안내 표지**: 바탕은 흰색, 기본 모형 및 관련 부호는 녹색, 바탕은 녹색, 관련 부호 및 그림은 흰색
④ **경고 표지**: 바탕은 무색, 기본 모형은 빨간색(검은색도 가능)
⑤ **인화성 경고 표지**: 바탕은 노란색, 기본 모형, 관련 부호 및 그림은 검은색

부록

- 기출문제 모음 -

- 과년도 기출문제
- 복원 기출문제

국가기술자격 필기시험문제

2014년도 1회 기능사 필기시험

자격종목 및 등급(선택분야)	종목코드	시험시간	문제지형별	수검번호	성 명
농기계 운전기능사	6301	1시간			

1. 경운기의 바퀴도 트랙터 바퀴와 같이 작업 조건에 따라 윤거를 조절할 수 있는 방식이 아닌 것은?
① 차륜의 허브로 차축을 섭동하는 방법
② 좌우 차륜을 서로 교체하는 방법
③ 조정 칼라를 차축에 교체하는 방법
④ 타이어를 바꾸어 끼우는 방법

해설 타이어를 바꾸어 끼우면 윤거는 조절이 된다. 바퀴의 러그(트레드)가 바뀌어 견인력이 저하될 수 있다.

2. 농업기계의 엔진 오일교환은 언제 하는 것이 가장 적합한가?
① 운전 전
② 단기 운전 후
③ 운전 중
④ 운전 종료 후

3. 목초의 잎과 줄기가 고르게 건조되도록 예취한 목초를 짓눌러 주는 농작업기는?
① 모어
② 헤이 테더
③ 헤이 컨디셔너
④ 헤이 레이크 테더

해설 모워 : 목초를 베어주는 기계
헤이 테더 : 목초를 반전하는 기계
헤이 레이크 테더 : 목초를 반전, 집초해주는 기계

4. 다음 중 방제 작업을 할 때 작업자의 안전을 고려하여 최우선으로 고려해야할 사항은?
① 살포시간
② 도달거리
③ 바람의 방향
④ 살포법의 종류

5. 콤바인에서 경보 장치가 울리는 비정상적인 작업 상태로 가장 거리가 먼 것은?
① 1번구가 막히는 경우
② 볏짚 처리부가 막히는 경우
③ 예취 날이 날카로운 경우
④ 곡물 탱크가 가득 찰 경우

6. 운전자가 안전하고 편하게 운전 조작할 수 있도록 기종에 따라 콤바인에 부착하는 자동화 장치가 아닌 것은?
① 배출 오거 자동 되돌림 장치
② 자동 수평 조절 장치
③ 엔진 자동 정지 장치
④ 자동 기어 자동 잠금장치

7. 토인(toe-in)의 설명으로 적당한 것은?
① 아래쪽이 안쪽으로 적당한 각도로 기울어지도록 설치한 것
② 수직선에 대해서 위쪽이 안쪽으로 기울어진 것
③ 앞바퀴를 위에서 보았을 때 뒤쪽의 간격보다 앞쪽의 간격이 좁게 된 것
④ 앞에서 볼 때 뒤쪽으로 기울어져 있는 것

해설 토인 : 앞바퀴를 위에서 보았을 때 뒤쪽의 간격보다 앞쪽 간격이 좁게 된다.
캠버 : 정면에서 보았을 때 수직선에 대하여 차륜의 중심선이 경사되어 있는 상태
캐스터 : 측면에서 보았을 때 킹 핀의 중심선이 노면에 수직인 직선에 대하여 한쪽으로 기울어져 있는 상태
킹 핀 : 캠버 각을 작게 하기 위해 양쪽 륜의 각도를 잡아주기 위한 상태

ANSWER 1.④ 2.④ 3.③ 4.③ 5.③ 6.③ 7.③

8. 콤바인의 예취날과 고정날의 틈새는 무엇으로 조정하는가?
① 유압장치   ② 고정너트
③ 조정볼트   ④ 조정심

9. 국내에서 사용되고 있는 동력 살분무기 사용 적정 회전수는?
① 1000 ~ 2000rpm
② 3000 ~ 4000rpm
③ 5000 ~ 6000rpm
④ 7000 ~ 8000rpm

해설 동력 살분무기는 2행정 가솔린기관으로 사용 적정 회전수는 7000~8000rpm이다.

10. 고속기관에 열형 플러그를 사용하면 발생되는 현상은?
① 플러그의 과열로 조기점화가 일어난다.
② 플러그의 온도가 낮아져서 점화가 되지 않는다.
③ 플러그에 연료가 부착되어 노킹 현상이 발생된다.
④ 중심전극과 케이싱이 짧아 열이 쉽게 빠져나간다.

11. 내연기관에서 연료가 지닌 전체 열에너지 중 연소하여 피스톤을 밀어내는 유효 에너지로 변환된 비율을 무엇이라고 하는가?
① 제동 열효율   ② 정미 열효율
③ 기계 열효율   ④ 도시 열효율

해설 제동 열효율 : 실제로 사용되는 유효 에너지
도시 열효율 : 이론적인 에너지(손실이 없는 상태)

12. 취급 조작이 용이하여 왕복식에 비하여 속도가 매우 빠르며, 구릉지에서의 목초 예취 작업에 가장 적당한 모워는?
① 커터바 모워   ② 전단식 모워
③ 프레일 모워   ④ 로터리 모워

13. 관리기로 두둑을 만드는 작업 방법으로 틀린 것은?
① 두둑작업은 천천히 전진하면서 작업한다.
② 미륜을 떼어내고 두둑 성형판을 장착한다.
③ 두둑의 모양과 크기에 따라 두둑 성형판을 조절해 주어야 한다.
④ 서로 다른 나선형의 경운날을 좌우가 대칭되도록 로터리가 부착한다.

14. 플라우의 구조와 기능에 대한 설명으로 틀린 것은?
① 플라우 장착의 3점은 보습끝, 보습날개, 몰드보드 끝을 말한다.
② 원판형 콜터는 토양을 수직으로 절단한다.
③ 원판 플라우는 접시모양의 오목한 구면의 일부 또는 평평한 원판으로 경운작업을 하는 작업기이다.
④ 수평 및 수직 흡인은 경심, 경폭 및 진행 방향을 일정하게 유지하는 작용을 한다.

해설 플라우 장착의 3점은 상부링크, 하부링크 두 개를 말한다. 보습, 몰드보드, 지측판은 쟁기의 3요소이다.

15. 산파모 이앙기에서 식부침의 크랭킹 속도와 모 탑제대의 상대 속도를 조절 및 조정하는 것은?
① 주간의 조정
② 조간의 조정
③ 식부본수의 가로 이송량 조정
④ 식부 본소의 세로 이송량 조정

16. 로터리 작업 시 후진할 때 주의 사항으로 옳은 것은?
① 빠른 속도로 후진한다.
② 로터리에 전달되는 동력을 차단한다.
③ 보조자가 뒤에서 신호한다.
④ 로터리를 지면에 내려서 후진한다.

해설 로터리 작업 시에는 로터리에 전달되는 동력을 차단한다.

ANSWER 8.④ 9.④ 10.① 11.① 12.④ 13.① 14.① 15.③ 16.②

17. 트랙터의 동력 전달 순서로 옳은 것은?
① 엔진 → 주클러치 → 차동장치 → 변속기 → 뒷차축 → 최종구동장치
② 엔진 → 변속기 → 주클러치 → 차동장치 → 최종구동장치 → 뒷차축
③ 엔진 → 주클러치 → 변속기 → 차동장치 → 최종구동장치 → 뒷차축
④ 엔진 → 최종구동장치 → 주클러치 → 변속기 → 뒤차축 → 차동장치

18. 트랙터 핸들이 무거울 때의 원인이 아닌 것은?
① 드래그 링크의 볼 마멸
② 캠버 불량
③ 킹핀 베어링의 파손
④ 앞바퀴 타이어 공기압의 부족

19. 조파기에서 파종에 적합한 깊이의 고랑으로 만들어주는 장치는?
① 구절기
② 종자관
③ 복토기
④ 진압기

해설 종자관 : 종자를 구절기 방향으로 인도해주는 장치
복토기 : 종자가 파종된 후 흙을 덮어주는 장치
진압기 : 흙을 덮고 난 후 복토된 흙을 눌러주는 장치

20. 2행정 가솔린 기관을 사용하는 동력 예초기에서 연료와 엔진오일의 혼합비로 가장 적합한 것은?
① 1~5 : 1
② 10~15 : 1
③ 20~25 : 1
④ 30~35 : 1

해설 2행정 가솔린 기관을 사용하는 동력예초기는 연료와 2사이클 엔진오일을 희석하여 사용한다. 이때 혼합비는 20~25 : 1로 한다. (0~25는 연료 1은 2사이클 엔진오일)

21. 벼의 총 무게가 100g이고 수분이 20g 완전 건조된 무게가 80g이다. 습량기준 함수율은?
① 80%
② 25%
③ 20%
④ 15%

해설 함수율 = $\dfrac{수분량}{벼의 총무게}$
= $\dfrac{20}{100} \times 100\% = 20\%$

22. 다음 중 스프링클러는 어느 작업을 하는 농업기계인가?
① 경기 작업
② 탈곡 작업
③ 방제 작업
④ 관수 작업

23. 배기량이 300cc, 연소실 용적이 60cc인 단기통 기관의 압축비는?
① 18 : 1
② 15 : 1
③ 6 : 1
④ 1.2 : 1

해설 압축비 = $\dfrac{행정체적 + 연소실체적}{연소실 체적}$
= $\dfrac{300+60}{60} = 6$

24. 목초나 사료작물을 예취와 동시에 잘게 절단하고 이것을 위로 불어 올려 운반차에 적재하는 기계로서 엔실리지를 만들 때 많이 이용되는 기계는?
① 헤이 레이크
② 포리지 하베스터
③ 헤이 컨디셔너
④ 모워

해설 헤이 레이크 : 목초를 모아주는 기계
헤이 컨디셔너 : 목초를 베고 적당한 상태로 건조시켜주는 장치
모워 : 목초를 베어주는 장치

ANSWER 17.③ 18.③ 19.① 20.③ 21.③ 22.④ 23.③ 24.②

25. 보행형 다목적 관리기에서 경운변속의 방법으로 알맞은 것은?

① 주행 속도의 변환
② PTO 변속 레버의 변환
③ PTO 스프로켓 기어의 교환
④ 체인 케이스의 조립 위치 변경

해설 체인케이스의 조립 위치를 변경하여 변속한다.

26. 플라우를 연결할 때의 작업 순서를 바르게 표시한 것은?

> ㉮ 트랙터를 부착하기 편리하게 후진시킨다.
> ㉯ 좌측 하부의 링크를 끼운다.
> ㉰ 우측 하부의 링크를 끼운다.
> ㉱ 톱 링크를 끼운다.
> ㉲ 체크 체인을 조정한다.
> ㉳ 좋은 작업이 될 수 있게 각 부분을 조정한다.

① ㉮→㉯→㉰→㉲→㉱→㉳
② ㉮→㉯→㉰→㉱→㉲→㉳
③ ㉱→㉮→㉯→㉰→㉲→㉳
④ ㉱→㉳→㉰→㉯→㉮→㉲

해설 플라우(쟁기)를 트랙터에 부착하기 위해서는 트랙터를 부착하기 편하게 후진시킨다. → 좌측 하링크를 끼운다. → 우측 하부링크를 끼운다. → 톱링크(상부링크)를 끼운다. → 체크 체인을 이용하여 좌우를 조정한다. → 좋은 작업이 될 수 있게 각 부분을 조정한다.

27. 농업기계의 이용비용에 해당되는 감가상각비를 구하는 공식은 어느 것 인가?

① $D = \dfrac{P-S}{L}$
② $D = \dfrac{S-P}{L}$
③ $D = \dfrac{P-S}{2L}$
④ $D = \dfrac{P-L}{S}$

28. 보행형 관리기의 장기간 보관 방법으로 적적하지 못한 것은?

① 통풍이 잘되고 건조한 실내에서 보관한다.
② 흙과 먼지를 세척하고 건조하게 한다.
③ 가솔린 연료를 가득 채운다.
④ 에어 클리너 엘리먼트를 깨끗하게 청소하여 둔다.

해설 가솔린을 연료를 사용하는 기관은 연료를 모두 제거하여 보관한다. 디젤을 연료를 사용하는 기관은 연료를 가득 채워 보관한다.

29. 다음 중 가솔린 기관에서 점화시기를 자동적으로 조절하는 것은?

① 점화플러그
② 마그네틱
③ 원심식 진각장치
④ 크랭크축

30. 경운기용 쟁기 중 이체의 밑 부분으로서 토양의 반전될 때 나타나는 측압을 견디고, 쟁기의 안정을 유지하는 기능을 담당하는 것은?

① 히치
② 바닥쇠
③ 보습
④ 볏

해설 히치 : 트레일러를 끌기 위해 경운기와 트레일러 연결을 위한 뭉치
보습 : 쟁기 작업 시 작기가 흡인하기 하고 토양을 절삭해주는 부위
볏(몰드보드) : 보습에서 절삭한 흙을 반전시켜주는 역할을 함

31. 직류 전압과 전류, 교류전압, 저항 등을 측정할 수 있는 것은?

① 전력계
② 회로시험기
③ 절연저항계
④ 주파수 측정기

ANSWER 25.④ 26.② 27.① 28.③ 29.③ 30.② 31.②

32. 다음 회로에 흐르는 전류(I)는 몇 A인가?

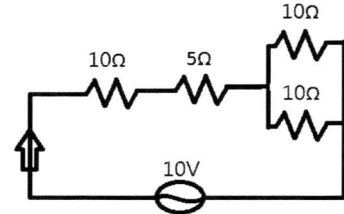

① 0.5A ② 1A
③ 5A ④ 10A

해설 $R_{직렬} = 10 + 5$,
$\frac{1}{R_{병렬}} = \frac{1}{10} + \frac{1}{10} = \frac{1}{5}$, $R_{병렬} = 5$
$R_t = 15 + 5 = 20$
$I = \frac{V}{R_t} = \frac{10}{20} = 0.5A$

33. 저항 R_1과 R_2를 병렬로 접속하는 합성저항은?

① $\frac{1}{R_1 + R_2}$ ② $\frac{R_1 R_2}{R_1 + R_2}$
③ $\frac{R_1 + R_2}{R_1 R_2}$ ④ $R_1 + R_2$

해설 $\frac{1}{R_t} = \frac{1}{R_1} + \frac{1}{R_2} = \frac{R_1 + R_2}{R_1 \times R_2}$ $R_t = \frac{R_1 + R_2}{R_1 + R_2}$

34. 피조면의 밝기를 표시하는 것은?
① 광도 ② 광원
③ 조도 ④ 광속

해설 광도 : 단위면적을 단위시간동안 통과하는 광속의 크기
광원 : 빛을 내는 물체 또는 도구

35. 동선의 저항은 온도가 상승하면 어떻게 되는가?
① 일정하다.
② 커진다.
③ 작아진다.
④ 아무 변화가 없다.

해설 동선의 저항은 온도가 상승하면 저항은 커진다.

36. 배전기의 기능과 가장 거리가 먼 것은?
① 점화 1차 전류의 접점을 단속하여 점화 2차 코일에 고압전기를 유도한다.
② 점화 2차 코일에 유도된 고압전기를 점화 순서에 따라 각 실린더의 점화 플러그에 보낸다.
③ 엔진의 회전 속도에 따라 점화시기를 빠르게 하거나 늦게 한다.
④ 점화플러그에 불꽃 방전을 일으킬 수 있는 높은 전압의 전류를 발생시키는 승압 변압기의 역할을 한다.

37. 실효값이 220V인 정현파 교류의 최댓값은 약 몇 V인가?
① 220
② 264
③ 311
④ 381

해설 정현파 교류의 최대값은 실효값의 (루트2)배이다.

38. 100Ah의 축전지를 부하에 300A로 전류를 흘릴 경우 사용할 수 있는 시간은?
① 5분
② 15분
③ 10분
④ 20분

해설 $100Ah = 300A \times 시간$,
$시간 = \frac{1}{3} \times 60 = 20분$

39. 축전지의 용량이란?
① 축전지의 외형적인 크기를 말한다.
② 전해액의 양을 말한다.
③ 전압과 전류의 곱을 말한다.
④ 방전종지전압이 될 때까지 낼 수 있는 전기량을 말한다.

Answer 32.① 33.② 34.③ 35.② 36.④ 37.③ 38.④ 39.④

40. 점화장치에 단속기를 두는 이유는?
① 점화시기에 맞추어 전류를 분해하기 위하여
② 점화코일의 과열을 방지하기 위하여
③ 농기계에 사용하는 전류가 직류이기 때문에
④ 캠 앵글과 관계가 있기 때문에

41. 다음 중 램프 시험기로 측정할 수 있는 시험은?
① 전압측정 시험
② 전류측정 시험
③ 통전 시험
④ 절연 시험

42. 내연기관과 비교할 때 전동기의 장점이 아닌 것은?
① 자동제어 및 원격제어를 하기 쉽다.
② 전원 및 배전설비가 필요 없다.
③ 내연기관에 비하여 소형이다.
④ 소음 진동이 적으며, 공해의 원인인 배기가스가 없다.

43. 자기 작용과 가장 거리가 먼 것은?
① 콘덴서
② 발전기
③ 전동기
④ 변압기

44. 직류기의 전기자 반작용의 영향을 보상하는 데 효과가 가장 큰 것은?
① 보극
② 보상권선
③ 균압고리
④ 탄소 브러시

45. 다음 중 납축전지의 특징이 아닌 것은?
① Ah당 단가가 낮다.
② 충방전 전압차이가 적다.
③ 공칭 전압은 셀 당 약 1.2V이다.
④ 전해액의 비중으로 충방전의 상태를 알 수 있다.

46. 배터리의 취급 시 안전사항으로 틀린 것은?
① 전해액 혼합 시 플라스틱 또는 고무용기를 사용할 것
② 축전지 전해액의 온도가 급격히 높아지지 않도록 주의할 것
③ 전해액이 담긴 병을 옮길 때는 보호 상자에 넣어 안전하게 운반할 것
④ 축전지 표면에 있는 침식물이나 먼지 등을 입으로 불거나 공기 호스 등을 이용하여 청소하지 말 것

해설 전해액 혼합 시 질그릇을 사용해야 한다.

47. 다음 중 쇠톱을 사용할 때 주의사항으로 가장 적절한 것은?
① 절단이 끝날 무렵에는 천천히 작업한다.
② 한손으로 작업해도 무방하다.
③ 절단이 끝날 무렵에는 힘을 강하게 준다.
④ 공작물을 동료가 잡고 작업한다.

48. 정밀작업면의 조도 기준은 얼마인가?
① 750룩스 이상
② 300룩스 이상
③ 150룩스 이상
④ 75룩스 이상

ANSWER 40.③ 41.③ 42.② 43.① 44.② 45.③ 46.① 47.① 48.①

49. 트랙터로 포장작업 시 주의사항으로 틀린 것은?
① 작업기 부착 시는 엔진을 정지한다.
② PTO 회전 시에는 청소, 손질을 금지한다.
③ 경사지 작업 시에는 차륜 폭을 좁게 조정한다.
④ 브레이크는 독립 브레이크를 사용한다.

50. 다음 중 농업용 트랙터에 부착하는 안전표지의 목적과 가장 거리가 먼 것은?
① 위험을 확인하기 위하여
② 위험의 정도 및 취급요령을 설명하기 위하여
③ 현존 또는 잠재적인 위험을 경고하기 위하여
④ 위험을 피할 수 있는 방법을 알려 주기 위하여

51. 소음의 정도를 나타내는 단위는?
① LUX
② dB
③ ppm
④ mg/cm^2

52. 절연용 보호구의 사용법으로 틀린 것은?
① 절연용 보호구는 사용목적에 적합한 종별 재질 및 치수의 것을 사용하여야 한다.
② 사업주는 절연용 보호구 등이 안전하게 유지되는지 정기적으로 확인하여야 한다.
③ 충전 전로 인근에서의 차량 기계장치 등의 작업 시 절연용 보호구를 착용해야 한다.
④ 사업주는 근로자가 절연용 보호구의 균열로 인해 교환을 요구하는 경우 사용 후 조치한다.

53. 보호구의 구비조건으로 틀린 것은?
① 겉모양과 표면이 섬세하며 외관이 좋을 것
② 보호구의 원재료 품질이 양호할 것
③ 유해 위험요소에 대한 방호성능이 충분할 것
④ 보호구는 착용이 복잡할 것

54. 방제 작업 중 동력분무기 벨트에 작업자가 말려 들어가지 않기 위해 주의할 사항으로 틀린 것은?
① 헐렁한 옷이나 소매가 긴 옷을 입는다.
② 긴 머리칼은 묶거나 모자 속으로 집어넣는다.
③ 보석류는 빼놓고 작업에 임한다.
④ 신발은 꼭 맞고 미끄럼 방지 처리된 안전화를 착용한다.

55. 안전에 대한 관심과 이해가 인식되고 유지됨으로써 얻을 수 있는 이점으로 가장 거리가 먼 것은?
① 기업의 신뢰도를 높여준다.
② 기업의 이직률이 감소된다.
③ 고유기술이 축적되어 품질이 향상된다.
④ 기업의 투자 경비를 확대해 나갈 수 있다.

56. 농기계를 보관하는 방법에 대한 내용으로 틀린 것은?
① 윤활유를 새것으로 교환한다.
② 축전지 -단자를 분리해 놓는다.
③ 건조기의 각종 벨트를 느슨하게 한다.
④ 트랙터 유압기구의 리프트 암(lift arm)을 내려둔다.

ANSWER 49.③ 50.④ 51.② 52.④ 53.④ 54.① 55.④ 56.④

57. 전동 공구 및 공기 공구의 취급 안전에 관한 사항으로 틀린 것은?
① 감전 사고에 주의한다.
② 전선 코드의 취급을 안전하게 한다.
③ 회전하는 공구는 적정 회전수로 사용한다.
④ 콤프레서의 압축 된 공기의 물 빼기를 할 때는 고압 상태에서 배수 플러그를 조심스럽게 푼다.

58. 동력 분무기로 방제 작업할 때 작업 방법으로 틀린 것은?
① 고무장갑, 방독면, 방제복 등을 착용하고 작업한다.
② 방제 작업 전에 농약의 사용설명서를 잘 읽고 따라한다.
③ 맞바람을 맞으면서 방제작업을 실시한다.
④ 서늘하고 바람이 적을 때 실시한다.

59. 화재 발생 시 소화방법으로 틀린 것은?
① 가연물의 제거
② 산소 공급원의 차단
③ 연속적 관계 연결
④ 냉각에 의한 온도 저하

60. 수공구 취급에 대한 안전 수칙으로 틀린 것은?
① 줄 작업 시 절삭 칩은 입으로 불지 않는다.
② 해머 자루에는 쐐기를 박아 사용한다.
③ 정 작업 시 정의 머리 부분에 기름이 묻지 않도록 한다.
④ 줄 작업 시 일의 효율 향상을 위해 마주보고 작업을 한다.

ANSWER 57.④ 58.③ 59.③ 60.④

국가기술자격 필기시험문제

2014년도 2회 기능사 필기시험

자격종목 및 등급(선택분야)	종목코드	시험시간	문제지형별	수검번호	성 명
농기계 운전기능사	6301	1시간			

1. 동력이앙기에서 모의 식부 깊이를 일정하게 하는 것은?
① 이앙암　　② 안내봉
③ 플로트　　④ 모 탑재대

해설 이앙기의 주요 부위 : 모 탑재판, 플로트, 모 공급 장치, 식부장치
- 모 탑재판은 식부장치가 모를 떼어낼 수 있도록 거치되어 있는 상태를 유지하게 해준다.
- 플로트는 논 표면을 수평으로 정지하고 이앙 깊이(식부깊이) 조절을 가능하게 한다.
- 식부장치는 모를 적절히 떼 내어 심는 기능을 한다.

2. 동력 살분무기로 약제의 살포 방법으로 적절하지 않은 것은?
① 전진법　　② 후진법
③ 횡보법　　④ 지그재그법

해설 동력 살분무기로 약제를 살포할 때에는 가장 중요한 것은 바람을 등지고 작업하는 것이다. 바람의 방향에 따라 전진법, 후진법, 횡보법으로 살포하지만 지그재그 법으로 살포하면 바람의 방향의 영향을 받을 수 있기 때문에 지그재그 법은 적절하지 않다.

3. 기계의 구입 가격이 600만원, 폐기 가격이 60만원, 내구연한이 10년인 경우 직선법에 의한 이 기계의 감가상각비는?
① 54,000(원/년)
② 540,000(원/년)
③ 660,000(원/년)
④ 3,600,000(원/년)

해설
$$감가상각비 = \frac{구입가격 - 폐기가격}{내구연한} = \frac{600만원 - 60만원}{10년}$$
$$= 54만원/년$$
∴ 감가상각비 = 540,000(원/년)

4. 내연 기관의 총배기량을 구하는 공식은?
① 압축비×실린더 수
② 실린더의 단면적×행정×실린더 수
③ 실린더의 지름×행정×압축비
④ 실린더의 단면적×압축비×실린더 수

해설 내연기관의 배기량(cc)
 = 실린더의 단면적(cm^2) × 행정(cm) × 실린더 수

- 실린더의 단면적(cm^2) = $\frac{\pi D^2}{4}$
- 행정(cm) = 피스톤의 왕복거리(cm)
- 실린더 수 = 기통수

5. 동력 살분무기를 이용하여 방제작업 하기에 적당한 시기는?
① 바람이 없는 날
② 바람이 있는 날 아침
③ 바람이 없는 날 비오기 전
④ 바람이 없는 날 해 지기 전

해설 동력 살분무기를 이용할 때에는 바람이 불지 않는 것이 좋다. 하루 중 바람이 가장 적게 부는 시기는 해뜨기 직전과 해가 지는 시기이므로 이때 많은 방제 작업을 실시한다.

6. 4기통 직렬형 기관의 점화 순서는?
① 1 - 3 - 2 - 4
② 1 - 4 - 2 - 3
③ 1 - 4 - 3 - 2
④ 1 - 2 - 4 - 3

해설 4기통의 점화시기(폭발시기)는 우실식과 좌실식이 있다. (우실식 1-2-4-3 / 좌실식 1-3-4-2)

ANSWER　1.③　2.④　3.②　4.②　5.④　6.④

7. 보쉬형 디젤기관의 연료 분사량을 조절하기 위해 조정하는 것은?
① 타이로드 길이
② 진각장치의 회전수
③ 연료분사펌프 플런저 각도
④ 노즐의 분사각

해설 보쉬형 디젤기관의 연료 분사량을 조절할 때에는 연료분사펌프 플런저 각도를 조절하여 압력 및 유량을 높여 연료 분사량을 조절한다.

8. 플라우 경운 작업 시 경심을 깊게 하려 할 때 조치방법으로 옳은 것은?
① 상부 링크를 조여 준다.
② 상부 링크를 풀어 준다.
③ 리프팅 로드를 늘려준다.
④ 체크 체인을 조여 준다.

해설 경운작업 시 상부링크를 조여주면 경심을 깊게 조정할 수 있다. 반대로 상부링크를 풀어주면 경심이 얕아지는 효과가 있다. 리프팅로드 또는 하부링크라고도 하면 길이가 고정되어 있으므로 늘리기 위해서는 로드를 교체해야한다 체크 체인은 작업기의 좌우 흔들림을 잡아주기 위한 기능을 한다.

9. 건조의 3대 요인에 속하지 않는 것은?
① 공기의 온도
② 대상물의 크기
③ 습도
④ 풍량(바람의 세기)

해설 건조의 3대 요인은 공기의 온도, 습도, 풍량에 좌우된다.

10. 콤바인 작업 시 급동의 회전이 낮을 때의 증상 중 틀린 것은?
① 선별 불량
② 탈부미 증가
③ 막힘
④ 능률 저하

해설 콤바인 작업 시 급동의 회전이 낮을 때에는 엔진의 회전수를 기준보다 낮게 하거나 벨트의 슬립이 발생할 때의 현상이다. 이처럼 회전이 낮을 때에는 선별 불량, 막힘, 능률저하 등의 현상이 발생한다.

11. 포장에서 목초 베일러의 작업 시 선회 방법으로 옳은 것은?
① PTO 동력을 차단하고, 큰 원으로 회전한다.
② PTO 동력을 연결하고, 큰 원으로 회전한다.
③ PTO 동력을 차단하고, 작은 원으로 회전한다.
④ PTO 동력을 연결하고, 작은 원으로 회전한다.

해설 목초작업 시 선회는 PTO동력을 차단하고 크게 회전하는 것이 안전하고 원활한 작업이 가능하다.

12. 콤바인 선별부에서 곡물과 검불이 혼합된 미처리물은 어디로 모여지는가?
① 1번구
② 2번구
③ 배진구
④ 탈곡부

13. 예취된 목초를 짓눌러 건조를 빠르게 하기 위한 기계는?
① 헤이 레이크
② 헤이 컨디셔너
③ 헤이 테더
④ 헤이 베일러

해설 목초의 수분을 조절하기 위해서는 여러 가지 기계가 활용되고 있다. 이중 예취된 목초를 짓눌러 수분을 제거하는 기계는 헤이 컨디셔너이다. 헤이 레이크는 베일작업을 위해 건초를 모으는 기계이고 헤이 테더는 넓게 펴 건조를 촉진시키는 기계이다. 베일러는 건초를 묶는 기계이다.

14. 고속분무기에서 분두의 최대살포각도로 적절한 것은?
① 30°   ② 45°
③ 90°   ④ 180°

해설 고속분무기는 SS(speed sprayer)기를 칭한다. 후단부에 노즐을 여러 개 둥근 모양으로 부착하여 최대 살포 각도는 180°이다.

ANSWER 7.③ 8.① 9.② 10.② 11.① 12.② 13.② 14.④

15. 농업 기계의 이용비용 중에서 변동비에 해당되는 것은?

① 차고비
② 연료비
③ 감가상각비
④ 투자에 대한 이자

> **해설** 농업기계의 이용비는 고정비와 변동비가 있다.
> **고정비**는 감가상각비, 이자, 차고비, 보험료 등 사용하지 않더라도 지출되는 비용이다.
> **변동비**는 연료비, 윤활유비, 관리비, 수리비, 소모성 부품, 노임 등이 포함 되는 비용이고 사용시간에 따라 비출 비용이 변동한다.

16. 파종기의 부품이 아닌 것은?

① 식부장치
② 종자 배출장치
③ 구절기
④ 복토 진압장치

> **해설** 파종기의 5대 부품은 호퍼, 종자배출장치(종배장치), 구절기, 복토기, 진압기이다. 식부장치는 이앙기에 활용되는 부품이다.

17. 트랙터에 장착된 로터리의 좌우 수평 조절은 무엇으로 하는가?

① 톱링크
② 레벨링 박스
③ 좌측 로워 링크
④ 미륜

> **해설** 로터리의 좌우 수평조절은 레벨링 박스 또는 우측 로워링크(하부링크)로 조절하는 것이 일반적이다.

18. 기관 사용 전 난기운전을 실시하는 이유가 아닌 것은?

① 윤활유가 각부에 순환되도록 하기 위하여
② 기계에 따뜻한 열을 주기 위하여
③ 변속기의 이상 유무를 확인하기 위하여
④ 기관의 고장여부를 확인하기 위하여

> **해설** 난기운전 또는 예열운전이라고 한다. 난기운전을 실시하는 이유는 윤활유가 각부에 공급되어 순환이 되도록 하고 기계에 따뜻한 열을 주어 원활이 동작되게 한다. 이동을 하지 않고 멈춘 상태에서 실시하기 때문에 기관의 고장 여부를 확인할 수도 있다.

19. 동력 살분무기의 가솔린과 윤활유의 혼합비율로 가장 적절한 것은?

① 5 : 1
② 10 : 1
③ 25 : 1
④ 30 : 1

> **해설** 동력 살분무기는 배부식(등에 메는 형태)으로 2행정 혼합연료를 사용한다. 혼합 시 2cycle엔진 오일과 휘발유를 섞어서 사용하는데 25:1의 비율로 혼합하여 사용한다.

20. 트랙터의 로터베이터 장착 요령에 대한 설명으로 틀린 것은?

① 하부링크에서 상부링크 순으로 링크 홀더에 끼운다.
② 기관을 정지시키고, 주차브레이크를 건다.
③ 상부링크와 로터베이터의 마스트를 핀에 끼워 연결한다.
④ 유니버설 조인트 연결 시 트랙터의 PTO쪽을 연결 후 로터리 쪽을 연결한다.

> **해설** 유니버설 조인트 연결 시에는 로터리(작업기)쪽부터 연결하고 트랙터 PTO쪽에 연결해야한다. 그 이유는 스플라인 기어가 맞지 않을 경우 PTO를 중립에 놓게 되면 쉽게 조절하여 끼울 수 있기 때문이다.

21. 콤바인을 시동 후 이동이나, 작업하기 전에 먼저 해야 할 조치는?

① 예취 클러치를 넣는다.
② 픽업 장치 및 예취부를 지면에서 약간 떨어지도록 한다.
③ 탈곡 클러치를 넣는다.
④ 변속 레버를 넣는다.

> **해설** 콤바인 작업 전에 해야 할 조치는 각부에 이상 유무를 확인해야한다. 작업 시 가장 먼저 작동하는 픽업장치와 예취부를 지면에서 약간 떨어지도록 하고 예취클러치, 탈곡클러치를 확인하고 이상이 없을시 변속레버를 넣어 작업을 한다.

ANSWER 15.② 16.① 17.② 18.③ 19.③ 20.④ 21.②

22. 살수장치인 스프링클러 관개에 대한 설명 중 틀린 것은?
① 물방울이 미세하므로 땅이 굳어지지 않는다.
② 물을 균일하게 뿌려 주므로 물의 양이 절약 된다.
③ 농약을 섞어 함께 사용할 수 있다.
④ 바람의 영향을 적게 받는다.

해설 스프링클러에 의한 관개는 물방울을 충격에 의해 미세화시켜 균일하게 뿌려주므로 물의 양이 절약되고 농약과 섞어 함께 사용할 수도 있다. 단, 물의 입자가 미세하기 때문에 바람의 영향을 많이 받는다.

23. 경운기 보관 관리 요령 중 틀린 것은?
① 변속레버는 저속 위치로 보관
② 본체와 작업기를 깨끗이 닦아서 보관
③ 작동부나 나사부에 윤활유나 그리스를 바른 후 보관
④ 통풍이 잘 되는 실내에 보관

해설 경운기를 장기간 보관하는 방법은 변속기는 중립에 놓고 세척을 깨끗이 청소한다. 작동부나 나사부에 윤활유나 그리스를 바른 후 보관하고 통풍이 잘되는 실내에 보관하는 것이 바람직하다.

24. 동력경운기의 로터리 경운 작업 시 변속에 관한 설명 중 틀린 것은?
① 주 클러치 레버는 끊김 위치로 한 다음 변속한다.
② 후진 할 때에는 반드시 경운 변속 레버를 중립에 놓고 실시한다.
③ 부변속 레버가 경운 변속 위치에 놓여 있더라도 후진 변속이 된다.
④ 부변속 레버가 고속 위치에 놓여 있을 때는 경운 변속이 되지 않는다.

해설 동력경운기 로터리 경운 작업 시에 부변속 레버가 경운 변속 위치에 놓여 있으면 안전장치에 의해 후진 변속이 되지 않는다.

25. 관리기의 특징으로 틀린 것은?
① 핸들은 조작레버에 의해 원 터치 조작으로 상하·좌우로 간단하고 용이하게 조작할 수 있다.
② 변속기와 로터리는 분리식이므로 각종 부속장치의 교체가 용이하다.
③ 경심깊이 조절은 미륜으로 상하 조절하므로 중경제초, 심경, 복토작업이 용이하다.
④ 기체의 무게중심으로 인해 경사지에서는 작업이 불가능 하다.

해설 관리기의 핸들을 좌우로 360°회전하기 때문에 경사지에서도 무게중심과 관계없이 작업이 가능하다.

26. 기관의 연료 소비율을 나타내는 단위로 가장 적절하지 않은 것은?
① km/L
② L/min
③ g/PS·h
④ g/kW·h

해설 연료소비율을 연비라고도 한다.. 연비를 나타낼 때 거리에 대한 연비를 표현할 때에는 km/L로 표현하고 시간 출력 당 소모량을 표현할 때에는 g/PS·h, g/kW·h로 쓴다.

27. 승용 이앙기의 차동 고정 장치를 사용하는 경우로 틀린 것은?
① 경사지를 오를 때
② 논두렁을 넘을 때
③ 한쪽 바퀴가 슬립할 때
④ 가장자리에서 선회할 때

해설 차동 고정 장치는 트랙터와 이앙기에서 많이 사용한다. 차동장치로 인하여 구동바퀴의 저항이 적게 걸린 쪽만 회전하기 때문에 견인력을 올리기 위해서는 구동바퀴를 같은 회전력을 필요로 할 때 사용한다.

28. 경운기 텐션 베어링을 위한 오일 중 가장 적절한 것은?
① 모터오일
② 기어오일
③ 기계오일
④ 주유하지 않음

해설 경운기 텐션 베어링은 오일을 공급하지 않는다.

ANSWER 22.④ 23.① 24.③ 25.④ 26.② 27.④ 28.④

29. 기화기식 가솔린 기관을 시동할 때 농후한 혼합기를 만드는데 사용되는 장치는?

① 초크밸브
② 에어 블리더
③ 조속기
④ 스로틀 밸브

해설 가솔린 기관은 시동 시 농후한 혼합비가 필요하다. 이를 조정하는 장치는 초크 밸브이다.

30. 트랙터의 작업 전 엔진 보닛을 열고 점검하는 사항으로 거리가 먼 것은?

① 엔진 오일량
② 냉각수량
③ 팬벨트 장력
④ 미션 오일량

해설 트랙터의 미션 오일량은 엔진 보닛에서 확인하지 않고 트랙터마다 차이는 있지만 후방에서 게이지를 이용하여 확인하고 다른 방식은 운전석 하단에 게이지로 레벨을 나타나기도 한다.

31. 다음 중 측정값의 오차를 나타내는 것은?

① 측정값 + 참값
② 측정값 – 참값
③ 보정률 + 참값
④ 보정률 – 참값

해설 오차=측정값-참값

32. 3상 농형유도전동기의 회전 방향을 변경시키는 방법으로 옳은 것은?

① 회전자의 결선을 변경한다.
② 시동을 끈 후 다시 시동한다.
③ 입력 전원 3선 중 2선을 바꾸어 결선한다.
④ 입력 전원 3선을 순차적으로 모두 바꾸어 결선한다.

해설 3상 농형 유도전동기의 회전 방향을 바꾸기 위해서는 선의 종류가 R,S,T로 구성되어 있는데, R선과 T선을 바꾸어 결선하면 회전방향을 변경할 수 있다.

33. 다음 중 전기 관련 단위로 옳지 않은 것은?

① 전류 : A
② 저항 : Ω
③ 전력량 : kWh
④ 정전용량 : H

해설 정전 용량은 F(패럿)를 사용한다.

34. 전압계와 전류계에 대한 설명으로 틀린 것은?

① 직류를 측정할 때는 (+), (−)의 극성에 주의한다.
② 전압계는 저항부하에 대하여 병렬 접속한다.
③ 전류계는 저항부하에 대하여 직렬 접속한다.
④ 전압계와 전류계 모두 저항부하에 대하여 직렬 접속한다.

35. 다음 중 교류 발전기에서 발생한 교류 전압을 직류 전압으로 정류하는데 사용되는 것은?

① 슬립링
② 다이오드
③ 계자 릴레이
④ 전류 조정기

해설 교류전압을 직류전압으로 정류하기 위해서는 정류기가 필요하다. 레귤레이터라고도하며 레귤레이터 안에는 4개의 다이오드와 콘덴서로 구성되어 있다.

36. 다음 중 점화 플러그에 요구되는 특징으로 틀린 것은?

① 급격한 온도변화에 견딜 것
② 고온, 고압에 충분히 견딜 것
③ 고전압에 대한 충분한 도전성을 가질 것
④ 사용조건의 변화에 따르는 오손, 과열 및 소손 등에 견딜 것

해설 점화 플러그는 고전압이 전달되어 점화가 이루어져야하므로 절연성이 있어야 외부로의 전기가 전달되지 않는다.

ANSWER 29.① 30.④ 31.② 32.③ 33.④ 34.④ 35.② 36.③

37. 기동 전동기의 취급 시 주의사항으로 틀린 것은?
① 오랜 시간 연속해서 사용해도 무방하다.
② 기동전동기를 설치부에 확실하게 조여야 한다.
③ 전선의 굵기가 규정 이하의 것을 사용해서는 안 된다.
④ 엔진이 시동된 다음에는 키 스위치를 시동으로 돌려서는 안 된다.

해설 기동 전동기는 배터리 소모율이 가장 높은 부품이기 때문에 오랜 시간 연속사용하게 되면 모터뿐만 아니라 배터리 소모에도 영향을 미친다. 시동 시에는 10~15초를 가동시키고 30초~1분 가량 쉬었다가 다시 조작해야 한다.

38. 조도에 대한 설명 중 틀린 것은?
① 단위 면적당 입사 광속이다.
② 단위는 럭스(lx)를 사용한다.
③ 광원과의 거리에 비례한다.
④ 기호는 보통 E를 사용한다.

해설 조도는 광원과의 거리 제곱에 반비례한다.
$$조도(lx) = \frac{광속(lm)}{거리(m)^2}$$

39. 0.1mA는 다음 중 어느 것과 같은가?
① 10^{-1}A
② 10^{-3}A
③ 10^{-4}A
④ 10^{-5}A

해설 1000mA=1A이므로, 0.1mA=10-4A

40. 교류 발전기에서 전류가 발생하는 곳은?
① 계자코일
② 회전자
③ 정류자
④ 고정자

해설 교류발전기에서 전류는 고정자에서 발생한다.

41. 고유저항이 작은 물질부터 순서대로 배열된 것은?
① 은, 동, 알루미늄, 니켈
② 은, 동, 니켈, 알루미늄
③ 동, 은, 니켈, 알루미늄
④ 동, 은, 알루미늄, 니켈

해설 고유저항의 순서는 "은 〈 동 〈 알루미늄 〈 니켈"이다.

42. 70Ah 용량의 축전지를 7A로 계속 사용하면 몇 시간 동안 사용할 수 있는가?
① 1시간
② 10시간
③ 77시간
④ 490시간

해설 1Ah는 1A의 전류를 한 시간 사용할 수 있는 용량이다. 그러므로 70Ah용량을 7A로 계속 사용 한다면 10시간을 사용할 수 있게 된다.

43. 납축전지에서 완전 충전된 상태의 양극판은?
① Pb
② PbO_2
③ $PbSO_4$
④ H_2SO_4

해설 납축전지는 양극판과 음극판으로 구성되어 있다. 양극판은 PbO_2(산화납), 음극판은 Pb(납)이다. 양극판과 음극판이 방전 시에는 $PbSO_4$(황산화납)이 된다.

44. 120Ω의 저항 4개를 연결하여 얻을 수 있는 가장 적은 저항값은?
① 30Ω
② 20Ω
③ 12Ω
④ 6Ω

해설
· 직렬연결의 합성저항(R_t)
= 120Ω + 120Ω + 120Ω + 120Ω = 480Ω ∴ R_t = 480Ω

· 병렬연결의 합성저항 $\frac{1}{R_t}$
= $\frac{1}{120} + \frac{1}{120} + \frac{1}{120} + \frac{1}{120} = \frac{4}{120} = \frac{1}{30}$ ∴ R_t = 30Ω

ANSWER 37.① 38.③ 39.③ 40.④ 41.① 42.② 43.② 44.①

45. 축전지의 전해액 보충 시 가장 적합한 것은?
① 증류수
② 수돗물
③ 바닷물
④ 강물

해설 축전지의 전해액 보충 시에는 증류수로 보충한다.

46. 농업기계용 엔진 고장 방지를 위해 사용하는 윤활유에 대한 설명으로 틀린 것은?
① 기계에 알맞은 윤활유를 사용한다.
② 산화 안전성이 우수한 오일을 사용한다.
③ 계절에 따른 적정 점도 윤활유를 사용한다.
④ 엔진 오일 량은 규정량 보다 조금 많게 채워 넣어 준다.

해설 엔진 오일량이 규정보다 많게 되면 연소실로의 투입이 가능하여 연소 시 흰 연기가 발생하고 크랭크실내에 압이 발생하여 출력이 저하된다.

47. 트랙터 운전 중 안전사항에 대한 설명으로 틀린 것은?
① 트랙터에는 운전자, 보조자 최대 2명만 탑승해야 한다.
② 트랙터는 전복될 수 있으므로 항상 안전속도를 지켜야 한다.
③ 트레일러에 큰 하중을 싣고 운행할 때 급정거를 해서는 안 된다.
④ 회전 또는 브레이크 사용 시에는 속도를 줄여야 한다.

해설 트랙터를 포함한 모든 농업기계는 운전자 한사람만 탑승한다.

48. 하인리히의 안전사고 예방대책 5단계에 해당되지 않는 것은?
① 분석   ② 적용
③ 조직   ④ 환경

해설 하인리히의 안전사고 예방대책은 1단계 안전관리 조직, 2단계 사실의 발견, 3단계 분석·평가(원인규명), 4단계 시정방법선정, 5단계 시정책 적용이다.

49. 안전관리의 조직 형태 중 안전관리 업무 담당자가 없고, 모든 안전관리 업무가 생산라인을 따라 이루어지며, 안전에 관한 전문 지식 및 기술 축적이 없고 100명 내외의 종업원을 가진 소규모 기업에서 채택되고 있는 것은?
① 직계식 조직
② 참모식 조직
③ 수평식 조직
④ 직계·참모식 조직

해설 직계형: 계선식 조직으로 100인 미만 사업체에 적용
참모형: 500~1,000명인 사업체에 적용
복합형(계선참모형): 직계형과 참모형의 혼합형으로 1,000명이상 업체인 대기업에 적용

50. 운반 작업 시 안전사항으로 틀린 것은?
① 등은 반듯이 편 상태에서 물건을 들어 올리고 내린다.
② 짐을 들 때 반드시 몸에서 멀리해서 든다.
③ 물건을 나를 때는 몸은 반듯이 편다.
④ 가능하면 벨트, 운반대, 운반멜대 등과 같은 보조구를 사용한다.

해설 짐을 들 때 반드시 몸에 가까이해서 든다.

51. 트랙터의 취급 방법으로 틀린 것은?
① 엔진이 정지된 상태에서 연료를 보급한다.
② 운전 전 일상점검을 한다.
③ 도로 주행 시 좌우 브레이크 페달을 분리하고 주행한다.
④ 급회전 시 속도를 줄여 회전한다.

해설 트랙터는 좌우로 브레이크 페달이 분리되어 있는데 도로 주행 시에는 속도가 빠르므로 연결한 상태에서 주행해야 한다.

52. 납땜 작업 시 염산이 몸에 묻었을 때의 조치 방법 중 옳은 것은?
① 압축공기로 세게 불어낸다.
② 자연바람으로 건조시킨다.
③ 물로 빨리 세척한다.
④ 헝겊으로 닦는다.

해설 염산이 몸에 묻었을 때 물로 빨리 세척한다.

53. 다음은 선반 작업 시 재해 방지에 대한 설명이다. 틀린 것은?
① 기계 위에 공구나 재료를 올려놓지 않는다.
② 이송을 걸은 채 기계를 정지시키지 않는다.
③ 기계 타력 회전을 손이나 공구로 멈추지 않는다.
④ 절삭 중이거나, 회전 중에 공작물을 측정한다.

해설 절삭 중이거나 회전 중에는 공작물을 측정하면 위험하고, 측정값이 정확하지 않기 때문에 절대 해서는 안 된다.

54. 공구 작업에 대한 설명으로 틀린 것은?
① 스패너 사용은 앞으로 당겨 사용한다.
② 큰 힘이 요구될 때 렌치자루에 파이프를 끼워 사용한다.
③ 파이프 렌치는 둥근 물체에 사용한다.
④ 너트에 꼭 맞는 것을 사용한다.

해설 렌치 자루에 파이프를 끼워 사용하지 않는다.

55. 기계 가공 작업 시 갑자기 정전이 되었을 때의 조치 중 틀린 것은?
① 스위치를 끈다.
② 퓨즈를 검사한다.
③ 스위치를 끄지 않고 그대로 둔다.
④ 공작물에서 공구를 떼어 놓는다.

해설 정전 시 가장 먼저 해야 할 일은 스위치를 끄는 것이다.

56. 연소의 3요소에 해당되지 않는 것은?
① 가연물   ② 연쇄반응
③ 점화원   ④ 산소

해설 연소의 3요소는 가연물, 점화원, 산소이다.

57. 소음, 진동, 안전표시 및 계기판 미비로 인하여 일어나는 농기계 안전사고의 요인은?
① 인간적 요인
② 기계적 요인
③ 환경적 요인
④ 인간·기계적 요인

해설 안전사고의 요인은 인간적 요인, 환경적 요인, 기계적 용인이 있다. 소음, 진동, 안전표시 및 계기판의 미비는 환경적 요인이다.

58. 기계를 달아 올리는데 쓰이는 볼트는?
① 스테이볼트
② T볼트
③ 전단볼트
④ 아이볼트

해설 고리에 걸어서 올려주는 방식으로 아이볼트를 사용한다.

59. 차광안경의 구비조건 중 틀린 것은?
① 사용자에게 상처를 줄 예각과 요철이 없을 것
② 착용 시 심한 불쾌감을 주지 않을 것
③ 취급이 간편하고 쉽게 파손되지 않을 것
④ 눈의 보호를 위해 커버렌즈의 가시광선 투과는 차단되어야 할 것

해설 우리의 눈에서 볼 수 있는 것은 가시광선의 범위이기 때문에 가시광선을 차단되면 안 된다.

60. 해머작업 시 주의사항으로 가장 거리가 먼 것은?
① 기름 묻은 손이나 장갑을 끼고 사용하지 말 것
② 연한 비철제 해머는 딱딱한 철 표면을 때리는 데 사용할 것
③ 크기에 관계없이 처음부터 세게 칠 것
④ 해머자루에 반드시 쐐기를 박아서 사용할 것

해설 처음에는 천천히 적응이 되면서 강도를 높이는 것이 안전하다.

Answer 53.④ 54.② 55.③ 56.② 57.③ 58.④ 59.④ 60.③

국가기술자격 필기시험문제

2015년도 2회 기능사 필기시험

자격종목 및 등급(선택분야)	종목코드	시험시간	문제지형별
농기계 운전기능사	6301	1시간	

1. 이앙기의 조간거리는 보통 얼마로 고정되어 있는가?
   ① 10cm   ② 20cm
   ③ 30cm   ④ 40cm
   해설 이앙기의 조간거리는 30cm(29.5~30.5cm)로 고정이며, 주간거리를 조정할 수 있다.

2. 예취기용 혼합유 제조 시 엔진 오일 1L에 대하여 휘발유 량을 어느 정도 희석하는 것이 좋은가?
   ① 10ℓ   ② 20ℓ
   ③ 30ℓ   ④ 40ℓ
   해설 혼합유의 비율은 25 : 1로 희석해야한다. 현재 기준으로는 25L이지만 과거에는 20 : 1로 희석했다. 그러므로 위 문제의 답은 1 : 20으로 20L로 봐야 한다.

3. 농산물 건조에서 평형 함수율은?
   ① 곡물 종류에 따른 최적 수분 함량
   ② 일정한 상태의 공기 중에 곡물을 놓았을 때 곡물이 갖게 되는 함수율
   ③ 수확시기에 적합한 수분함량
   ④ 곡물 종류에 따른 곡물마다의 고유의 함수율

4. 트랙터의 조향 핸들이 무거울 때 점검사항으로 가장 거리가 먼 것은?
   ① 토인 점검
   ② 타이어 공기압 점검
   ③ 조향 기어박스 오일상태 점검
   ④ 클러치 릴리스 베어링 점검
   해설 클러치 릴리스 베어링은 조향과 관련이 없는 부분이다.

5. 부동액의 원료로 널리 사용되고 있는 것은?
   ① 에틸렌글리콜
   ② 글리세린
   ③ 알코올
   ④ 아세톤
   해설 부동액은 메탄올, 글리세린, 에틸렌글리콜, 알코올 등으로 구성되는데 가장 많이 사용되는 것은 에틸렌글리콜이다.

6. 동력 분무기로 약액 살포 중 레귤레이터를 오른쪽으로 돌리면 어떻게 되는가?
   ① 연료가 적게 든다.
   ② 엔진의 부하가 적다.
   ③ 분무 압력이 올라간다.
   ④ 분무 압력이 내려간다.
   해설 동력 분무기에서 레귤레이터는 압력을 일정하게 조정하는 장치이다. 오른쪽으로 돌리면 분무 압력이 올라간다.

7. 공학 단위인 1마력(PS)은 몇 kW인가?
   ① 약 0.5kW
   ② 약 0.735kW
   ③ 약 0.935kW
   ④ 약 1.25kW
   해설 1PS은 75kgf.m/s이다. 1kW는 102kgf.m/s이다.
   $\therefore \dfrac{75}{102} = 0.735$

ANSWER 1.③ 2.② 3.② 4.④ 5.① 6.③ 7.②

8. 콤바인 작업 중 경보음이 발생하는 상황이 아닌 것은?
① 탈곡부가 과부하 상태이다.
② 급실이나 나선 컨베이어 등이 막혀있다.
③ 짚 반송 체인이나 짚 절단부가 막혀있다.
④ 미 탈곡 이삭이 나온다.

9. 다목적 관리기가 할 수 있는 작업은?
① 이앙 작업
② 탈곡 작업
③ 농약 살포
④ 심경 로터리 작업

해설 이앙작업은 이앙기, 탈곡작업은 콤바인, 농약살포는 동력 분무기를 이용한다. 관리기로는 휴립(두둑성형), 비닐 피복, 구굴(고랑파기), 중경제초, 제초작업 등을 할 수 있다. 주의 다목적 관리기로 로터리 작업은 가능하지만 매우 위험하므로 토양상태를 보고 결정해야 하므로 전문가의 의견을 들어야 한다.

10. 트랙터 작업기 부착 장치 중 작업기 좌우 기울기를 조절할 수 있는 것은?
① 오른쪽 레벨링 박스
② 왼쪽 레벨링 박스
③ 상부 링크
④ 체크 체인

해설 트랙터의 좌우 수평을 잡기 위해서는 레벨링 박스를 활용하는데 하부링크의 오른쪽의 레벨링 박스를 활용한다. 최근에는 왼쪽 레벨링 박스도 있으므로 병행하여 사용하는 것도 좋다.

11. 이앙기에서 식부본수는 무엇으로 조절하는가?
① 횡·종 이송 조절
② 주간거리 조절
③ 유압 와이어 조절
④ 플로트 조절

해설 식부본수를 조절하는 방법은 두 가지가 있으며, 첫 번째는 횡·종 이송량을 조절하는 것이고, 두 번째는 모 탑재대의 높이를 조절하여 모 떼기량을 조절하기도 한다.

12. 파종기 중 조파기의 구조에 해당되지 않는 것은?
① 복토기
② 식부 암
③ 진압 바퀴
④ 종자 배출 장치

해설 조파기의 5대 구성품은 호퍼, 종자배출장치, 구절기, 복토기, 진압 바퀴로 구성되어 있다. 식부암은 이앙기의 구조에 해당된다.

13. 디젤 기관의 압축 압력은 보통 얼마인가?
① $35 \sim 45 kg/cm^2$
② $35 \sim 45 kg/mm^2$
③ $35 \sim 45 psi$
④ $35 \sim 45 lbs$

14. 트랙터에서 동력 취출장치(PTO)를 이용하지 않는 작업은?
① 모어작업
② 로터리 경운작업
③ 트레일러 견인작업
④ 탈곡 정치작업

해설 트레일러는 트랙터의 히치에 연결되며 견인력만을 필요로 하는 장치이기 때문에 PTO를 이용하지 않는다.

15. 농기계는 시간이 경과함에 따라 기계의 가치가 감소하는데 이것을 나타내는 용어는?
① 변동비
② 고정비
③ 감가상각비
④ 이용비용

해설 감가상각비는 농업기계가 시간이 경과함에 따라 가치가 감소하는 것을 말한다.

16. 베일의 무게가 350~450kg 정도로 크기가 커서 대규모 초지에 적합한 베일러는?
① 원형 베일러
② 사각 베일러
③ 삼각 베일러
④ 플런저 베일러

ANSWER 8.④ 9.④ 10.① 11.① 12.② 13.① 14.③ 15.③ 16.①

해설 원형 베일러가 가장 큰 베일을 만들며 수분에 350~600kg 이상이 되기도 한다.

17. 다음 중 불꽃 점화 기관에 속하지 않는 것은?

① 가스 기관
② 석유 기관
③ 가솔린 기관
④ 디젤 기관

해설 불꽃 점화 방식의 기관은 가스, 석유, 가솔린 기관이다. 디젤기관은 압축압력에 의한 착화방식을 활용한다.

18. 작업하는 계절이 끝난 연간 사용 시간이 짧은 농업기계의 장기보관 방법이 아닌 것은?

① 냉각수 폐기
② 그리스 주입
③ 소모성 부품 교환
④ 축전지 충전 후 장착

해설 축전지는 충전 후 단자에 그리스를 발라 온도차이가 적고 깨끗하고 건조한 곳에 보관하는 것이 좋다. 축전지를 분리할 때에는 −단자를 먼저, +단자를 나중에 분리한다. 단자를 끼울 때는 반대로 한다.

19. 자탈형 콤바인의 예취 날로 주로 사용되는 것은?

① 자동칼날
② 원형톱날
③ 왕복형날
④ 겹침칼날

해설 자탈형 콤바인은 왕복형 날을 사용한다.

20. 콤바인 오토 리프트 장치의 설명 중 옳은 것은?

① 예취부 후진 시 예취부를 자동 하강시키는 장치
② 기체 모든 방향을 수평으로 유지하는 장치
③ 예취부에 작물이 없을 경우 예취부를 자동 상승시키는 장치
④ 예취부와 피드 체인의 클러치가 작동되어 이송을 중지시키는 장치

해설 오토 리프트는 예취부를 자동 상승시키는 장치로 작물이 없을 경우 상승하게 된다.

21. 동력 경운기의 쟁기 작업 경운방법으로 가장 거리가 먼 것은?

① 순차 경법
② 안쪽 제침 경법
③ 식부 경법
④ 바깥쪽 제침 경법

해설 경운 방법에는 순차 경법, 안쪽 제침 경법, 바깥쪽 제침 경법, 양쪽 가르기 경법 등이 있다.

22. 기관에서 피스톤의 측압이 가장 큰 행정은?

① 흡기 행정
② 압축 행정
③ 폭발 행정
④ 배기 행정

해설 기관에서 피스톤의 측방을 가장 많이 받는 행정은 폭발행정에서 압력에 의해 피스톤과 피스톤 핀의 유격에 의해 조금 흔들리면서 측압을 받게 된다.

23. 동력 살분무기 살포방법의 설명 중 틀린 것은?

① 분관 사용 시 바람을 맞으며 전진한다.
② 분관을 좌우로 흔들면서 전진한다.
③ 분관을 좌우로 흔들면서 후진한다.
④ 분관을 좌우로 흔들면서 옆으로 간다.

해설 동력 살분무기는 분관 사용 시 바람을 등지고 작업하면 바람의 방향에 따라 전진법, 후진법, 횡보법(옆으로 걷기), 지그재그법을 사용한다.

24. 몰드 보드 플라우의 구조에서 날 끝이 흙속으로 파고들며 수평 절단하는 것은?

① 보습
② 바닥쇠
③ 발토판
④ 빔

해설 수평면을 절단하는 기능은 보습, 바닥쇠는 수평을 유지시켜주는 기능을 한다. 발토판은 몰드보드라고도 하며 흙을 반전시키는 기능을 한다.

25. 건초를 운반하거나 저장에 편리하도록 일정한 용적으로 압착하여 묶는 작업기는?

① 레이크
② 모어
③ 베일러
④ 디스크해로우

ANSWER 17.④ 18.④ 19.③ 20.③ 21.③ 22.③ 23.① 24.① 25.③

> **해설** 헤이 레이크 : 목초를 집초하는 기계
> 모워 : 목초를 자르는 기계
> 베일러 : 목초를 묶는 기계
> 디스크해로우 : 원판 쟁기

26. 동력 살분무기에 일반적으로 사용되는 기관은?
① 4행정 사이클 공랭식
② 4행정 사이클 수랭식
③ 2행정 사이클 공랭식
④ 2행정 사이클 수랭식

> **해설** 동력 살분무기는 대부분 배부식이므로 2행정 사이클 공랭식을 사용한다.

27. 다목적 관리기에서 주 변속 레버의 변속 단수로 옳은 것은?
① 전진 1단, 후진 1단
② 전진 1단, 후진 2단
③ 전진 2단, 후진 1단
④ 전진 2단, 후진 2단

> **해설** 다목적 관리기는 전진 2단, 후진 2단으로 구성되어 있다.

28. 미세한 입자를 강한 송풍기로 불어 먼 거리까지 살포하는 방제기로 주로 과수원에서 많이 사용되는 것은?
① 스피드 스프레이어
② 동력 살분무기
③ 동력 분무기
④ 붐 스프레이어

> **해설** 과수원에서 많이 사용되며 강한 송풍기로 불어 180°로 노즐을 부착하여 상향 조정하여 미세한 입자를 작물에게 분사시키는 기계는 SS(speed sprayer)기이다.

29. 동력 경운기용 트레일러 운반 작업 시 운전 방법으로 옳은 것은?
① 언덕길 주행 중에 변속을 한다.
② 주행 속도를 20km/h 이상으로 한다.
③ 제동할 때는 트레일러 브레이크만 사용한다.
④ 내리막길에서는 핸들만으로 조종한다.

> **해설** 동력경운기로 트레일러 운반 작업 시에는 언덕길 주행 중에 변속하지 않아야 하며, 주행속도는 15km/h이하 이다. 제동할 때에는 트레일러 브레이크와 경운기 자체의 브레이크를 동시에 사용하고 내리막길에서는 조향클러치를 사용하지 않도록 하며 핸들로 조종한다.

30. 동력경운기의 조향 장치에 맞물림 클러치를 택한 이유로 옳은 것은?
① 농작업 시 선회를 용이하게 한다.
② 비탈길에서의 주행을 용이하게 한다.
③ 트레일러 견인을 용이하게 한다.
④ 도로 주행 시 고속운전을 용이하게 한다.

> **해설** 동력경운기의 조향 장치는 맞물림 클러치를 사용하는데 농작업 시 선회를 용이하게 하기 위해서이다.

31. 어떤 도체를 t초 동안에 Q(C)의 전기량이 이동하면 이때 흐르는 전류 I(A)는?
① $I=t/Q$
② $I=Q/t$
③ $I=Qt$
④ $I=Q/t^2$

> **해설** 전류는 단위시간당 전하의 이동량을 의미한다.
> $$I = \frac{Q}{t}$$
> $I(A)$: 전류
> $Q(C)$: 전기량(전하량)
> $t(s)$: 시간

32. 전구의 수명에 대한 설명으로 틀린 것은?
① 수명은 점등 시간에 반비례(비례)한다.
② 필라멘트가 단선 될 때까지의 시간이다.
③ 필라멘트의 성질과 굵기에 영향을 받는다.
④ 고온에서 주위 온도의 영향을 전혀 받지 않는다.

> **해설** 수명은 점등시간에 비례하며, 필라멘트의 성질과 굵기에 영향을 받는다. 또한 필라멘트가 단선 될 때까지의 시간이 전구의 수명이다.

Answer 26.③ 27.④ 28.① 29.④ 30.① 31.② 32.④

33. 20시간 동안 계속해서 2A를 공급하는 축전지의 용량은 몇 Ah인가?

① 10
② 20
③ 40
④ 60

> **해설** 축전지의 용량(Ah)은 사용전류와 시간의 곱이다.
> 축전지의 용량(Ah) = 사용전류(A) × 사용시간(h)
> $40Ah = 2A \times 20(h)$

34. 그림과 같이 10Ω 저항 4개를 연결하였을 때 A-B 간의 합성저항은 몇 Ω인가?

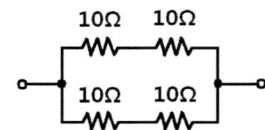

① 10　　② 15
③ 20　　④ 25

> **해설** 위의 회로는 10Ω짜리 저항 2개가 직렬로 연결되어 20Ω짜리 저항이 병렬로 연결된 것으로 계산하면 된다.
> 직렬연결 합성저항(Ω) 10Ω + 10Ω = 20Ω, 2개
> 병렬연결 합성저항(Ω) $\frac{1}{R_t} = \frac{1}{20} + \frac{1}{20} = \frac{2}{20} = \frac{1}{10}$
> 전체 합성저항(Ω) = 10Ω
> ∴ 합성저항(Ω) = 10Ω

35. 3상 유도 전동기의 슬립(%)을 구하는 공식으로 옳은 것은?

① ((동기속도 + 전부하속도) / 동기속도) × 100
② ((동기속도 + 전부하속도) / 부하속도) × 100
③ ((동기속도 − 전부하속도) / 동기속도) × 100
④ ((동기속도 − 전부하속도) / 부하속도) × 100

> **해설** 슬립율(%) = $\frac{(동기속도 - 전부하속도)}{동기속도} \times 100$

36. 플레밍의 왼손법칙에서 중지의 방향은 무엇을 나타내는가?

① 힘의 방향
② 자기장의 방향
③ 기전력의 방향
④ 전류의 방향

> **해설** 플레밍의 왼손법칙 중 엄지는 힘의 방향, 검지는 자속의 방향, 중지는 전류의 방향을 나타낸다.

37. 그림과 같은 회로에서 B전구의 저항은 A전구 저항의 몇 배인가?

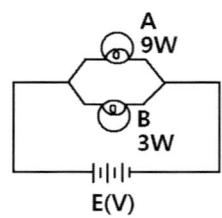

① 1/3배　　② 2배
③ 3배　　　④ 6배

> **해설** A지점에서 $9W = V \cdot I = \frac{V^2}{R_A} = 9W$
> B지점에서 $3W = V \cdot I = \frac{V^2}{R_B} = 3W$
> V^2의 값은 동일하다.
> 그러므로 저항 R_B는 R_A보다 3배 크다.

38. 트랙터에서 축전지 배선을 분리할 때와 연결할 때 적합한 방법은?

① 분리할 때 +측을 먼저 분리하고, 연결할 때는 −측을 먼저 연결한다.
② 분리할 때 −측을 먼저 분리하고, 연결할 때는 +측을 먼저 연결한다.
③ 분리할 때 −측을 먼저 분리하고, 연결할 때도 −측을 먼저 연결한다.
④ 분리할 때 +측을 먼저 분리하고, 연결할 때도 +측을 먼저 연결한다.

> **해설** 축전지 배선을 분리할 때에는 −측을 먼저 분리하고 +측을 다음 분리한다. 연결할 때에는 +측을 먼저 연결하고 −측을 다음 연결한다.

ANSWER 33.③ 34.① 35.③ 36.④ 37.③ 38.②

39. 10μF의 콘덴서를 2000V로 충전하면 축적되는 에너지는 몇 J인가?

① 10 ② 20
③ 30 ④ 40

해설 축적되는 에너지$(J) = \frac{1}{2}CV^2$
$= \frac{1}{2} \times 10 \times 10^{-6} \times 2000^2$
$= \frac{1}{2} \times 10 \times 4 = 20J$

∴ 축적되는 에너지는 20J이다.

40. 5Ω의 저항이 3개, 7Ω의 저항이 5개, 100Ω의 저항이 1개 있다. 이들을 모두 직렬로 접속할 때 합성저항은 몇 Ω인가?

① 150 ② 200
③ 250 ④ 300

해설 모든 저항을 직렬로 연결할 때에는 모든 저항을 더하면 된다.
$R_t = 5Ω \times 3개 + 7Ω \times 5개 + 100Ω \times 1개$
$= 15Ω + 35Ω + 100Ω$
$= 150Ω$

∴ 합성저항은 150Ω이 된다.

41. 디지털 회로 시험기의 설명으로 틀린 것은?

① 아날로그, 디지털 겸용도 있다.
② 개인 측정 오차의 범위가 넓다.
③ 측정값은 숫자 값으로 표시된다.
④ 비교기, 발진기, 증폭기 등으로 구성된다.

해설 디지털 회로 시험기는 개인 측정 오차의 범위가 없다. 이유는 디지털 숫자로 측정값이 나타나기 때문이다.

42. 농용 트랙터의 12V 발전기에서 발전 전류가 30A 흐른다면 이때의 저항은 몇 Ω인가?

① 0.4
② 0.5
③ 2.0
④ 3.0

해설 $I = \frac{V}{R} \Rightarrow 30A = \frac{12}{x}$ 저항은 x이므로
$x = 0.4Ω$
그러므로 저항은 0.4Ω이다.

43. 유도 전동기의 일종이며, 권선형 유도전동기에 비하여 회전기의 구조가 간단하고, 취급이 용이하며, 운전 시 성능이 뛰어난 장점이 있는 전동기는?

① 농형 유도 전동기
② 애트킨슨형 전동기
③ 반발 유도 전동기
④ 시라게 전동기

해설 농형 유도 전동기: 권선형 유도전동기에 비하여 회전자의 구조가 간단하고, 취급이 용이하며, 운전 시 성능이 뛰어나다는 장점이 있지만, 기동시의 성능은 떨어진다는 단점이 있다.
반발 유도 전동기: 회전자에 농형권선과 반발 전동기의 회전자 권선을 가지며, 운전 중에도 두 권선은 그대로 작용하고 있는 전동기를 말한다. 기동 토크가 크지만 속도 변동률도 크다.

44. 축전지 셀을 여러 개 직렬로 연결하였을 때의 설명으로 옳은 것은?

① 효율이 증대된다.
② 전압이 높아진다.
③ 전류 용량이 증대된다.
④ 전압과 사용 전류가 커진다.

해설 축전지를 여러 개 직렬로 연결할 경우 전압이 높아진다.

45. 점화시기를 점검할 때 사용되는 시험기는?

① 멀티테스터
② 압축 압력계
③ 타코메타
④ 타이밍 라이트

해설 점화시기를 점검할 때에는 타이밍 라이트를 사용한다.

ANSWER 39.② 40.① 41.② 42.① 43.① 44.② 45.④

46. 운반기계의 안전을 위한 주의사항이 아닌 것은?

① 여러 가지 물건을 적재할 때 가벼운 것을 밑에, 무거운 것을 위에 쌓는다.
② 규정 중량 이상은 적재하지 않는다.
③ 부피가 큰 것을 쌓아 올릴 때 시야확보에 주의하여야 한다.
④ 운반기계의 움직임으로 파괴의 우려가 있는 짐은 반드시 로프로 묶는다.

해설 여러 가지 물건을 적재할 때에는 무거운 것은 아래로 가벼운 것은 위로 쌓는다.

47. 안전교육의 기본 원칙이 아닌 것은?

① 동기 부여
② 반복식 교육
③ 피교육자 위주의 교육
④ 어려운 것에서 쉬운 것으로

해설 안전교육은 쉬운 것에서 어려운 것으로 교육한다.

48. 연소가 잘 되는 조건으로 틀린 것은?

① 발열량이 큰 것일수록 연소가 잘된다.
② 산화되기 어려운 것일수록 연소가 잘된다.
③ 산소농도가 높을수록 연소가 잘된다.
④ 건조도가 좋은 것일수록 연소가 잘된다.

해설 산화되기 어려운 것은 산소가 부족하다는 의미이므로, 연소가 잘 안 된다.

49. 그라인더 작업 시 주의사항으로 틀린 것은?

① 연삭 시 숫돌차와 받침대 간격은 항상 10mm 이상 유지할 것
② 연마 작업 시 보호안경을 착용할 것
③ 작업 전에 숫돌의 균열 유무를 확인할 것
④ 반드시 규정 속도를 유지할 것

해설 연삭 시 숫돌차와 받침대의 간격은 항상 10mm이상 유지해야 한다.

50. 호흡용 보호구의 종류가 아닌 것은?

① 방진 마스크   ② 방독 마스크
③ 흡입 마스크   ④ 송기 마스크

해설 호흡용 보호구에는 여과식과 급기식이 있다.
여과식에는 방진마스크, 방독마스크가 있고, 급기식에는 송기 마스크와 공기산소 호흡기가 있다.

51. 재해 방지의 3단계에 해당하지 않는 것은?

① 교육훈련
② 기술개선
③ 불안전한 행위
④ 강요실행 혹은 독려

해설 재해 방지의 3단계는 교육훈련, 기술개선, 강요실행 또는 독려가 해당된다.

52. 그라인더의 숫돌에 커버를 설치하는 주된 목적은?

① 숫돌의 떨림을 방지하기 위해서
② 분진이 나는 것을 방지하기 위해서
③ 그라인더 숫돌의 보호를 위해서
④ 숫돌의 파괴 시 그 조각이 튀어 나오는 방지하기 위해서

해설 그라인더의 숫돌 커버는 절단 시 숫돌의 파괴로 인하여 조각이 튀어나와 사고발생을 방지하기 방안이다.

53. 안전보건관리책임자가 총괄 관리해야 할 사항으로 가장 거리가 먼 것은?

① 작업환경의 점검 및 개선
② 근로자의 안전·보건 교육
③ 작업에서 발생한 산업재해에 관한 응급조치
④ 산업재해의 원인 조사 및 재발 방지대책 수립

해설 작업에서 발생한 산업재해에 관한 응급조치는 빠르게 조치해야 하므로 가장 가까이에 있는 작업자가 적합하다.

54. 농기계의 장기 보관 방법으로 적절하지 않은 것은?

① 벨트나 체인은 따로 분리하여 보관한다.
② 도장되어 있지 않은 부분은 기름을 발라둔다.
③ 보관 장소는 되도록 채광이 잘 드는 곳을 택한다.
④ 실린더 내에 기관 오일을 주유하고 피스톤을 압축 상사점에 놓는다.

ANSWER 46.① 47.④ 48.② 49.① 50.③ 51.③ 52.④ 53.③ 54.③

해설 보관 장소는 건조하고 먼지가 적으며 빛이 들지 않는 곳이 좋다. 채광이 잘 드는 경우 변색 및 산화를 촉진시킬 수 있다.

55. 산업재해로 인한 작업능력의 손실을 나타내는 척도를 무엇이라 하는가?

① 연천인율
② 강도율
③ 천인율
④ 도수율

해설 재해율을 나타내는 방법에는 연천인율, 도수율(빈도율), 강도율로 표현된다. 하지만 산업재해로 인한 작업 능력의 손실을 나타내는 척도로는 강도율을 사용한다.

$$연천인율 = \frac{재해자수(1년간)}{평균근로자수} \times 1,000$$

$$도수율(빈도율) = \frac{재해건수}{연근로시간수} \times 1,000,000$$

$$강도율 = \frac{근로손실일수}{연근로시간수} \times 1,000$$

56. 공압 공구를 사용할 때의 주의사항으로 가장 거리가 먼 것은?

① 공압 공구 사용 시 차광안경을 착용한다.
② 사용 중 고무호스가 꺾이지 않도록 주의한다.
③ 호스는 공기압력을 견딜 수 있는 것을 사용한다.
④ 공기압축기의 활동부는 윤활유 상태를 점검한다.

해설 공압 공구 사용 시에는 보호안경을 착용한다. 차광안경은 빛의 세기에 의해 눈을 보호해야하는 용접작업 등에 착용해야 한다.

57. 안전작업의 중요성으로 가장 거리가 먼 것은?

① 위험으로부터 보호되어 재해방지
② 작업의 능률 저하방지
③ 동료나 시설 장비의 재해방지
④ 관리자나 사용자의 재산보호

58. 보안경의 구비조건으로 틀린 것은?

① 가격이 고가일 것
② 착용할 때 편안할 것
③ 유해·위험요소에 대한 방호가 완전할 것
④ 내구성이 있을 것

해설 보안경의 구비조건은 착용했을 때 편안하고 유해, 위험 요소에 대한 방호가 완전해야한다. 내구성이 있어야 한다.

59. 농용 트랙터의 작업 전 점검사항으로 틀린 것은?

① 연료 호스의 손상이나 누유가 없는지 확인한다.
② 타이어에 상처가 나거나 러그가 모두 마모된 경우에는 교체한다.
③ 도로 주행 시에는 좌·우 브레이크 페달 연결고리를 해체한다.
④ 점검 및 정비를 위해 떼어낸 덮개는 모두 다시 부착한다.

해설 트랙터의 브레이크는 좌우 브레이크 페달이 분리되어 있으며, 작업 시에는 연결고리를 해체해서 사용하지만 도로주행 시에는 필히 연결고리를 연결하여 사용한다.

60. 다음 중 반드시 앞치마를 사용하여야 하는 작업은?

① 목공작업
② 전기용접작업
③ 선반작업
④ 드릴작업

해설 전기용접작업 시에는 앞치마를 필히 사용한다.

국가기술자격 필기시험문제

2016년도 1회 기능사 필기시험

자격종목 및 등급(선택분야)	종목코드	시험시간	문제지형별
농기계 운전기능사	6301	1시간	

1. 다음 중 트랙터의 운전 중 점검해야 할 사항으로 가장 적절한 것은?
   ① 냉각수량
   ② 냉각수의 온도
   ③ 배터리의 전해액면
   ④ 타이어 공기압

   해설 냉각수 온도는 온도게이지에 의해 운전 중 항상 점검할 수 있다.

2. 주행 중 트랙터를 급정지시키고자 할 때는 어떻게 하여야 하는가?
   ① 클러치 페달만 밟는다.
   ② 주변속 기어부터 뽑는다.
   ③ 클러치 페달을 밟은 후 브레이크 페달을 밟는다.
   ④ 클러치 페달과 브레이크 페달을 동시에 밟는다.

   해설 주행 중 트랙터를 급정지시키고자 할 때에는 클러치 페달과 브레이크 페달을 동시에 밟는다.

3. 베일러에서 끌어올림 장치로 걸어 올려진 건초는 무엇에 의해 베일러 체임버로 이송되는가?
   ① 픽업타인
   ② 오거
   ③ 트와인노터
   ④ 니들

4. 이앙기의 장기 보관 시 조치사항으로 틀린 것은?
   ① 사용설명서에 따라 시효가 지난 오일은 교환한다.
   ② 각부 주유 개소에 주유한다.
   ③ 점화 플러그 구멍에 새 오일을 넣고 공회전 후 압축 위치로 보관한다.
   ④ 연료 탱크 및 기화기의 잔존 연료는 명년도를 위하여 그대로 둔다.

   해설 가솔린 기관의 연료는 모두 제거하여 장기 보관 한다. 가솔린 기관은 15일 이상 보관하게 될 경우에는 연료를 모두 제거해야 한다.

5. 동력분무기의 압력 조절에 관한 사항으로 옳은 것은?
   ① 조압 핸들은 반시계 방향으로 돌리면 압력이 올라간다.
   ② 압력 조절이 완료되면 로크너트를 고정한다.
   ③ 레귤레이터 핸들을 위로 젖히면 게이지에 압력이 걸린다.
   ④ 압력 조절의 최고 한계 값은 약 20kg/cm^{2}이다.

   해설 동력분무기의 압력 조절 조압핸들은 반시계 방향으로 회전 시 압력이 내려간다. 레귤레이터 핸들을 위로 젖히면 게이지는 압력이 내려가며 압이 가해진 액체는 피드백 된다. 압력 조절의 최고 한계 값은 약 40~50kg/cm^{2}이다.

ANSWER 1.② 2.④ 3.② 4.④ 5.②

6. 농업기계의 이용비용을 절감하기 위한 대책으로 가장 거리가 먼 것은?
① 기계의 능률을 최대한 이용한다.
② 내구연한을 길게 하여 감가상각비를 줄인다.
③ 기계의 유지관리를 제대로 하여 수리비를 줄인다.
④ 윤활유 비용을 줄이기 위해 주유 기간을 길게 한다.

7. 다음 중 압축 점화 기관이 시동이 되지 않을 때 가장 먼저 점검해야 하는 것은?
① 기화기
② 연료량
③ 밸브간극
④ 분사노즐

8. 다음 중 이앙기의 바퀴가 지나간 자국을 없애주고 흙의 표면을 평탄하게 해주는 것은?
① 플로트
② 모 멈추개
③ 유압 레버
④ 가늠자 조작 레버

해설 플로트의 기능은 이앙기의 바퀴가 지나간 자국을 없애주고 흙을 표면을 평탄하게 해주며, 식부깊이를 조절하는 기능한다.

9. 다음 중 바퀴형 트랙터의 견인 계수가 가장 큰 곳은?
① 목초지
② 건조한 아스팔트
③ 사질 토양
④ 건조한 가는 모래

해설 동일한 트랙터를 사용할 경우 지면의 마찰계수와 견인 계수는 비례한다. 이중 마찰계수가 가장 큰 것은 건조한 아스팔트이다.

10. 콤바인 엔진의 시동방법에 관한 설명으로 틀린 것은?
① 주 변속, 부 변속 레버를 중립으로 한다.
② 예취, 탈곡 클러치 레버를 연결 위치로 한다.
③ 예열 램프가 소등되면 메인 스위치로 시동한다.
④ 충전 램프, 엔진오일 램프의 소등을 확인 후 시동한다.

해설 콤바인 엔진의 시동 시에는 주변속, 부변속 레버 중립, 예취, 탈곡 클러치 레버 끊김 위치로 한다.

11. 조파기의 구성 장치가 아닌 것은?
① 쇄토기   ② 구절기
③ 복토기   ④ 종자관

해설 조파기의 구성장치는 호퍼, 종자관, 구절기, 복토기, 진압기이다.

12. 콤바인 경보장치 중 기체에 이상이 발생하거나 비정상적인 작업상태일 때 램프가 점등되는데, 여기에 해당되지 않은 것은?
① 충전 장치 고장   ② 2번구 막힘
③ 짚 배출 막힘   ④ 수평제어 고장

13. 동력경운기의 주 클러치와 가장 거리가 먼 것은?
① V벨트 클러치   ② 건식 다판 클러치
③ 유압 클러치   ④ 마찰 클러치

해설 동력경운기의 주클러치는 건식 다판 클러치로 마찰 클러치를 사용한다. 클러치가 연결되면 주행미션으로 동력을 전달해주는 장치는 V벨트이다.

14. 다목적 관리기의 농작업에서 후진하면서 작업해야 하는 것은?
① 예초기 작업   ② 절단 파쇄기 작업
③ 휴립 피복기 작업   ④ 중경 제초기 작업

해설 다목적 관리기의 농작업에서 후진으로 작업을 해야 하는 것은 휴립 작업과 피복작업이다.

ANSWER 6.④ 7.② 8.① 9.② 10.② 11.① 12.④ 13.③ 14.③

15. 이앙기에서 평당 주수 조절은 무엇으로 하는가?
① 횡 이송과 종 이송 조절
② 주간거리 조절
③ 플로트 조절
④ 유압 조절

해설 이앙기에서 평당 주수조절은 주간거리 조절에 의해 조정하며, 조간 거리는 30cm정도로 일정하다.

16. 트랙터 플라우 작업 시 견인 부하를 일정하게 하는 장치는?
① 견인 제어 장치
② 위치제어 장치
③ 차동제어 장치
④ 3점지지 장치

17. 다음 중 일반적인 관리기의 부속 작업기만으로 짝지어진 것이 아닌 것은?
① 중경제초기, 휴립피복기
② 제초기, 배토기
③ 구굴기, 복토기
④ 절단파쇄기, 점파기

해설 관리기에는 다양한 부속작업기가 부착되는데 중경제초기, 휴립기, 피복기, 휴립피복기, 제초기, 배토기, 쟁기, 구굴기, 복토기 등이 있다.

18. 동력 살분무기에서 저속은 잘 되나 고속이 잘 안되며 공기 청정기로 연료가 나올 때의 고장은?
① 미스트 발생부 고장
② 노즐 고장
③ 임펠러 고장
④ 리드 밸브 고장

해설 동력 살분무기에서 저속은 잘된다는 것은 연료공급이 조금씩 공급이 된다는 의미이다. 하지만 고속에서 잘 안 되는 것은 연료의 공급량이 부족할 때 나타나는 증상으로 연료의 양을 조절해주는 리드 밸브(또는 니들밸브) 고장일 확률이 높다.

19. 로터리를 트랙터에 부착하고 좌우 흔들림을 조정하려고 한다. 무엇을 조정하여야 하는가?
① 리프팅 암
② 체크체인
③ 상부링크
④ 리프팅 로드

해설 트랙터에 부착되어 있는 로터리의 좌우 흔들림은 체크체인으로 조정하며, 턴버클식 방식으로 되어 있다.

20. 건조와 함수율에 관한 설명으로 옳은 것은?
① 곡물은 건조용 공기의 온도가 너무 낮으면 동할이 발생한다.
② 곡물은 건조용 공기의 평형함수율이상으로 건조할 수 없다.
③ 농산물 함수율은 보통 건량 기준 함수율을 말한다.
④ 건조용 공기의 풍량이 많으면 건조가 늦어진다.

해설 평형함수율 : 투입되는 공기의 함수율과 곡물의 건조된 함수율이 평형을 이룰 때의 함수율

21. 동력 살분무기의 파이프 더스터(다공호스)를 이용하여 분제를 뿌리는데 기계와 멀리 떨어진 파이프 더스트의 끝 쪽으로 배출되는 분제의 양이 많다. 다음 중 고르게 배출되도록 하기 위한 방법으로 가장 적당한 것은?
① 엔진의 속도를 낮춘다.
② 엔진의 속도를 빠르게 한다.
③ 밸브를 약간 닫아 배출되는 분제의 양을 줄인다.
④ 밸브를 약간 열어 배출되는 분제의 양을 늘린다.

22. 농기계의 성능을 유지하기 위한 정비 목적으로 가장 거리가 먼 것은?
① 사전 봉사
② 사고 방지
③ 성능 유지
④ 기계 수명 연장

ANSWER 15.② 16.① 17.④ 18.④ 19.② 20.② 21.① 22.①

23. 최적의 공연비란 무엇을 말하는가?
① 이론적으로 완전연소 가능 공연비
② 연소가능 범위의 공연비
③ 희박한 공연비
④ 농후한 공연비

24. 폭발 순서가 1-3-4-2인 4행정 기관 트랙터의 1번 실린더가 흡입행정일 때 3번 실린더의 행정은?
① 압축 행정
② 흡입 행정
③ 배기 행정
④ 팽창 행정

해설

실린더	1번	2번	3번	4번
같은시기 다른행정	폭발	배기	압축	흡입
	배기	흡입	폭발	압축
	흡입	압축	배기	폭발
	압축	폭발	흡입	배기

25. 트랙터 로터리 작업 중 후진 시 주의해야 할 사항으로 옳은 것은?
① 고속으로 후진을 한다.
② 작업기를 그대로 땅에 놓은 상태에서 후진을 해야 안전하다.
③ 로터리의 동력을 끊은 상태에서 후진한다.
④ 후진 시에 뒷부분은 신경 쓰지 않아도 무방하다.

26. 목초를 압축하며 건조하는 작업기는?
① 헤이 베일러
② 헤이 레이크
③ 헤이 컨디셔너
④ 덤프 레이크

해설 헤이 레이크 : 목초를 모아주는 기계
헤이 컨디셔너 : 목초를 베고 적당한 상태로 건조시켜주는 장치
모워 : 목초를 베어주는 장치

27. 동력분무기에서 약액이 일정하게 분사되게 유지해주는 것은?
① 펌프와 실린더
② 공기실
③ 노즐
④ 밸브

28. 다음 중 이앙기에서 독립 브레이크를 사용하여야 할 때는?
① 도로 주행 중
② 모판을 실었을 때
③ 작업 중 선회할 때
④ 위급 상황이 발생했을 때

해설 트랙터와 이앙기는 독립브레이크를 사용할 수 있는 기계이다. 독립브레이크를 사용하는 이유는 선회 시 회전반경을 작게 하여 작업효율을 향상시키고자 할 때 사용한다.

29. 동력경운기용 쟁기를 장착할 때 좌우로 어느 정도 움직일 수 있게 조절해야 하는가?
① 5°
② 15°
③ 25°
④ 35°

30. 자갈이 많고 지면이 고르지 못한 곳에서 잡초를 예취할 때 적합한 예취날은?
① 톱날형 날
② 꽃잎형 날
③ 4도형 날
④ 합성수지 날

31. 다음 중 반자성체에 속하는 것은?
① 철
② 니켈
③ 탄소
④ 알루미늄

ANSWER 23.① 24.③ 25.③ 26.③ 27.② 28.③ 29.② 30.④ 31.③

32. 절연물의 저항은 가하는 전압과 흐르는 전류의 비를 나타낸 것으로 절연물의 전기저항을 무엇이라 하는가?
① 절연저항
② 도체저항
③ 부하저항
④ 피복저항

33. 그로울러 시험기로 시험할 수 없는 것은?
① 코일의 단락
② 코일의 접지
③ 코일의 단선
④ 코일의 저항

해설 그로울러 시험기는 코일의 단락, 접지, 단선시험을 할 수 있다. 코일의 저항은 회로 시험기(테스터기)로 해야 한다.

34. 220V, 60Hz, 3상 6극 유도전동기의 실제 회전수는 1080rpm이었다. 이때의 슬립은?
① 5%
② 10%
③ 15%
④ 20%

해설 동기속도 $= \dfrac{120 \times 주파수}{극수}$
$= \dfrac{120 \times 60}{6} = 1200 rpm$

슬립률 $= \dfrac{동기속도 - 실제 회전수}{동기속도}$
$= (\dfrac{1200-1080}{1200}) \times 100 = 10\%$

35. 도전율이 높은 순서대로 나열한 것은?
① 금 → 은 → 철 → 구리
② 은 → 구리 → 금 → 철
③ 금 → 구리 → 은 → 철
④ 철 → 금 → 구리 → 은

해설 도전율 : 은 → 동 → 금 → 알루미늄 → 텅스텐 → 아연 → 철니켈 → 납 …

36. 점화코일을 일명 무슨 코일이라고 부르는가?
① 자기코일
② 유도코일
③ 자석코일
④ 철심코일

37. 납축전기 전해액의 비중은 온도 1℃당 얼마씩 변화하는가?
① 0.007
② 0.005
③ 0.0004
④ 0.0007

해설 $S_{20} = S_t + 0.0007(t-20)$

$S_{20} =$ 비중
$S_t =$ 실측한 기준(보통 20℃를 기준으로 1.28)
$t =$ 전해액의 온도(℃)

38. 납축전지 점화방식에는 1차와 2차의 회로 구조로 되어 있는데 1차 회로의 순서로 옳은 것은?
① 축전지 → 스위치 → 2차 코일 → 단속기 콘덴서
② 축전지 → 콘덴서 → 스위치 → 1차 코일 → 단속기
③ 축전지 → 스위치 → 1차 코일 → 콘덴서 → 단속기
④ 축전지 → 콘덴서 → 스위치 → 단속기 → 1차 코일

39. 직류 전압 E(V), 저항 R(Ω)인 회로에 전류 1(A)가 흐를 때 R에서 소비되는 전력이 P(W)이다. 설명으로 틀린 것은?
① I가 일정하면 P는 R에 반비례한다.
② I가 일정하면 P는 E에 비례한다.
③ R이 일정하면 P는 E2에 비례한다.
④ R이 일정하면 P는 I2에 비례한다.

해설 $P = IV$
$P = \dfrac{V^2}{R}$
$P = I^2 R$

ANSWER 32.① 33.④ 34.② 35.② 36.② 37.④ 38.③ 39.①

40. 전조등의 조도가 부족한 원인이 아닌 것은?
① 접지의 불량
② 축전지의 방전
③ 굵은 배선 사용
④ 장기사용에 의한 전구의 열화

41. 콘덴서(축전기) 내의 구성 요소로 옳은 것은?
① 황산, 증류수, 철
② 금속박지, 운모, 파라핀
③ 알루미늄, 석영, 아연
④ 은박지, 구리, 철

42. 점화플러그의 실화 및 불꽃이 약해지는 원인으로 적합하지 않은 것은?
① 자기 청정온도의 저하
② 전극 부위에 탄소부착
③ 열값이 작은 점화플러그의 사용
④ 열방산 통로가 긴 점화플러그의 사용

43. 전선의 전기저항은 단면적이 증가하면 어떻게 되는가?
① 증가한다.
② 감소한다.
③ 단면적은 관계가 없다.
④ 단면적을 변화시킬 때는 항상 증가한다.
해설 전기저항은 단면적이 증가하면 감소하고 온도와 길이가 증가하면 저항은 증가한다.

44. 전류의 3가지 작용과 관계없는 것은?
① 발열작용
② 자기작용
③ 기계작용
④ 화학작용
해설 전류의 3대 작용은 발열, 자기작용, 화학작용이다.

45. 연소에 관한 설명으로 틀린 것은?
① 인화점이 낮을수록 착화점이 낮다.
② 인화점이 높을수록 위험성이 크다.
③ 연소 범위가 넓을수록 위험성이 크다.
④ 착화온도가 낮을수록 위험성이 크다.
해설 인화점 : 열을 가했을 때 점화가 되는 온도

46. 다음 중 도수율은 어느 것인가?
① $\dfrac{재해발생건수}{연근로시간수} \times 1,000,000$
② $\dfrac{재해발생 건수}{근로자 수} \times 10000$
③ $\dfrac{근로손실일수}{연근로시간수} \times 1000$
④ $\dfrac{재해자수}{평균근로자수} \times 1000$
해설 도수율(빈도율) : 도수율은 연 100만 근로시간당 몇 건의 재해가 발생했는지를 나타낸다.
도수율 = $\dfrac{재해발생건수}{연근로시간수} \times 1,000,000$

47. 12V, 50Ah의 축전지 4개를 그림과 같이 접속시켰을 때 A-B간의 용량은 몇 Ah인가?

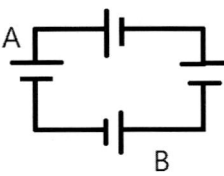

① 50   ② 100
③ 150   ④ 200
해설 A와 B사이에는 병렬연결이므로 용량은 2배가 된다.

48. 작업장 내 정리정돈에 대한 설명으로 틀린 것은?
① 자기주위는 자기가 정리 정돈한다.
② 작업장 바닥은 기름을 칠한 걸레로 닦는다.
③ 공구는 항상 정해진 위치에 나열하여 놓는다.
④ 소화기구나 비상구 근처에는 물건을 놓지 않는다.

ANSWER 40.③ 41.② 42.④ 43.② 44.③ 45.② 46.① 47.② 48.②

49. 트랙터의 포장 작업 시 유의사항으로 틀린 것은?
① 급발진, 급정지를 하지 않는다.
② PTO회전 시 청소 및 손질을 금지한다.
③ 작업기 부착 시 엔진 시동상태에서 한다.
④ 작업기를 들어 올린 채 방치하면 안 된다.

50. 안전 관리 조직으로 대규모 기업에 가장 적합한 것은?
① 참모식 조직
② 직계식 조직
③ 상향식 직계 조직
④ 직계참모식 조직

해설 〈안전관리 조직의 형태〉
직계형 : 계선식 조직으로 100인 미만 사업체에 적용
참모형 : 500~1000명인 사업체에 적용
복합형(계선참모형) : 직계형과 참모형의 혼합형으로 1000명이상 업체인 대기업에 적용

51. 회전 중에 파괴될 위험성이 있는 연삭숫돌의 조치방법은?
① 회전방지장치를 설치한다.
② 반발예방장치를 설치한다.
③ 복개장치를 설치한다.
④ 역회전 장치를 설치한다.

52. 다음 중 점화원이 될 수 없는 것은?
① 정전기
② 기화열
③ 전기불꽃
④ 못을 박을 때 튀는 불꽃

해설 기화열은 액체에서 기체로 변화시키기 위해 공급해야하는 열량

53. 작업장에서의 태도로 틀린 것은?
① 작업장 환경 조성을 위해 노력한다.
② 자신의 안전과 동료의 안전을 고려한다.
③ 안전 작업방법을 준수한다.
④ 멀리 있는 공구는 효율을 위해 던져준다.

54. 분진이 호흡기를 통하여 인체에 유입되는 것을 방지하기 위한 것은?
① 송기 마스크
② 방진 마스크
③ 방독 마스크
④ 보안면

55. 동력경운기로 운반 작업 시 안전 운행사항으로 틀린 것은?
① 고속에서 방향 전환을 피할 것
② 가능한 주행속도는 15km/h이하로 운행할 것
③ 급경사지에서 조향 클러치 레버를 조향 반대방향으로 잡을 것
④ 경사지를 이동할 때는 도중에 변속조작을 하지 말 것

해설 급경사지에서 조향클러치를 사용을 최대한 지양하고, 되도록 핸들을 힘으로 사용해야 한다.

56. 양수기의 가동 중 안전 점검사항으로 틀린 것은?
① 축 받침 발열 상태를 확인한다.
② 각종 볼트, 너트 풀림 상태를 확인하고, 윤활부분에 충분한 급유를 한다.
③ 축 받침부 발열온도를 약 60℃이하로 유지시킨다.
④ 소음이 발생하면 즉시 엔진을 정지시킨다.

57. 소음의 단위로 알맞은 것은?
① lx
② ppm
③ kcal
④ dB

해설 lx(룩스) : 조도
PPM : 농도
kcal : 열량

58. 컨베이어 사용 시 안전수칙으로 틀린 것은?
① 컨베이어의 운반 속도를 필요에 따라 임의로 조작할 것
② 운반물이 한쪽으로 치우치지 않도록 적재할 것
③ 운반물 낙하의 위험성을 확인하고 적재할 것
④ 운반물을 컨베이어에 싣기 전에 적당한 크기인지 확인할 것

59. 다음 중 보호 장갑, 보안경, 방호용, 앞치마를 반드시 착용하여야 하는 작업은?
① 밀링 작업
② 용접 작업
③ 선반 작업
④ 연삭 작업

60. 산업재해는 직접원인과 간접원인으로 구분되는데, 다음 중 직접 원인 중 인적불안전 행위가 아닌 것은?
① 부족당한 속도로 장치를 운전한다.
② 가동 중인 장치 정비
③ 복장 보호구 미착용
④ 기계공구 결함

Answer 58.① 59.② 60.④

국가기술자격 필기시험문제

2016년도 2회 기능사 필기시험

자격종목 및 등급(선택분야)	종목코드	시험시간	문제지형별
농기계 운전기능사	6301	1시간	

1. 몰드보드 플라우에서 날 끝이 흙 속으로 파고 들어 수평 절단을 하는 부분의 명칭은?
   ① 지측판
   ② 빔
   ③ 보습
   ④ 브레이스

2. 동력 경운기에 로터리를 부착하여 작업할 때 유의사항으로 틀린 것은?
   ① 감긴 흙과 풀은 기관을 정지한 후 제거한다.
   ② 후진을 할 때 경운날에 접촉되지 않도록 한다.
   ③ 회전이 빠르면 경운결이 거칠고 느리면 곱게 된다.
   ④ 알맞은 경심이 유지되도록 조절레버를 풀어 미륜의 높낮이를 조절한다.

   해설 회전이 빠르면 경운피치가 작아지므로 경운결이 부드럽고 곱게 된다.

3. 2사이클 가솔린 기관에서 연료와 오일의 혼합비로 적당한 것은?
   ① 5 : 1   ② 20 : 1
   ③ 30 : 1   ④ 40 : 1

   해설 2행정 가솔린 기관을 사용하는 동력예초기는 연료와 2사이클 엔진오일을 희석하여 사용한다. 이때 혼합비는 20~25:1로 한다. (0~25는 연료 1은 2사이클 엔진오일)

4. 압력이 142psi는 약 몇 kg/㎠ 인가?
   ① 1   ② 5
   ③ 8   ④ 10

   해설 $x\text{kg/cm}^2 = 142(\frac{0.4536\text{kg}}{2.54^2\text{cm}^2})$
   $142 = \frac{x\text{kg/cm}^2}{0.070308}$
   $x = 9.98\text{kg/cm}^2$

5. 물을 양수기로 송수하며 자동적으로 분사관을 회전시켜 살수하는 장치는?
   ① 버티컬
   ② 다이어프램
   ③ 스프링클러
   ④ 변형날개 펌프

6. 작물의 길이를 감지하여 탈곡통으로 들어가는 벼를 일정하게 공급해주는 장치는?
   ① 자동 공급깊이 장치
   ② 자동 수평제어 장치
   ③ 짚 배출 경보 장치
   ④ 디바이더 장치

7. 4행정 사이클의 디젤 기관은?
   ① 피스톤이 1/2회 왕복운동에 한번 착화 팽창한다.
   ② 피스톤이 1회 왕복운동에 한번 착화 팽창한다.
   ③ 피스톤이 2회 왕복운동에 한번 착화 팽창한다.
   ④ 피스톤이 4회 왕복운동에 한번 착화 팽창한다.

   해설 2행정기관은 피스톤 1회 왕복운동에 한번 착화팽창한다. 4행정기관은 피스톤 2회 왕복운동에 한번 착화팽창한다.

ANSWER 1.③ 2.③ 3.② 4.④ 5.③ 6.① 7.③

8. 기관 오일의 SAE 번호가 의미하는 것은?
① 점도
② 비중
③ 유동성
④ 건성

해설 윤활유 분류는 SAE 기준과 API 기준으로 나눈다. SAE는 점도를 번호로 표현한다.

9. 분무기 노즐 중 분무각도와 거리를 조절할 수 있는 것은?
① 스피드 노즐형
② 환상형
③ 직선형
④ 철포형

10. 관리기 조향클러치의 적정 유격으로 가장 적합한 것은?
① 1 ~ 2mm
② 6 ~ 8mm
③ 12 ~ 14mm
④ 20 ~ 22mm

해설 관리기, 경운기의 조향클러치의 적정 유격은 1~2mm로 한다.

11. 공랭식 기관을 탑재한 이앙기의 일상점검 사항과 가장 거리가 먼 것은?
① 각 부의 볼트, 너트의 이완 상태 점검
② 엔진 오일량 및 누유 점검
③ 냉각수량 점검
④ 연료량 점검

해설 공랭식 기관이기 때문에 냉각수는 없다.

12. 동력 살분무기의 살포작업방법으로 가장 거리가 먼 것은?
① 전진법
② 후진법
③ 횡보법
④ 전후진 조합법

해설 동력 살분무기의 살포시 농약을 살포할 경우도 생기기 때문에 바람의 영향을 받는다. 그러므로 바람 방향에 따라 전진법, 후진법, 횡보법을 사용하고 전후진 조합법은 위험한 살포 방법이다.

13. 벼, 맥류, 채소 등의 종자를 일정한 간격의 줄에 따라 연속하여 뿌리는 파종 방법은?
① 흩어뿌림
② 줄뿌림
③ 점뿌림
④ 산파

14. 콤바인을 좌우로 선회할 때 사용하는 것은?
① 주변속 레버
② 파워 스티어링 레버
③ 예취 클러치
④ 부변속 레버

15. 디젤 기관의 노크 방지법으로 적절하지 않는 것은?
① 발화성이 좋은 연료를 사용한다.
② 압축비를 낮게 해야 한다.
③ 실린더 내의 온도와 압력을 높인다.
④ 착화 지연 기간 중 연료의 분사량을 조절한다.

해설 〈디젤 기관의 노트 방지법〉
- 착화성이 좋은 연료를 사용하여 착화지연 기간을 짧게 한다.
- 압축비를 높여 압축온도와 압력을 높인다.
- 분사개시 때 연료 분사량을 적게 하여 급격한 압력 상승을 억제한다.
- 흡입공기에 와류를 준다.
- 분사시기를 알맞게 조정한다.
- 기관의 온도 및 회전 속도를 높인다.

16. 승용 이앙기가 논에 빠져 한 쪽 바퀴에 슬립이 생길 때 사용하는 장치는?
① 브레이크 페달
② 차동고정 장치 페달
③ 클러치 페달
④ 변속기

해설 논에 빠지게 되었을 때는 저속으로 넣게 되면 지면의 마찰력을 최대한 발휘할 수 있으며 구동을 4륜으로 변환하고 차동고정 장치(차동잠금장치)페달을 밟고 직진하는 것이 가장 효과적이다.

ANSWER 8.① 9.④ 10.① 11.③ 12.④ 13.② 14.② 15.② 16.②

17. 트랙터 토인은 무엇으로 조정하는가?
① 너클 암　② 와셔
③ 드래그링크　④ 타이로드

해설　트랙터의 토인은 앞바퀴의 타이로드로 조정을 하면 타이로드는 양나사 즉, 턴버클방식으로 되어 있다.

18. 관리기 조향장치 조작에 관한 설명 중 틀린 것은?
① 핸들의 높이를 조절할 수 있다.
② 핸들의 각도를 조절할 수 있다.
③ 조향 클러치는 건식 다판 클러치이다.
④ 핸들을 180도 회전시킬 수 있다.

해설　관리기 조향장치는 기어방식으로 되어 있다.

19. 주행하면서 농작물을 예취하고 탈곡을 함께 하는 기계는?
① 예취기　② 리퍼
③ 콤바인　④ 모워

20. 대형 4륜 트랙터용 로터베이터에 사용되는 경운 날은?
① 작두형 날　② 특수 날
③ 보통 날　④ L자형 날

21. 농기계의 효율 향상을 위하여 실시하는 예방정비의 종류가 아닌 것은?
① 매일 정비
② 매주 정비
③ 농한기 정비
④ 고장수리 정비

22. 다음 중 말린 목초나 볏짚을 일정한 용적으로 압축하여 묶는 기계는?
① 헤이 테더
② 헤이 베일러
③ 헤이 레이크
④ 헤이 컨디셔너

해설　헤이 컨디셔너 : 건초를 압쇄시키는 기계
헤이 테더 : 목초를 반전하는(뒤집는) 기계
헤이 레이크 : 목초의 집초

23. 다음 중 농업 기계의 운전, 점검 및 보관 방법으로 옳은 것은?
① 시동을 켜고 엔진 오일의 양과 냉각수를 점검하였다.
② 트랙터에 승차할 때 오른쪽(브레이크 페달쪽)으로 승차하였다.
③ 가솔린 기관은 연료를 모두 빼고, 디젤기관은 가득채운 후 장기보관 했다.
④ 작업 도중 연료를 공급할 때에 기관을 저속 공회전 하여 연료를 보충하였다.

24. 곡물의 건량기준 함수율(%)을 나타내는 산출 식은?
① 시료의 무게 / 시료의총무게 × 100
② 시료에 포함된 수분의 무게 / 시료의 수분무게 × 100
③ 시료에 포함된 수분의 무게 / 건조 후 시료의 무게 × 100
④ 시료의총무게 / 시료에 포함된 수분의 무게×100

25. 동력 분무기에서 흡수량이 불량한 원인으로 가장 거리가 먼 것은?
① 흡입호스의 파손
② V패킹의 마모
③ 토출 호스 너트 풀림
④ 흡입밸브의 고장

26. 일반적으로 모워의 규격은 무엇으로 나타내는가?
① 작업 속도
② 기계 무게
③ 예취날의 구조
④ 예취폭

Answer　17.④　18.③　19.③　20.④　21.④　22.②　23.③　24.③　25.③　26.④

27. 어떤 농업 기계를 400만원에 구입해 10년 동안 사용한 후에 50만원에 폐기하였다면 연간 감가상각비는?

① 35,000원
② 50,000원
③ 350,000원
④ 500,000원

해설 감가상각비$(D_s) = \dfrac{P_i - P_s}{L}$
$= \dfrac{400만원 - 50만원}{10년} = 350,000원$

28. 트랙터와 플라우의 장착 방법 중 3점 링크 히치식에 대한 설명으로 틀린 것은?

① 선회 반지름이 짧고, 새머리가 작아진다.
② 플라우의 중량 전이로 견인력이 감소된다.
③ 운반 및 선회가 쉽다.
④ 견인식 플라우와 같은 바퀴가 필요 없다.

해설 트랙터는 견인력을 향상시키기 위하여 중량을 추가하는 방법을 많이 사용한다. 플라우의 중량이 전이되면 견인력이 향상된다.

29. 동력살분무기의 윤활공급방식으로 가장 적합한 것은?

① 비산식
② 압송식
③ 비산압송식
④ 혼합유식

해설 동력살분무기의 윤활공급방식은 연료와 윤활유를 섞어서 사용하는 혼합유식이 적합하다.

30. 승용 산파 이앙기에 사용되는 장치로 가장 거리가 먼 것은?

① 유압 클러치
② 주 클러치
③ 식부 클러치
④ 예취 클러치

해설 예취 클러치는 콤바인에서 사용하는 장치이다.

31. 충전기식 점화장치에서 축전기(콘덴서)가 하는 역할로 틀린 것은?

① 불꽃 방전을 일으켜 압축된 혼합기에 점화를 시킨다.
② 1차 전류 차단시간을 단축하여 2차 전압을 높인다.
③ 접점 사이의 불꽃을 흡수하여 접점의 소손을 방지한다.
④ 접점이 닫혔을 때에는 접점이 열릴 때 흡수한 전하를 방출하여 1차 전류의 회복을 빠르게 한다.

32. 농기계의 점화장치에 단속기를 두는 주된 이유는?

① 캠 각을 변화시켜 주기 위해서
② 점화 코일의 과열을 방지하기 위하여
③ 점화 타이밍을 정확히 맞추기 위해서
④ 농기계에 사용하는 전류가 직류이기 때문에

33. 납축전지의 사용상 주의사항으로 틀린 것은?

① 낮은 온도에서 용량이 증대되고 충전이 쉽다.
② 방전 종지 전압은 규정된 범위 내에서 사용한다.
③ 장기간 방치할 경우는 월 1회 정도 보 충전을 한다.
④ 50%이상 방전된 경우는 110~120% 정도 보 충전을 한다.

해설 납축전지는 전해액의 화학 작용에 의해 충방전을 하게 되는데 온도가 낮아지면 화학반응이 느려져 충전이 쉽지 않다.

34. 1800rpm 농용 엔진에서 연소 속도가 1/360초일 때 크랭크 축의 회전각은?

① 10°
② 20°
③ 30°
④ 40°

ANSWER 27.③ 28.② 29.④ 30.④ 31.① 32.④ 33.① 34.③

해설 초당 회전수 = $\frac{1800rpm}{60}$ = 30회전

30회전의 각도 = 30 × 360° = 10800°

$\frac{1}{360}$초의 회전각 = $\frac{10800}{360}$ = 30°

35. 경음기가 작동하지 않을 때 고장원인으로 가장 거리가 먼 것은?
① 퓨즈 단선
② 경음기 릴레이 불량
③ 얇은 경음기 진동판
④ 접점의 접촉 불량 및 접지 불량

해설 전기적인 원인을 찾으면 된다.

36. 콘덴서에 대한 설명으로 옳은 것은?
① +전하만 충전할 수 있다.
② 질이 좋은 부도체로 구성되어 있다.
③ 도체와 부도체가 연이어 감겨져 있다.
④ 전하량은 극판 간격을 크게 하면 커진다.

37. 직류 전동기에서 코일의 반회전마다 전류의 방향을 바꾸는 장치는?
① 계자
② 브러시와 정류자
③ 브러시
④ 전기자와 풀링 코일

38. 전류가 흐르는 도체가 가장에서 받는 힘의 방향을 나타내는 법칙은?
① 렌츠의 법칙
② 플레밍의 왼손 법칙
③ 플레밍의 오른손 법칙
④ 앙페르의 오른나사 법칙

해설 **렌츠의 법칙** : 유도기전력은 코일 내의 자속 변화를 방해하는 방향으로 생긴다는 법칙
플레밍의 오른손 법칙 : 오른손 엄지, 인지, 중지를 서로 직각이 되게 펴고, 인지를 자력선의 방향에, 엄지를 도체의 운동방향에 일치 시키면 중지에 유도 기전력의 방향이 표시된다. (발전기의 원리)

앙페르의 오른나사 법칙 : 전류를 오른 나사의 진행 방향으로 흘리면 자계는 나사가 도는 방향으로 생기게 되는 법칙

39. 점화 불량의 원인으로 틀린 것은?
① 자연 점화가 일어날 때
② 마그네트에 물이나 기름이 묻었을 때
③ 고압 코드가 손상 또는 절단 되었을 때
④ 점화 플러그의 불꽃 간격이 부적당 할 때

40. 1Wh는 몇 J 인가?
① 1
② 100
③ 3600
④ 3.6×10^6

해설 1Wh=1W×1시간=1J/s×3600s=3600J

41. 전압계를 사용하는 방법으로 틀린 것은?
① 측정 범위의 전압계를 선택한다.
② 측정하려는 부하와 병렬로 연결한다.
③ (+), (-)단자는 전원 극성과 동일하게 접속한다.
④ 전압계의 다이얼은 낮은 위치에 놓고 측정 후 점차 높은 전압 위치로 조정한다.

42. 저항 R_1, R_2, R_3 를 직렬로 연결시킬 때 합성 저항은?
① $R_1 + R_R + R_3$
② $\frac{R_1 + R_2 + R_3}{R_1 R_2 R_3}$
③ $\frac{1}{R_1} + \frac{1}{R_2} + \frac{1}{R_3}$
④ $\frac{R_1 R_2 R_3}{R_1 + R_2 + R_3}$

43. 교류발전기의 장력이 부족하면?
① 다이오드가 손상된다.
② 슬립링이 빨리 마모된다.
③ 전기자 코일에 과전류가 흐른다.
④ 슬립링과의 접촉이 불량해져 출력이 저하된다.

ANSWER 35.③ 36.③ 37.② 38.② 39.① 40.③ 41.④ 42.① 43.④

44. 납축전지의 방전종지전압은 1셀(cell)당 몇 V일 때 인가?

① 1.25
② 1.45
③ 1.75
④ 2.00

해설 납축전지는 6개의 단전지로 구성되어 있으며 한 개의 셀 당 2.0V의 전압이 발생한다. 또한 종지전압은 셀당 1.75V이다.

45. 트랙터용 12 발전기의 발전전류가 30A이면 이 발전기의 저항(Ω)은?

① 0.5
② 0.4
③ 0.3
④ 0.2

해설 $I = \dfrac{E}{R} = 30A = \dfrac{12V}{x}$

$x = \dfrac{12V}{30A} = 0.4 \Omega$

46. 마그네트 취급 방법에 있어서 주의하여야 할 사항 중 옳은 것은?

① 운전 중 마그네트 뚜껑을 열어도 별 지장이 없다.
② 마그네트는 습한 장소에 보관한다.
③ 마그네트의 접점부위에 기름이 끼어도 상관없다.
④ 자석을 강하게 때리거나 진동시키지 말아야 한다.

47. 다음 중 보호안경을 착용해야 할 작업으로 가장 적당한 것은?

① 기화기를 차에서 뗄 때
② 변속기를 차에서 뗄 때
③ 장마철 노상운전을 할 때
④ 배전기를 차에서 뗄 때

해설 변속기를 떼기 위해서는 차량을 리프팅 하여 아래 부분에서 작업을 해야 하기 때문에 보호안경을 착용해야한다.

48. 안전 관리의 목적으로 가장 거리가 먼 것은?

① 사회복지의 증진
② 인적 재산손실 예방
③ 작업환경 개선
④ 경제성의 향상

49. 연료 탱크를 수리할 때 가장 주의해야 할 사항은?

① 가솔린 및 가솔린 증기가 없도록 한다.
② 탱크의 찌그러짐을 편다.
③ 연료계의 배선을 푼다.
④ 수분을 없앤다.

50. 귀마개를 착용하지 않았을 때 청력장애가 일어날 수 있는 가능성이 가장 높은 작업은?

① 단조작업
② 압연작업
③ 전단작업
④ 주조작업

해설 단조작업은 금속에 충격을 가하여 금속을 단단하게 하는 작업이므로 소음이 크게 발생하므로 청력장애를 일으킬 수 있다.

51. 다음 중 재해 조사의 주된 목적은?

① 벌을 주기 위해
② 예산을 증액시키기 위해
③ 인원을 충원하기 위해
④ 같은 종류의 사고가 반복되지 않도록 하기 위해

52. 동력 경운기의 내리막길 주행 시 조향 클러치의 작동방법으로 옳은 것은?

① 양쪽 클러치를 모두 잡는다.
② 회전하는 쪽의 클러치를 잡는다.
③ 평지에서와 같은 방법으로 운전한다.
④ 조향 클러치를 사용하지 않고 핸들만으로 운전한다.

ANSWER 44.③ 45.② 46.④ 47.② 48.③ 49.① 50.① 51.④ 52.④

53. 인화성 물질이 아닌 것은?
① 질소가스
② 프로판가스
③ 메탄가스
④ 아세틸렌가스

54. 농업기계 안전점검의 종류로 가장 거리가 먼 것은?
① 별도점검
② 정기점검
③ 수시점검
④ 특별점검

55. 감전사고로 의식불명의 환자에게 적절한 응급조치는 어느 것인가?
① 전원을 차단하고, 인공호흡을 시킨다.
② 전원을 차단하고, 찬물을 준다.
③ 전원을 차단하고, 온수를 준다.
④ 전기충격을 가한다.

56. 밀링 작업 시 안전수칙으로 틀린 것은?
① 상하 이송용 핸들은 사용 후 반드시 빼두어야 한다.
② 칩은 가늘고 예리하며 부상을 입히기 쉬우므로 반드시 장갑을 끼고 작업을 한다.
③ 칩이 비산하는 재료는 커터부분에 커버를 부착한다.
④ 가공 중에는 얼굴을 기계 가까이 대지 않는다.

해설 기계가 회전하는 장비는 장갑을 끼고 작업하지 않는다.

57. 산업안전 업무의 중요성과 가장 거리가 먼 것은?
① 기업경영의 이득에 이바지 한다.
② 경비를 절약할 수 있다.
③ 생산 작업 능률을 향상시킨다.
④ 작업자의 안전에는 큰 영향이 없다.

58. 그림은 무엇을 나타내는 표시인가?

① 출입금지
② 보행금지
③ 사용금지
④ 탑승금지

59. 기계와 기계 사이 또는 기계와 다른 설비와의 사이에 설치하는 통로의 너비는 적어도 몇 cm이상 이어야 하는가?
① 40cm
② 60cm
③ 70cm
④ 80cm

60. 탭 작업 시 주의사항으로 틀린 것은?
① 반드시 작업물과 수직을 유지한다.
② 절삭 오일을 주유한다.
③ 볼트의 깊이 보다 깊게 깎는다.
④ 압력을 느끼면서 천천히 계속적으로 탭 핸들을 돌린다.

ANSWER 53.① 54.① 55.① 56.② 57.④ 58.① 59.④ 60.④

국가기술자격 필기시험문제

2016년도 3회 기능사 필기시험

자격종목 및 등급(선택분야)	종목코드	시험시간	문제지형별	수검번호	성 명
농기계 운전기능사	6301	1시간			

1. 곡물의 건량기준 함수율(%)을 나타내는 산출식은?

① (시료의 무게 / 시료의 총무게) × 100
② (시료에 포함된 수분의 무게 / 시료의 수분 무게) × 100
③ (시료에 포함된 수분의 무게 / 시료의 무게) × 100
④ (시료의 총무게 / 시료에 포함된 수분의 무게) × 100

해설 곡물의 건량기준 함수율(%)
$$= \frac{\text{시료에 포함된 수분의 무게}}{\text{시료의 무게}} \times 100$$

2. 동력 살분무기의 윤활 공급 방식으로 가장 적합한 것은?

① 비산식   ② 압송식
③ 비산압송식   ④ 혼합유식

해설 동력살분무기의 윤활공급방식은 혼합유식을 사용한다.

3. 동력 경운기에 로터리를 부착하여 작업할 때 유의사항으로 틀린 것은?

① 감긴 흙과 풀은 기관을 정지한 후 제거한다.
② 후진을 할 때 경운날에 접촉되지 않도록 한다.
③ 회전이 빠르면 경운결이 거칠고 느리면 곱게 된다.
④ 알맞은 경심이 유지되도록 조절레버를 풀어 미륜의 높낮이를 조절한다.

해설 동력경운기에 로터리 날의 회전이 빠르면 경운결이 곱고 느리면 거칠게 된다.

4. 콤바인을 좌우로 선회할 때 사용하는 것은?

① 주변속 레버
② 파워 스티어링 레버
③ 예취 클러치
④ 부변속 레버

해설 콤바인을 좌우로 선회할 때 사용하는 레버는 파워 스티어링 레버이다. **주변속 레버**는 HST로 되어 있어 유량을 조절하여 속도를 제어한다. **예취 클러치**는 벼를 베기 위해 예취날을 동작시키는 장치이다. **콤바인의 부변속 레버**는 도복, 표준, 주행으로 구분되어 콤바인의 속도를 조절하는 장치이다.

5. 다음 중 농업 기계의 운전, 점검 및 보관방법으로 옳은 것은?

① 시동을 켜고 엔진 오일의 양과 냉각수를 점검하였다.
② 트랙터에 승차할 때 오른쪽(브레이크 페달 쪽)으로 승차하였다.
③ 가솔린 기관은 연료를 모두 빼고, 디젤 기관은 가득 채운 후 장기보관 했다.
④ 작업 도중 연료를 공급할 때에 기관을 저속 공회전하여 연료를 보충하였다.

해설 엔진 오일의 양과 냉각수를 점검할 때에는 시동을 끊다. 트랙터를 승차할 때 왼쪽(클러치 페달 쪽)으로 승차한다. 가솔린 기관은 연료를 모두 빼고, 디젤 기관은 가득 채운 후 장기 보관한다. 연료를 공급할 때에는 기관의 시동을 끄고 보충한다.

6. 대형 4륜 트랙터용 로터베이터에 사용되는 경운날은?

① 작두형 날   ② 특수날
③ 보통 날   ④ L자형 날

ANSWER 1.③ 2.④ 3.③ 4.② 5.③ 6.④

해설 작두형 날은 경운기에서 사용되고, L자형 날은 대형 트랙터에서 사용된다. 소형 트랙터에서는 보통 날을 사용하기도 한다.

7. 2사이클 가솔린 기관에서 연료와 오일의 혼합비로 적당한 것은?
① 5 : 1
② 25 : 1
③ 30 : 1
④ 40 : 1

해설 2사이클 가솔린 기관에서 연료와 오일을 혼합해서 사용하는 경우 혼합비는 25:1로 한다.

8. 농기계의 효율 향상을 위하여 실시하는 예방정비의 종류가 아닌 것은?
① 매일 정비
② 매주 정비
③ 농한기 정비
④ 고장수리 정비

해설 매일 정비(일상정비), 매주 정비(주간정비), 농한기 정비(연간정비)

9. 작물의 길이를 감지하여 탈곡통으로 들어가는 벼를 일정하게 공급해주는 장치는?
① 자동 공급 깊이 장치
② 자동 수평 제어 장치
③ 짚 배출 경보장치
④ 디바이더 장치

해설 작물의 길이를 감지해야하는 이유는 탈곡통에 벼이삭이 붙어 있는 부분까지 투입시키기 위함이다. 이를 조절해 주는 장치는 자동 공급 깊이 장치이다.

10. 디젤 기관의 노크 방지법으로 적절하지 않는 것은?
① 발화성이 좋은 연료를 사용한다.
② 압축비를 낮게 해야 한다.
③ 실린더 내의 온도와 압력을 높인다.
④ 착화 지연 기간 중 연료의 분사량을 조절한다.

해설 디젤기관의 노크는 폭발온도와 폭발압력이 낮아 발생하는 현상이므로 압축비를 높여줘야 한다.

11. 분무기 노즐 중 분무각도와 거리를 조절할 수 있는 것은?
① 스피드 노즐형
② 환상형
③ 직선형
④ 철포형

해설 분무기 노즐 중 분무각도와 거리를 조절할 수 있는 가장 많이 사용되는 노즐은 철포형 노즐이다.

12. 트랙터 토인은 무엇으로 조정하는가?
① 너클암
② 와셔
③ 드래그링크
④ 타이로드

해설 트랙터의 토인은 타이로드로 조정한다.

13. 주행하면서 농작물을 예취하고 탈곡을 함께 하는 기계는?
① 예취기
② 리퍼
③ 콤바인
④ 모워

해설 예취기는 풀을 베거나 자를 때 사용한다.
리퍼는 보리 옥수수 등을 베는 기계이다.
콤바인은 주행하면서 농작물을 예취하고 탈곡한다.
모워는 풀이나 잔디를 깎을 때 사용한다.

14. 4행정 사이클의 디젤 기관은?
① 피스톤이 1/2회 왕복운동에 한번 착화 팽창한다.
② 피스톤이 1회 왕복운동에 한번 착화 팽창한다.
③ 피스톤이 2회 왕복운동에 한번 착화 팽창한다.
④ 피스톤이 4회 왕복운동에 한번 착화 팽창한다.

해설 4행정 기관은 피스톤이 2회전 왕복운동에 한번 착화 팽창(폭발)한다.

ANSWER 7.② 8.④ 9.① 10.② 11.④ 12.④ 13.③ 14.③

15. 물을 양수기로 송수하며 자동적으로 분사관을 회전시켜 살수하는 장치는?

① 버티컬
② 다이어프램
③ 스프링클러
④ 변형날개 펌프

해설 물을 송수하여 분사관을 회전시켜 살수하는 장치는 스프링클러이다.

16. 벼, 맥류, 채소 등의 종자를 일정한 간격의 줄에 따라 연속하여 뿌리는 파종 방법은?

① 흩어뿌림 ② 줄뿌림
③ 점뿌림   ④ 산파

해설 흩어뿌림(산파)은 일정한 회전을 이용하여 고르게 뿌리는 방법
줄뿌림은 줄 간격을 일정하게 하여 한 줄씩 일정한 간격으로 파종하는 방법
점뿌림은 한 알 또는 몇 알씩 떨어뜨려 심는 방법

17. 어떤 농업 기계를 400만원에 구입해 10년 동안 사용한 후에 50만원에 폐기하였다면 연간 감가상각비는?

① 35,000원
② 50,000원
③ 350,000원
④ 500,000원

해설
$$감가상각비 = \frac{구입가 - 폐기가}{사용연한} = \frac{400만원 - 50만원}{10년}$$
$$= \frac{350만원}{10년} = 35만원$$

∴ 연간 감가상각비는 35만원

18. 트랙터와 플라우의 장착 방법 중 3점 링크 히치식에 대한 설명으로 틀린 것은?

① 선회 반지름이 짧고, 새머리가 작아진다.
② 플라우의 중량 전이로 견인력이 감소된다.
③ 운반 및 선회가 쉽다.
④ 견인식 플라우와 같은 바퀴가 필요 없다.

해설 플라우의 중량 전이로 인하여 뒷바퀴에 하중이 전달되어 견인력이 증가한다.
※ 새머리 : 쟁기 또는 로터리 작업을 직진으로 하다 회전 부분에서 작업기를 들게 되며, 작업되지 않은 부분과 회전반경을 새머리라고 한다.

19. 공랭식 기관을 탑재한 이앙기의 일상점검 사항과 가장 거리가 먼 것은?

① 각 부의 볼트, 너트의 이완 상태 점검
② 엔진 오일량 및 누유 점검
③ 냉각수량 점검
④ 연료량 점검

해설 공랭식 이앙기이기 때문에 냉각수는 점검할 필요가 없다.

20. 일반적으로 모워의 규격은 무엇으로 나타내는가?

① 작업 속도   ② 기계 무게
③ 예취날의 구조   ④ 예취폭

해설 모워는 풀이나 잔디를 베는 기계로 규격은 예취폭을 기준으로 한다.

21. 승용 이앙기가 논에 빠져 한 쪽 바퀴에 슬립이 생길 때 사용하는 장치는?

① 브레이크 페달
② 차동고정장치 페달
③ 클러치 페달
④ 변속기

해설 트랙터와 승용이앙기가 논에 빠지게 되면 차동장치 때문에 구동바퀴 중 부하가 적게 받는 쪽만 회전한다. 그러므로 차동고정장치 페달을 밟아 구동바퀴가 똑같이 회전하여 견인력을 향상 시켜줘야 한다.

22. 관리기 조향 클러치의 적정 유격으로 가장 적합한 것은?

① 1 ~ 2mm
② 6 ~ 8mm
③ 12 ~ 14mm
④ 20 ~ 22mm

해설 경운기과 관리기의 조향 클러치의 적정 유격은 1~2mm로 한다.

ANSWER 15.③ 16.② 17.③ 18.② 19.③ 20.④ 21.② 22.①

23. 기관 오일의 SAE 번호가 의미하는 것은?
① 점도
② 비중
③ 유동성
④ 건성

해설 기관 오일의 SAE 번호가 의미하는 것은 점도이다.

24. 동력분무기에서 흡수량이 불량한 원인으로 가장 거리가 먼 것은?
① 흡입호스의 파손
② V패킹의 마모
③ 토출 호스 너트 풀림
④ 흡입밸브의 고장

해설 동력분무기의 흡수량이 불량한 원인으로는 흡입호스의 파손, V패킹의 마모, 흡입밸브의 고장, 흡입구의 막힘 등이다.

25. 압력 142psi는 약 몇 kgf/㎠ 인가?
① 1
② 5
③ 8
④ 10

해설 psi는 pound/inch2 이다.
1파운드 = $0.453593 kgf$

1인치 = $2.54 cm$

$1 psi = \dfrac{0.453593 kgf}{2.54^2 cm^2} = 0.0703 kgf/cm^2$

$142 psi = 142 \times 0.0703 kgf/cm^2 = 9.98 kgf/cm^2$

$\therefore 142psi$는 $9.95 kgf/cm^2$

26. 몰드보드 플라우에서 날 끝이 흙 속으로 파고들어 수평절단을 하는 부분의 명칭은?
① 지측판
② 빔
③ 보습
④ 브레이스

해설 흙속으로 파고들어 수평 절단하는 부분의 명칭은 보습이다.

27. 관리기 조향장치 조작에 관한 설명 중 틀린 것은?
① 핸들의 높이를 조절할 수 있다.
② 핸들의 각도를 조절할 수 있다.
③ 조향 클러치는 건식 다판 클러치이다.
④ 핸들을 360도 회전시킬 수 있다.

해설 관리기 조향장치는 핸들의 높이, 각도를 조절 할 수 있고 핸들을 360도 회전시킬 수 있다. 또한 조향 클러치는 맞물림 방식의 클러치를 사용한다.

28. 동력 살분무기의 살포작업 방법으로 가장 거리가 먼 것은?
① 전진법
② 후진법
③ 횡보법
④ 전후진 조합법

해설 동력 살분무기는 분관 사용 시 바람을 등지고 작업하면 바람의 방향에 따라 전진법, 후진법, 횡보법(옆으로 걷기), 지그재그법을 사용한다.

29. 다음 중 말린 목초나 볏짚을 일정한 용적으로 압축하여 묶는 기계는?
① 헤이 테더
② 헤이 베일러
③ 헤이 레이크
④ 헤이 컨디셔너

해설 헤이 테더 : 목초를 반전(뒤집는)하는 기계
헤이 레이크 : 목초를 집초하는 기계
모워 : 목초를 자르는 기계
헤이 베일러 : 목초를 묶는 기계
헤이 컨디셔너 : 풀을 베고 수분 제거하는 기계

30. 승용 산파 이앙기에 사용되는 장치로 가장 거리가 먼 것은?
① 유압 클러치
② 주 클러치
③ 식부장치
④ 헤이 컨디셔너

해설 헤이 컨디셔너는 조사료 생산기계이다.

ANSWER 23.① 24.③ 25.④ 26.③ 27.③ 28.④ 29.② 30.④

31. 전압계를 사용하는 방법으로 틀린 것은?

① 측정 범위의 전압계를 선택한다.
② 측정하려는 부하와 병렬로 연결한다.
③ (+), (-)단자는 전원 극성과 동일하게 접속한다.
④ 전압계의 다이얼은 낮은 위치에 놓고 측정 후 점차 높은 전압 위치로 조정한다.

> **해설** 전압계의 다이얼이 있는 경우 높은 전압 위치에 놓고 측정 후 낮은 전압 위치로 조정한다.

32. 납축전지의 사용상 주의사항으로 틀린 것은?

① 낮은 온도에서 용량이 증대되고 충전이 쉽다.
② 방전 종지 전압은 규정된 범위 내에서 사용한다.
③ 장기간 방치할 경우는 월 1회 정도 보충전을 한다.
④ 50% 이상 방전된 경우는 110~120% 정도 보충전을 한다.

> **해설** 납축전지는 낮은 온도에서 용량이 감소되고 충전이 어렵다.

33. 경음기가 작동하지 않을 때 고장원인으로 가장 거리가 먼 것은?

① 퓨즈 단선
② 경음기 릴레이 불량
③ 얇은 경음기 진동판
④ 접점의 접촉 불량 및 접지 불량

> **해설** 경음기는 전기장치이므로 퓨즈단선, 릴레이 불량, 접점의 접촉 불량 및 접지불량에 의해 작동되지 않을 수 있다.

34. 직류 전동기에서 코일의 반회전마다 전류의 방향을 바꾸는 장치는?

① 계자　　　　② 브러시와 정류자
③ 브러시　　　④ 전기자와 풀링코일

> **해설** 직류 전동기 코일의 반회전마다 전류의 방향을 바꿔 지속적인 회전을 하게 하는 장치는 브러시와 정류자이다.

35. 전류가 흐르는 도체가 자장에서 받는 힘의 방향을 나타내는 법칙은?

① 렌츠의 법칙
② 플레밍의 왼손법칙
③ 플레밍의 오른손 법칙
④ 앙페르의 오른나사 법칙

> **해설** 렌츠의 법칙은 유도기전력과 유도전류는 자기장의 변화를 상쇄하려는 방향으로 발생한다.
> 전류의 흐름과 자장(자기력), 힘의 방향을 나타내는 법칙은 플레밍의 왼손 법칙이다.
> 플레밍의 오른손 법칙은 전류, 자기장, 도체의 운동의 방향에 관한 법칙이다.
> 앙페르의 오른나사 법칙은 전류는 오른나사 진행방향 흐르고 자력선은 오른나사가 회전하는 방향으로 만들어진다는 원리이다.

36. 농기계의 점화장치에 단속기를 두는 주된 이유는?

① 캠 각을 변화시켜 주기 위해서
② 점화 코일의 과열을 방지하기 위하여
③ 점화 타이밍을 정확히 맞추기 위해서
④ 농기계에 사용하는 전류가 직류이기 때문에

> **해설** 점화장치에 단속기를 두는 이유는 전류가 직류이기 때문이다.

37. 1 Wh는 몇 J인가?

① 1　　　　　② 100
③ 3600　　　④ 1000

> **해설** 1Wh는 한 시간 동안의 전력량이다. 1J은 1초 동안의 에너지로 한 시간은 3600초이기 때문에 3600J이 된다.

38. 교류발전기의 장력이 부족하면?

① 다이오드가 손상된다.
② 슬립링이 빨리 마모된다.
③ 전기자 코일에 과전류가 흐른다.
④ 슬립링과 접촉이 불량해져 출력이 저하된다.

> **해설** 장력이 부족하면 벨트가 느슨해져 슬립이 발생하고 접촉이 불량해져 전류의 출력이 저하된다.

ANSWER 31.④　32.①　33.③　34.②　35.②　36.④　37.③　38.④

39. 1800rpm 농용 엔진에서 연소 속도가 1/360초 일 때 크랭크 축의 회전각은?

① 10° ② 20°
③ 30° ④ 40°

해설 현재 회전(초당) = $\dfrac{1,800회전}{60초}$ = 30회전/초

회전각도 = $\dfrac{30 \times 360°}{360}$ = 30°

연소속도 동안 크랭크 축의 회전각은 30°이다.

40. 납축전지의 방전종지 전압은 1셀(cell)당 몇 V일 때 인가?

① 1.25 ② 1.45
③ 1.75 ④ 2.00

해설 납축전지의 방전종지전압은 1셀당 1.75V이고, 충전 전압은 1셀당 2.0V이다. 납축전지는 6개의 셀로 구성된다.

41. 트랙터용 12V 발전기의 발전전류가 30A 이면 이 발전기의 저항(Ω)은?

① 0.5 ② 0.4
③ 0.3 ④ 0.2

해설 $I = \dfrac{V}{R}$, $V = I \times R$, $R = \dfrac{V}{I}$

$R = \dfrac{12}{30} = \dfrac{2}{5} = 0.4$

∴ 발전기의 저항은 0.4Ω이다.

42. 충전기식 점화장치에서 축전기(콘덴서)가 하는 역할로 틀린 것은?

① 불꽃 방전을 일으켜 압축된 혼합기에 점화를 시킨다.
② 1차 전류 차단시간을 단축하여 2차 전압을 높인다.
③ 접점 사이의 불꽃을 흡수하여 접점의 소손을 방지한다.
④ 접점이 닫혔을 때에는 접점이 열릴 때 흡수한 전하를 방출하여 1차 전류의 회복을 빠르게 한다.

해설 콘덴서는 충전하여 필요시 또는 소손방지, 전압의 상승을 돕고 1차 전류의 회복을 빠르게 돕는 역할을 한다.

43. 점화 불량의 원인으로 틀린 것은?

① 자연 점화가 일어났을 때
② 마그네트에 물이나 기름이 묻었을 때
③ 고압 코드가 손상 또는 절단 되었을 때
④ 점화 플러그의 불꽃 간격이 부적당 할 때

해설 자연 점화가 일어났다하더라도 적정 시기에 점화는 발생한다.

44. 저항 R_1, R_2, R_3를 직렬로 연결시킬 때 합성저항은?

① $R_1 + R_2 + R_3$ ② $\dfrac{R_1 + R_2 + R_3}{R_1 R_2 R_3}$
③ $\dfrac{1}{R_1} + \dfrac{1}{R_2} + \dfrac{1}{R_3}$ ④ $\dfrac{R_1 R_2 R_3}{R_1 + R_2 + R_3}$

해설 저항의 직렬연결 $R_t = R_1 + R_2 + \cdots + R_n$

저항의 병렬연결 $\dfrac{1}{R_t} = \dfrac{1}{R_1} + \dfrac{1}{R_2} + \cdots + \dfrac{1}{R_n}$

45. 콘덴서에 대한 설명으로 옳은 것은?

① +전하만 충전할 수 있다.
② 질이 좋은 부도체로 구성되어 있다.
③ 도체와 부도체가 연이어 감겨져 있다.
④ 전하량은 극판 간격을 크게 하면 커진다.

해설 콘덴서는 +전하와 −전하 모두 충전이 가능하면 부도체로 운모, 유리, 자기, 절연등을 사용한다. 전하량은 극판 면적에 비례한다. 도체와 부도체가 연이어 감겨져 있다.

46. 안전 관리의 목적으로 가장 거리가 먼 것은?

① 사회복지의 증진
② 인적 재산손실 예방
③ 작업환경 개선
④ 경제성의 향상

ANSWER 39.③ 40.③ 41.② 42.① 43.① 44.① 45.③ 46.③

47. 인화성 물질이 아닌 것은?
① 질소가스
② 프로판가스
③ 메탄가스
④ 아세틸렌가스

해설 프로판가스, 메탄가스, 아세틸렌가스는 모두 인화성 가스이며, 질소가스는 진공탱크, 보일러, 열교환기에 활용된다.

48. 다음 중 보호안경을 착용해야 할 작업으로 가장 적당한 것은?
① 기화기를 차에서 뗄 때
② 변속기를 차에서 뗄 때
③ 장마철 노상운전을 할 때
④ 배전기를 차에서 뗄 때

해설 보호안경은 눈을 보호해야 할 때 뗄 때 리프트를 활용하거나 차량 바닥에서 작업을 하기되므로 변속기 오일 등이 눈으로 들어 갈 수 있으므로 보호 안경을 착용해야 한다.

49. 산업안전 업무의 중요성과 가장 거리가 먼 것은?
① 기업경영의 이득에 이바지 한다.
② 경비를 절약할 수 있다.
③ 생산 작업 능률을 향상시킨다.
④ 작업자의 안전에는 큰 영향이 없다.

50. 밀링 작업 시 안전수칙으로 틀린 것은?
① 상하 이송용 핸들은 사용 후 반드시 빼 두어야 한다.
② 칩은 가늘고 예리하며 부상을 입히기 쉬우므로 반드시 장갑을 끼고 작업을 한다.
③ 칩이 비산하는 재료는 커터부분에 커버를 부착한다.
④ 가공 중에는 얼굴을 기계 가까이 대지 않는다.

해설 밀링작업을 할 때에는 장갑을 끼지 않는다. 그 이유는 작업 중 밀링 날에 장갑이 말리면 더 큰 사고로 이어질 수 있기 때문이며 칩을 정리할 때에는 회전하는 기계를 멈춘 후 보호 장갑을 끼우고 정리해야 한다.

51. 감전사고로 의식불명의 환자에게 적절한 응급조치는 어느 것인가?
① 전원을 차단하고, 인공호흡을 시킨다.
② 전원을 차단하고, 찬물을 준다.
③ 전원을 차단하고, 온수를 준다.
④ 전기충격을 가한다.

해설 감전사고로 인하여 의식불명의 혼자에게 응급조치는 전원을 차단하고 의식이 없을 때에는 주변사람에게 119신호를 요청하고 인공호흡을 실시한다.

52. 탭 작업 시 주의 사항으로 틀린 것은?
① 반드시 작업물과 수직을 유지한다.
② 절삭 오일을 주유한다.
③ 볼트의 깊이 보다 깊게 깎는다.
④ 압력을 느끼면서 천천히 계속적으로 탭 핸들을 돌린다.

해설 탭 작업시 압력이 느껴지면 천천히 풀었다. 압력을 가하고 다시 풀어 반복하여 볼트의 깊이보다 깊게 깎아야 한다. 반드시 작업물고 수직을 유지하고 절삭유를 주유한다.

53. 다음 중 재해조사의 주된 목적은?
① 벌을 주기 위해
② 예산을 증액시키기 위해
③ 인원을 충원하기 위해
④ 같은 종류의 사고가 반복되지 않도록 하기 위해

해설 재해조사의 주된 목적은 반복되는 사고를 예방하기 위해서다.

54. 마그네트 취급 방법에 있어서 주의하여야 할 사항 중 옳은 것은?
① 운전 중 마그네트 뚜껑을 열어도 별지장이 없다.
② 마그네트는 습한 장소에 보관한다.
③ 마그네트의 접점부위에 기름이 끼어도 상관없다.
④ 자석을 강하게 때리거나 진동시키지 말아야 한다.

Answer 47.① 48.② 49.④ 50.② 51.① 52.④ 53.④ 54.④

해설 마그네트는 내부에 축을 움직이며, 주변이 자석으로 둘러쌓여 있기 때문에 충격을 가하게되면 마그네트 내부에 자석 및 철이 깨질 수 있으므로 주의해야 한다.

55. 기계와 기계 사이 또는 기계와 다른 설비와의 사이에 설치하는 통로의 너비는 적어도 몇 cm이상 이어야 하는가?

① 40cm ② 60cm
③ 70cm ④ 80cm

해설 기계와 기계 사이 또는 기계와 다른 설비와의 사이에 설치하는 통로의 너비는 80cm이상으로 해야 한다.

56. 농업기계 안전 점검의 종류로 가장 거리가 먼 것은?

① 별도점검
② 정기점검
③ 수시점검
④ 특별점검

해설 농업기계 안전점검의 종류는 평상시에 하는 수시 점검(일상점검, 주간점검, 월간 점검 등), 정기점검(분기, 반기, 연간정비), 특별점검(특정 부위가 이상이 있을 때의 정비)등이 있다.

57. 연료 탱크를 수리할 때 가장 주의해야 할 사항은?

① 가솔린 및 가솔린 증기가 없도록 한다.
② 탱크의 찌그러짐을 편다.
③ 연료계의 배선을 푼다.
④ 수분을 없앤다.

해설 연료탱크를 수리할 때에는 꼭 가솔린 및 가솔린 증기가 없도록 실시해야 한다.

58. 그림은 무엇을 나타내는 표시인가?

① 출입금지 ② 보행금지
③ 사용금지 ④ 탑승금지

59. 귀마개를 착용하지 않았을 때 청력장애가 일어날 수 있는 가능성이 가장 높은 작업은?

① 단조작업
② 압연작업
③ 전단작업
④ 주조작업

해설 단조작업은 망치를 금속을 두드려 작업을 해야 하기 때문에 귀마개를 착용해야 한다.

60. 동력경운기의 내리막길 주행 시 조향 클러치의 작동방법으로 옳은 것은?

① 양쪽 클러치를 모두 잡는다.
② 회전하는 쪽의 클러치를 잡는다.
③ 평지에서와 같은 방법으로 운전한다.
④ 조향 클러치를 사용하지 않고 핸들만으로 운전한다.

해설 동력경운기의 내리막길 주행 시 조향클러치는 사용하지 않고 핸들만을 사용해야 안전하다.

ANSWER 55.④ 56.① 57.① 58.① 59.① 60.④

국가기술자격 복원기출문제

2018년도 복원기출문제 제1회

자격종목 및 등급(선택분야)	종목코드	시험시간	문제지형별	수검번호	성 명
농기계 운전기능사	6301	1시간			

1. 트랙터 기관에 적합한 기동 전동기는?
   ① 직권 전동기
   ② 분권 전동기
   ③ 차동 전동기
   ④ 복권 전동기

   해설 트랙터의 기동전동기 방식은 직권 전동기이다.

2. 실린더 행적 체적이 2000cc이고, 연소실 체적이 400cc일 때의 압축비는?
   ① 4:1
   ② 5:1
   ③ 6:1
   ④ 7:1

   해설 압축비 = $\dfrac{\text{행정체적} + \text{연소실체적}}{\text{연소실 체적}}$
   $= \dfrac{2000 + 400}{400} = 6$

3. 다음 소화 방법 중에서 가연물에 물을 뿌려 기화 잠열을 이용하여 소화하는 것은?
   ① 냉각 소화법
   ② 제거 소화법
   ③ 질식 소화법
   ④ 차단 소화법

   해설 냉각 : 발화점 이하로 온도를 낮춰 불을 끄는 방법
   제거 : 연소 물질을 제거함으로써 연소하는 방법
   질식 : 산소 공급을 차단하여 불을 끄는 방법

4. 피스톤 헤드의 형상에서 소형 공랭식 2사이클 기관에 많이 사용되는 것은?
   ① 평형
   ② 돌기형
   ③ 오목형
   ④ 핀형

   해설 소형 공랭식 2사이클 기관의 피스톤 헤드로 돌기형이 가장 많이 사용된다.

5. 트랙터의 직류 발전기에서 외부 접지식이란?
   ① 아마추어코일의 한끝이 레귤레이터에서 접지된 형식
   ② 필드코일의 한쪽 끝이 아마추어코일의 접지선과 연결된 형식
   ③ 아마추어선과 필드의 +선을 연결하지 않는 형식
   ④ 필드코일의 한 끝이 레귤레이터 내부에 접지된 형식

6. 바인더 작업 시 단의 매듭이 느슨한 이유는?
   ① 끈 브레이크가 약하다.
   ② 끈 브레이크가 너무 강하다.
   ③ 끈 집게의 힘이 너무 강하다.
   ④ 작물 줄기가 너무 연하다.

   해설 바인더의 끈 브레이크가 약할 경우 단의 매듭이 느슨해진다.

7. 농장에서 트랙터로 작업을 할 때 주의할 사항 중 잘못된 것은?
   ① 운전석은 몸에 맞지 않아도 된다.
   ② 작업을 하기 전에 기계가 안전한지 점검한다.
   ③ 사고를 막기 위해서 먼저 계획을 세운다.
   ④ 히치의 높이는 적당하며 핀은 안전한지 확인한다.

ANSWER 1.① 2.③ 3.① 4.② 5.④ 6.① 7.①

8. 배전기(디스트리뷰터)의 로터와 세그먼트 사이의 간격은 얼마 정도가 적당한가?
① 0.1mm　② 0.3mm
③ 0.5mm　④ 0.7mm
해설 배전기의 로터와 세그먼트 사이의 간격은 0.3mm정도가 적당하다.

9. 다음 측정 기구 중 길이, 외경, 내경 등을 1개의 기구로서 측정할 수 있는 것은?
① 다이얼 게이지
② 버니어 캘리퍼스
③ 피치게이지
④ 마이크로미터

10. 단속기 암 스프링 장력이 약하면 엔진에 미치는 영향은?
① 단속기 암 스프링 장력이 약하면 고속운전에서 실화의 원인이 되기 쉽다.
② 단속기 암 스프링 장력이 약하면 러빙 블록이 미끄러지기 때문에 러빙 블록이나 캠의 마멸이 촉진된다.
③ 단속기 암 스프링 장력이 약하면 1차 회로를 빨리 차단하기 때문에 2차 코일에 유도되는 전압이 높게 된다.
④ 단속기 암 스프링의 장력이 약하면 저속운전에서 더욱 실화의 원인이 되기 쉽다.

11. 벨트의 거는 방법에 관한 사항이다. 틀린 것은?
① 바로 길이에 있어서는 아래쪽이 항상 인장측이 되게 해야 한다.
② 엇걸기는 바로 걸기의 경우보다 접촉각이 크다.
③ 벨트의 수명은 엇걸기가 길다.
④ 안내차를 두어 벨트가 벗겨지지 않게 할 수 있다.
해설 벨트의 수명은 접촉면과 마찰 시간에 의해 수명이 결정된다. 하지만 엇걸기는 접촉면과 마찰시간이 길기 때문에 수명이 짧아진다.

12. 20시간율의 전류로 방전하였을 경우의 셀당 방전종지 전압은 얼마인가?
① 1.75V　② 1.65V
③ 1.85V　④ 1.55V
해설 12V의 배터리의 종지전압은 1.75V이다.

13. 다음은 일반적인 재해의 원인들이다. 생리적 원인이라 생각되는 것은?
① 조작자가 기계의 특징 및 성능을 잘 몰랐을 경우
② 처음부터 안전장치나 방호장치가 없었을 경우
③ 작업자의 작업복이나 시설, 서비스가 알맞지 않을 때
④ 과중한 노동 질병 등으로 조작자가 피로한 상태일 때

14. 주행 중 트랙터를 급정지시키고자 할 때는?
① 브레이크 페달을 밟고 클러치 페달을 밟는다.
② 클러치 페달을 밟고 브레이크 페달을 밟는다.
③ 브레이크와 클러치 페달을 동시에 밟는다.
④ 주 변속 기어부터 뽑는다.

15. 수공구 사용 시에 적당하지 않은 것은?
① 좋은 공구를 사용할 것
② 해머의 쐐기 유무를 확인 할 것
③ 해머의 사용면이 넓어진 것을 사용할 것
④ 스패너는 너트에 잘 맞는 것은 사용할 것

16. 2A가 소비되는 전구 5개를 4시간 점등하였을 때의 소비전류량은?
① 20Ah　② 40Ah
③ 60Ah　④ 80Ah
해설 소비전류량 = 전류×전구수×시간
　　　　　 = 2A×5×4h = 40Ah

ANSWER　8.②　9.②　10.①　11.③　12.①　13.④　14.③　15.③　16.②

17. 전기의 전기 저항은 단면적이 클수록 어떻게 변하는가?
① 작다.
② 크다.
③ 단면적에는 관계가 없다.
④ 단면적을 변화시킬 때는 항상 증가한다.

해설 전기 저항은 단면적이 클수록 작아지고, 온도, 길이 등이 커지면 증가한다.

18. 다음 중 경운기를 시동할 때 주의사항 중 틀린 것은?
① 변속기어를 중립 위치에 놓고 클러치 레버를 '브레이크' 위치에 놓는다.
② 경운기를 움직이지 않도록 안전하게 고임목 등으로 바퀴를 고정시킨다.
③ 시동 레버를 돌릴 때는 처음은 힘껏 나중은 서서히 힘을 뺀다.
④ 시동위치를 정확히 하고 주위에 사람이 접근하지 않도록 한다.

해설 시동 레버를 돌릴 때는 처음에는 서서히 돌리며 나중엔 빨리 힘껏 돌려 공기의 압축압력 이상으로 회전시켜야 시동이 된다.

19. 발전기가 정지되어 있거나 발생 전압이 낮을 때 축전지에서 발전기로 전류가 역류하는 것을 막는 것은?
① 전압 조정기 ② 아마추어 조정기
③ 컷 아웃 릴레이 ④ 계자코일

해설 전류의 흐름은 전압이 높은 곳에서 낮은 곳으로 흐르게 되는데, 발전기에서 전압의 역류하는 것을 막아주는 장치를 컷 아웃 릴레이라고 한다.

20. 어떤 전지를 써서 5[A]의 전류를 20분간 흘렸다면 전지에서 나오는 전기량은 몇 [C]인가?
① 6000 ② 5000
③ 3000 ④ 1000

해설 1C은 1초에 1A의 전류가 흐르는 상태이다.
전기량 = $5A \times$ 시간(초)
= $5A \times 20 \times 60 = 6000C$

21. 옴의 법칙은 다음 중 어느 것인가?
① I=RE ② E=RI
③ I=R/E ④ E=R/I

22. 동력 경운기 조향 클러치의 끊음이 나쁠 때의 고장은?
① 조향 클러치 로드 또는 와이어 조정불량
② 시프트 포크 파손
③ 변속 레버와 시프트 포크의 접속불량
④ 주 클러치 고장

23. 엔진이 시동된 후에 5~10분간 부하를 걸지 않고 저속 운전하여 윤활유가 각 부분에 골고루 윤활 되도록 하여 엔진의 내구연한을 연장시키는 운전을 무엇이라 하는가?
① 시동운전
② 주행운전
③ 난기운전
④ 검사운전

해설 흔히, 자동차에서는 예열운전이라고도 하지만 농업기계에서는 예열운전을 난기운전이라고도 한다.

24. 플라우의 크기는 어떻게 표시되는가?
① 경폭
② 무게
③ 보습의 크기
④ 볏

25. 디젤 기관에서 50시간 마다 점검하여야 하는 것은?
① 윤활유 여과기 청소
② 연료 분사시기 및 분사조절
③ 연료 탱크 세척
④ 피스톤 헤드 부 청소

해설 윤활유 여과기는 엔진 오일과 같이 50시간을 주기로 교환하여야 한다.

ANSWER 17.① 18.③ 19.③ 20.① 21.② 22.① 23.③ 24.① 25.①

26. 농업용 펌프에서 볼류우트 펌프의 특징 중 맞는 것은?
① 일반구조가 복잡하다.
② 안내 날개가 없다.
③ 안내 날개가 있다.
④ 양수 량이 많다.

27. 링 기어의 이의 수가 113개 피니언의 이의 수가 12이고 엔진의 회전저항이 9m-kg일 때 기동전동기의 필요한 최소 회전력은 몇 m-kg인가?
① 0.96
② 0.8
③ 9.4
④ 12.5

해설 회전력은 기어의 이의 수의 비에 비례한다.
$113 : 12 = 9 : x$
$108 = 113x$
$x = \dfrac{108}{113} = 0.9557$

28. 트랙터 트레일러 밖으로 물건이 나온 것을 그대로 운반하고자 할 때 어떤 색으로 위험표시를 하는가?
① 청색
② 노란색
③ 흰색
④ 적색

해설 트랙터 트레일러 밖으로 물건이 나온 것은 운반할 때는 적색 깃발로 위험표시를 한다.

29. 다음 디젤 기관의 연료분사 시기 조정방법은?
① 타이로드 길이 조정
② 진작장치의 회전수
③ 연료분사펌프, 플런저 각도
④ 노즐의 분사각

해설 연료분사 시기 조정은 연료분사펌프와 플런저 각도에 의해 조정한다.

30. 농업기계 단기통 기관의 단속기 접점간극은 얼마인가?
① 0.3~0.7mm ② 0.1~0.3mm
③ 0.5~1mm   ④ 1~1.5mm

해설 단기통 기관의 단속기 접점간극은 0.3~0.7mm로 한다.

31. 다음 중에서 인화성 물질이 아닌 것은?
① 아세틸렌 ② 신나
③ 경유   ④ 산소

해설 산소는 물질이 아닌 기체상태의 가스이다.

32. 전기 화재를 일으키는 원인 중 비중이 가장 큰 것은?
① 과전류   ② 단락(합선)
③ 지락   ④ 절연불량

33. 단속기 접점 간극조정 방법에 알맞은 것은?
① 단속기 아암 접점을 움직여서 한다.
② 스프링 장력을 변화 시켜서 한다.
③ 단속기 판을 움직여서 한다.
④ 접지 접점을 움직여서 한다.

34. 안전 교육 계획을 수립할 때 포함 시키지 않아도 되는 것은 어느 것인가?
① 교육시간   ② 교육내용
③ 교육대상자 ④ 연락방법

해설 안전교육 계획을 수립할 때 교육시간, 교육장소, 교육내용, 교육대상자등을 포함해야 한다.

35. 부품의 세척 작업 중 알칼리성이나 산성의 세척유가 눈에 들어갔을 때 좋은 조치방법은?
① 먼저 산성 세척유로 중화시킨다.
② 먼저 바람 부는 쪽을 향해 눈을 크게 뜨고 눈물을 흘린다.
③ 먼저 수돗물로 씻어낸다.
④ 먼저 붕산수를 넣어 중화시킨다.

ANSWER 26.② 27.① 28.④ 29.③ 30.① 31.④ 32.② 33.④ 34.④ 35.③

36. 겨울철 엔진에 사용되는 알맞은 윤활유의 점도는?

① SAE20
② SAE50
③ SAE30
④ SAE40

해설 겨울철에는 온도가 낮아지므로 엔진오일이 점도가 낮은 것을 사용한다.

37. 동력 경운기에 사용되는 주 클러치의 종류는?

① 맞물림 클러치
② 원뿔식 마찰 클러치
③ 단판식 마찰 클러치
④ 다판식 마찰 클러치

해설 동력경운기는 다판식 마찰 클러치를 사용한다.

38. 12[V]의 축전지는 몇 개의 단전기(셀)로 되어 있는가?

① 2개
② 3개
③ 4개
④ 6개

해설 셀 당 2V씩 6개로 구성되어 있다.

39. 그라인더 숫돌차를 설치할 때 주의 사항 중 틀린 것은?

① 숫돌차를 두드려봐서 맑은소리가 나는 것을 사용한다.
② 그라인더 축과 숫돌차 구멍의 간극은 0.1~0.5mm이내이면 정상이다
③ 설치 후 회전 균형이 맞지 않으면 트루밍을 실시한 후 사용한다.
④ 설치 후 1분정도 공회전 시켜 이상 유무를 확인한 다음 사용한다.

해설 설치 후 3분 정도 공회전 시켜 이상 유무를 확인해야 한다.

40. 동력 살분무기에서 저속은 잘되나 고속이 잘 안되며 공기청정기로 연료가 나올 때의 고장은?

① 미스트 발생부 고장
② 노즐 고장
③ 임펠러 고장
④ 리드 밸브 고장

해설 동력 살분무기에서 저속은 잘된다는 것은 연료공급이 조금씩 공급이 된다는 의미이다. 하지만 고속에서 잘 안 되는 것은 연료의 공급량이 부족할 때 나타나는 증상으로 연료의 양을 조절해주는 리드 밸브(또는 니들 밸브) 고장일 확률이 높다.

41. 플레밍의 왼손법칙을 이용한 것은?

① 직류 발전기
② 직류 전동기
③ 교류 발전기
④ 동기 전동기

해설 전동기는 플레밍의 왼손법칙
발전기는 플레밍의 오른손법칙

42. 전해액의 액량은 몇 mm가 적당하며 부족 시 보충액은?

① 극판 위 15mm 액이 부족할시 전해액 보충
② 극판 위 15mm 액이 부족할시 황산 보충
③ 극판 위 13mm 액이 부족할시 질산 보충
④ 극판 위 13mm 액이 부족할시 증류수 보충

43. 트랙터 매일 점검사항과 관계가 없는 것은?

① 엔진오일, 냉각수, 연료
② 누유 및 누수
③ 타이어 공기압
④ 연료필터 청소

해설 매일 점검사항은 엔진오일, 냉각수, 연료, 누유, 누수, 타이어 공기압, 각종 볼트 조임 상태를 점검해야한다.

44. 트랙터 기관의 회전수가 2400rpm, 변속기의 감속비가 1.5, 종감속비가 4.0일 때 뒷바퀴의 회전수(rpm)는?

① 200
② 350
③ 400
④ 800

ANSWER 36.① 37.④ 38.④ 39.④ 40.④ 41.② 42.④ 43.④ 44.③

해설 바퀴의 구동 = $\dfrac{\text{기관의 회전수}}{\text{변속기 감속비} \times \text{종감속비}}$
       = $\dfrac{2400}{1.5 \times 4}$ = 400rpm

45. 엔진 회전 200rpm, 총감속비 6:1, 타이어 지름 90cm 일 때 시속은 약 몇 km/h인가?
① 46.5   ② 56.5
③ 49.5   ④ 59.5

해설 바퀴의 구동
= $\dfrac{\text{기관의 회전수}}{\text{총감속비(변속기 감속비} \times \text{종감속비)}}$
= $\dfrac{200}{6}$ = 33.33rpm
속도 = $\dfrac{\text{이동거리}}{\text{시간}}$
= $\dfrac{\text{바퀴의 구동}(rpm) \times 60 \times \text{타이어 지름}(m) \times \pi}{1,000}$
= $\dfrac{333.33 \times 60 \times 0.9 \times \pi}{1,000}$ = $56.52 km/h$

46. 점화 플러그의 자기 청정 온도는?
① 300~700℃   ② 400~470℃
③ 500~870℃   ④ 900~970℃

해설 점화 플러그의 자기 청정온도는 500~870℃이다.

47. 로터리 작업 시 후진할 때 주의사항은?
① 엔진을 정지 한다.
② 로터리 동력을 차단 한다.
③ 주위를 살피지 않는다.
④ 고속으로 후진 한다.

해설 경운기의 로터리 작업과 후진을 동시에 작업할 때에는 로터리 동력을 차단한다.

48. 3상 전동기의 출력을 구하는 공식은?
① 출력[kw]= $\dfrac{\sqrt{3}}{1000}$ ×전압×저항×역률×효율
② 출력[kw]= $\dfrac{\sqrt{3}}{1000}$ ×전류×저항×역률×효율
③ 출력[kw]= $\dfrac{\sqrt{3}}{1000}$ ×전압×전류×역률×효율
④ 출력[kw]= $\dfrac{\sqrt{3}}{1000}$ ×전력×저항×역률×효율

49. 기계 작업에서 적당치 않은 것은?
① 구멍깎기 작업 시에는 기계 운전 중에도 구멍 속을 청소해야 한다.
② 운전 중에는 다듬면을 검사하지 말 것
③ 치수 측정은 운전 중에 하지 말 것
④ 베드 및 테이블의 면을 공구대 대용으로 쓰지 말 것.

50. 앞 차륜 정렬 측정 시 주의하여야 할 사항으로 잘못된 것은?
① 타이어 공기압이 규정으로 되어 있어야 한다.
② 공장 바닥은 약간 앞으로 경사져 있어야 한다.
③ 스프링의 세기는 일정하여야 한다.
④ 보올 조인트는 이상이 없어야 한다.

51. 입자의 비행 거리의 차나 부유속도의 차에 의해 선별하는 곡물 선별기는?
① 중량 선별기   ② 마찰 선별기
③ 기류 선별기   ④ 체 선별기

해설 입자의 비행거리의 차나 부유속도의 차에 의해 선별하는 곡물 선별기는 기류 선별기이다. 바람의 세기를 일정하게 하여 곡물을 선별하는 방식이라고 생각하면 된다.

52. 4행정 불꽃점화기관의 흡입 행정에 관한 사항으로 옳은 것은?
① 피스톤이 하사점에서 상사점으로 이동한다.
② 배기 밸브가 열리고 흡기밸브가 닫힌다.
③ 공기만 흡인한다.
④ 혼합기체가 연소실로 유입된다.

해설 **압축 또는 배기행정** : 피스톤이 하사점에서 상사점으로 이동 한다.
배기행정 : 배기밸브가 열리고 흡기밸브가 닫힌다.
디젤기관의 흡입행정 : 공기만 흡인한다.
불꽃 점화기관(가솔린기관)의 흡입행정 : 혼합기체가 연소실로 유입 된다.

ANSWER 45.② 46.③ 47.② 48.③ 49.① 50.② 51.③ 52.④

53. 피스톤의 행정을 78mm, 커넥팅 로드의 길이를 크랭크 회전반경의 4배로 한다면 커넥팅 로드의 길이는?

① 78mm
② 156mm
③ 234mm
④ 312mm

해설 피스톤의 행정과 크랭크 회전반경은 동일하다. 그러므로 커넥팅 로드의 길이는
$= \dfrac{\text{피스톤의 행정}}{2}(\text{크랭크 회전반경}) \times 4$
$= \dfrac{78mm}{2} \times 4 = 156mm$

54. 경운기에서 조정 장치가 아닌 것은?

① 드로틀 레버
② 조향클러치 레버
③ 로터리 레버
④ 주클러치 레버

해설 로터리 레버는 조정장치가 없다. 로터리 레버는 동력을 전달할 것인지 끊을 것인지만 결정하는 역할을 한다.

55. 안전 교육의 종류와 내용이 알맞게 짝지어진 것은?

① 지식 교육 - 기계장치의 조작법
② 문제해결 교육 - 설비의 구조, 기능, 성능의 개념형성
③ 태도 교육 - 의욕을 부여해 줌
④ 기능 교육 - 원인탐구 및 대책순서 지도

해설 지식 교육 : 설비의 구조, 기능, 성능의 개념 형성
문제해결 교육 : 원인 탐구 및 대책 순서 지도
기능 교육 : 기계장치의 조작법

56. 농용 트랙터의 장치 중 시동 보조 장치가 아닌 것은?

① 예열 플러그
② 기관 온도계
③ 예열 표시기
④ 시동 스위치

57. 동력 살 분무기의 사용 방법 중 틀린 것은?

① 술에 취한 사람은 사용을 금한다.
② 바람은 안고서 살포한다.
③ 마스크를 사용한다.
④ 과로한 사람을 사용을 금한다.

해설 동력 살 분무기, 동력 분무기 등의 사용 시 작업 방법은 바람을 꼭 등지고 해야 한다.

58. 공장 내 안전 표지를 부착하는 이유는?

① 능률적인 작업을 유도하기 위하여
② 인간 심리의 활성화 촉진
③ 인간 행동의 변화 통제
④ 공장 내 환경정비 목적

59. 윤활유의 분류 방식이다. S.A.E분류 방식에 해당하는 것은?

① ML, MM, MS
② SA, SC, CB
③ 5W, 10W, 20W
④ DG, DM, DS

해설 S.A.E의 분류 방식은 점도를 표시하고 W자를 붙인다.

60. 기관의 오일의 S.A.E 번호가 의미하는 것은?

① 점도
② 점도지수
③ 유동성
④ 건성

해설 S.A.E의 번호는 점도를 의미한다.

ANSWER 53.② 54.③ 55.③ 56.② 57.② 58.③ 59.③ 60.①

국가기술자격 복원기출문제

2018년도 복원기출문제 제2회

자격종목 및 등급(선택분야)	종목코드	시험시간	문제지형별
농기계 운전기능사	6301	1시간	

---

1. 수랭식 기관에서 라디에이터(radiator)는 어떤 장치의 구성품인가?
① 연료 분사장치
② 냉각수 냉각장치
③ 연료 여과장치
④ 기관의 부식방지 장치

> **해설** 라디에이터는 방열기라고도 하며, 냉각수의 유동이 용이하게 하여 일정온도 이상 상승하는 것을 예방하는 냉각수 냉각장치이다.

2. 동력 살분무기에서 저속은 잘되나 고속이 잘 안되며, 공기 청정기로 연료가 나올 때의 고장은?
① 미스트발생부 고장
② 노즐 고장
③ 임펠러 고장
④ 리이드(니들) 밸브 고장

> **해설** 동력 살분무기의 저속과 고속은 제트노즐의 열림량을 조절하여 조정한다. 공기 청정기에서 연료가 나올 때는 연료의 양을 조절주는 니들밸브의 고장이므로 확인하여 사용해야 한다.

3. 다음 중 동력경운기의 로터리 탈부착과 작업 전 조치사항으로 알맞지 않은 것은?
① 로터리 날의 휨 상태를 세밀히 점검한다.
② 토양 상태에 따라 바퀴를 선택한다.
③ 히치부를 부착시킨다.
④ 모서리의 미분을 조정한다.

> **해설** 동력경운기의 로터리 부착 시 히치부를 떼어내고 넓은 판에 핀을 맞추고 볼트 4개로 고정하여 부착시킨다. 히치부를 부착시키는 작업은 쟁기 부착 시 활용한다.

4. 디젤 엔진의 출력은 무엇으로 조정하는가?
① 혼합기의 유입량을 조절하여
② 분사하는 연료량을 가감하여
③ 가버너 스프링의 상력을 조정하여
④ 흡배기 밸브의 개폐 속도를 조절하여

> **해설** 디젤 엔진의 분사되는 연료량을 조절하여 출력을 조절한다.
> – 혼합기의 유입량을 조절하는 것은 가솔린 엔진
> – 가버너 스프링의 상력을 조정하는 것은 일정한 엔진의 회전을 조절할 때 사용한다.
> – 흡배기 밸브의 개폐 속도를 조절하는 것은 엔진의 속도에 따라 푸시로드가 속도를 빠르게 조절하게 된다.

5. 주행하면서 농작물을 예취하고 탈곡을 함께 하는 기계는?
① 예취기 ② 리커
③ 콤바인 ④ 모워

> **해설** 예취와 탈곡을 동시에 하는 기계는 콤바인이다. 예취기와 모워는 풀을 베는 기계이다.

6. 산파모 이앙기에서 식부침의 크랭킹 속도와 모 탑재대의 상대 속도를 조절 및 조정하는 것은?
① 주간의 조정
② 조간의 조정
③ 식부 본수의 가로 이송량 조정
④ 식부 본수의 세로 이송량 조정

> **해설** 식부침의 크랭킹 속도와 모 탑재대의 상대 속도를 조절하고 조정하는 것은 식부 본수의 가로 이송량 조정이다. 산파모 이앙기는 세로 이송량을 조절할 수 없다.

ANSWER 1.② 2.④ 3.③ 4.② 5.③ 6.③

7. 조파용 파종기에서 구절기가 하는 일은?

① 배출장치에서 나온 종자를 지면까지 유도한다.
② 파종된 종자를 덮고 눌러주는 장치이다.
③ 일정량의 종자를 배출하는 장치이다.
④ 적당한 깊이의 파종 골을 만든다.

> **해설** 조파용 파종기는 호퍼, 종자배출장치, 종자도관, 구절기, 복토기, 진압륜으로 구성된다.
> **호퍼** : 종자를 부어 종자배출장치에 들어가기 전에 종자가 모여 있는 곳
> **종자배출장치** : 구정된 양의 종자를 종자도관으로 유도하는 장치
> **종자도관** : 종자 배출장치에서 배출된 종자를 파종 골까지 안내하는 관
> **구절기** : 종자가 떨어질 골을 파는 장치
> **진압륜** : 복토된 흙을 다질 때 사용되는 바퀴

8. 2행정 사이클 엔진에 대한 설명으로 맞는 것은?

① 크랭크축이 1회전 시 1회의 동력 행정을 갖는다.
② 크랭크축이 2회전 시 1회의 동력 행정을 갖는다.
③ 크랭크축이 3회전 시 1회의 동력 행정을 갖는다.
④ 크랭크축이 4회전 시 1회의 동력 행정을 갖는다.

> **해설** 2행정 사이클 엔진은 크랭크축 1회전 시 1회의 동력 행정을 갖는 것이다.

9. 로터리 경운법 중 차륜 폭이 로터리 날보다 넓을 때에는 어떤 것이 좋은가?

① 한줄 건너떼기 경운법
② 연접 왕복 경운법
③ 절충 경운법
④ 회경법

> **해설** 차륜 폭이 로터리 날보다 넓을 때에는 건너떼기 경운법이다. / 차륜 폭이 로터리 날보다 좁을 때는 연접 경운법이다.

10. 관리기로 두둑을 만드는 작업 방법이 잘못된 것은?

① 두둑작업은 천천히 전진하면서 작업한다.
② 미륜을 떼어내고 두둑 성형판을 장착한다.
③ 두둑의 모양과 크기에 따라 두둑 성형판을 조절해 주어야 한다.
④ 서로 다른 나선형의 경운날을 좌우가 대칭되도록 로터리에 부착한다.

> **해설** 관리기로 두둑성형작업을 할 때에는 전진보다는 후진작업이 유리하다.

11. 건조와 함수율에 관한 설명으로 옳은 것은?

① 곡물은 건조용 공기의 온도가 너무 낮으면 동할미가 발생한다.
② 곡물은 건조용 공기의 평형함수율 이상으로 건조할 수 없다.
③ 농산물 함수율은 보통 건량 기준 함수율을 말한다.
④ 건조용 공기의 풍량이 많으면 건조가 늦어진다.

> **해설** 곡물을 건조할 때는 곡물에 따라 함수율을 달리 해야 하지만 평형함수율 이상 건조하고 대기 중에서 평형함수율이 될 때를 기다린다.
> ※ **평형 함수율** : 재료가 습도와 온도의 어떤 일정한 조건에 폭로되어 있을 때 수분의 증가와 감사가 일어나지 않는 함수율

12. 고속 기관에 열형 플러그를 사용하면 발생되는 현상은?

① 플러그의 과열로 조기점화가 일어난다.
② 플러그의 온도가 낮아져서 점화가 되지 않는다.
③ 플러그에 연료가 부착되어 노킹 현상이 발생된다.
④ 중심 전극과 케이싱이 짧아 열이 쉽게 빠져 나간다.

> **해설** 열형 플러그는 열이 발산되기 힘들고 연소되기 쉬운 형태의 플러그이므로 조기점화가 일어난다.

ANSWER 7.④ 8.① 9.① 10.① 11.② 12.①

13. 벼의 총 무게가 100g이고 수분이 20g, 완전 건조된 무게가 80g이다. 습량 기준 함수율은?

① 80% ② 25%
③ 20% ④ 15%

해설
$$습량\ 기준\ 함수율(\%) = \frac{수분\ 무게}{총\ 무게} \times 100$$
$$= \frac{20}{100} \times 100 = 20\%$$

14. 로터리 작업 시 후진할 때 주의사항으로 맞는 것은?

① 엔진을 정지한다.
② 로터리에 전달되는 동력을 차단한다.
③ 보조자가 뒤에서 신호한다.
④ 로터리를 지면에 내려서 후진한다.

해설 로터리 작업 시 후진하게 되면 하중전이 현상에 의해 작업기 부분이 상승하게 된다. 그러므로 로터리에 전달되는 동력을 차단하지 않으면 사고로 이어질 수 있다.

15. 동력 경운기의 시동 전 점검 및 주의사항으로 고려하지 않아도 되는 것은?

① 각부의 점검
② 윤활유 상태
③ 변속위치 선정
④ 연료 보급

해설 시동 전에는 변속기의 위치는 중립이 안전하며 브레이크도 잡은 상태에서 시동해야 한다.

16. 동력 분무기에 부착된 명판에 "60A"라고 표시되어 있었다. "60A"가 뜻하는 것은?

① 플런저의 직경이 60mm 임을 표시한다.
② 플런저의 길이가 60mm 임을 표시한다.
③ 1분당 이론 배출량이 60L 임을 표시한다.
④ 1시간당 이론 배출량이 60L 임을 표시한다.

해설 "60A"는 1분당 60L의 액체를 배출 할 수 있는 동력분무기의 용량을 표시한 것이다.

17. 농업 기계화에 의한 토지 생산성 향상에 직접적으로 기여한 것은?

① 농업경영 개선
② 힘든 노동으로부터 탈피
③ 단위 노동력의 경영면적 확대
④ 효과적인 약제 살포에 의한 병충해 방제 효과

해설 농업 경영개선과 힘든 노동으로부터의 탈피, 경영면적 확대는 농업기계화의 목적이며 토지생산성 향상에 직접적인 영향은 ④가 해당된다.

18. 동력 경운기의 주 클러치 슬립(slip)이 있을 때의 원인이 아닌 것은?

① 윤활유의 침입   ② 구동판의 마멸
③ 스프링의 쇠약   ④ V 벨트의 파손

해설 V벨트의 파손은 슬립의 원인이 아니고 동력전달의 이상이 발생한다.

19. 이앙기의 주요부 중 논 표면을 수평으로 정지하고 이앙 깊이를 조절하는 장치는?

① 플로트   ② 모 탑재판
③ 식부장치   ④ 모 공급 장치

해설 이앙기의 주요 부위 : 모 탑재판, 플로트, 모 공급장치, 식부장치
- 모 탑재판은 식부장치가 모를 떼어 낼수 있도록 거치되어 있는 상태를 유지하게 해준다.
- 플로트는 논 표면을 수평으로 정지하고 이앙 깊이(식부깊이) 조절을 가능하게 한다.
- 식부장치는 모를 적절히 떼 내어 심는 기능을 한다.

20. 다음 중 동력 경운기에 로터리를 부착하여 작업하려고 한다. 알맞지 않은 것은?

① 감긴 흙과 풀은 기관을 정지한 후 제거한다.
② 후진을 할 때 경운날에 접촉되지 않도록 한다.
③ 회전이 빠르면 경운결이 거칠고 느리면 곱게 된다.
④ 알맞은 경심이 유지되도록 조절레버를 풀어 미륜의 높낮이를 조절한다.

해설 동력경운기에 로터리 날의 회전이 빠르면 경운피치가 작아져 경운결이 곱고, 느리면 거칠어진다.

ANSWER 13.③ 14.② 15.③ 16.③ 17.④ 18.④ 19.① 20.③

21. 구릉지에서의 목초 예취 작업에 가장 적당한 모워는?
① 커터바 모워
② 전단식 모워
③ 플레일 모워
④ 로터리 모워

해설 목초지중 평탄한 곳에서는 커터바 모워, 전단식 모워, 플레일 모워를 사용한다. 로터리 모워도 사용하지만 구릉지에 가장 적합한 것은 로터리 모워이다.

22. 배기량이 300cc, 연소실 용적이 60cc인 단기통 기관의 압축비는?
① 18:1
② 15:1
③ 6:1
④ 1.2:1

해설 압축비 $= \dfrac{\text{배기량} + \text{연소실 체적}}{\text{연소실 체적}} = \dfrac{300+60}{60} = 6$
∴ 압축비 $= 6:1$

23. 트랙터의 팬(fan) 벨트 장력이 약하면 어떤 현상이 생기는가?
① 크랭크축 풀리 변형
② 기관 과열
③ 기관 과냉
④ 발전기 베어링 마멸

해설 팬벨트는 라디에이터에 공기를 통과시켜 기관을 냉각시켜주는 기능하는데 장력이 약해지면 정상적인 냉각작용을 하지 못하므로 기관이 과열된다.

24. 동력경운기에 쟁기를 부착하여 작업할 때 타이어 공기압으로 가장 이상적인 값은?
① 0.1~0.4kgf/㎠
② 1.1~1.4kgf/㎠
③ 2.1~2.4kgf/㎠
④ 3.1~3.4kgf/㎠

해설 동력경운기의 정상공기압은 1.5kgf/㎠이나 쟁기작업 시에는 접지면적을 넓혀 마찰을 크게 하여 견인력을 증가시킬 수 있으므로 공기압을 조금 감소시킨다.

25. 공랭식 엔진의 냉각장치에 냉각핀이 설치된 이유로 옳은 것은?
① 엔진을 외부 충격으로부터 보호하기 위하여
② 엔진에 높은 온도를 유지시키기 위하여
③ 엔진의 강도를 높이기 위하여
④ 냉각 효과를 높이기 위하여

해설 냉각핀은 외부의 차가운 공기를 최대한 접촉을 시켜 냉각 효과를 높이기 위하여 설치되어 있다.

26. 자탈형 콤바인 작업 시 유의해야 할 사항으로 설명이 틀린 것은?
① 수확 작업 중에는 탈곡통이 항상 규정 회전수로 유지 할 수 있도록 조속 레버를 적절히 조작한다.
② 작업 중에는 경보 장치가 작동되면 즉시 동력을 끊고 기관을 정지 시킨 다음 필요한 조치를 한다.
③ 높은 곳에서 낮은 곳으로 내려 갈 때에는 절대로 후진으로 내려가면 안 되고 경사가 심한 곳에서는 받침대를 사용한다.
④ 기체 외부를 싸고 있는 안전 덮개를 떼어 내고 작업해서는 안 된다.

해설 높은 곳에서 낮은 곳으로 내려 갈 때에는 절대로 전진으로 내려가면 안 되고 경사가 심한 곳에서는 긴 사다리를 사용하는 것이 안전하다.

27. 살수관수의 특징으로 거리가 먼 것은?
① 짧은 시간에 많은 양의 물을 살수할 수 있다.
② 적은 양으로 균등하게 살수할 수 있다.
③ 비료, 농약 등을 섞어 살수할 수 있다.
④ 시설비가 비싸다.

해설 짧은 시간에 많은 양의 물을 살수 할 수 있는 농업기계는 양수기이다.

ANSWER 21.④ 22.③ 23.② 24.② 25.④ 26.③ 27.①

28. 농업기계의 성능을 유지하기 위하여 정비를 한다. 정비목적으로 알맞지 않은 것은?
① 사전 봉사
② 사고 방지
③ 성능 유지
④ 기계 수명 연장

해설 정비 목적은 사고방지 및 예방, 성능유지, 기계수명 연장, 적정시기 사용 등이 있다.

29. 보행형 관리기의 장기간 보관 방법으로 적절하지 못한 것은?
① 통풍이 잘되고 건조한 실내에 보관 한다.
② 흙과 먼지를 세척하고 건조하게 한다.
③ 가솔린 연료를 가득 채운다.
④ 피스톤은 압축상사점 위치에 둔다.

해설 가솔린 기관은 연료를 모두 빼놓고 보관하며, 디젤 기관은 연료를 가득 채워야 한다.

30. 모워(mower)의 예취날 구조에 따른 분류가 아닌 것은?
① 왕복형 모워
② 로터리 모워
③ 플레일 모워
④ 플라우 모워

31. 평행판 콘덴서에서 판의 면적이 일정하고 판 사이의 거리가 2배로 되면 콘덴서의 정전용량은 어떻게 되는가?
① 1/2로 된다.
② 1/4로 된다.
③ 2배로 된다.
④ 4배로 된다.

해설 $C(정전용량) = \dfrac{\epsilon A}{t}$
ϵ : 유전율
A : 면적
t : 판사이의 거리

32. 축전지의 점검 및 조치 사항 중 옳지 않은 것은?
① 축전지 케이스 커버의 산에 의한 부식물은 탄산나트륨으로 깨끗이 닦아 낸다.
② 축전지 케이블 단자의 접촉면에 대해 점검하고 솔로 깨끗이 닦아 낸다.
③ 전해액은 보통 극판 위 10~13mm 이하가 되면 전해액을 넣어서 보충한다.
④ 비중이 1.2 이하가 되면 즉시 충전하고 동시에 충전장치를 점검한다.

해설 전해액은 보통 극판 위 10~13mm 이하가 되면 증류수를 넣어 보충한다.

33. 시동 전동기의 구조를 설명한 것으로 틀린 것은?
① 전기자는 회전부분이다.
② 정류자는 배터리에서 오는 전류를 교류로 만든다.
③ 브러시는 정류자를 통하여 전기자 코일에 전류를 출입시킨다.
④ 고정자의 계자철심은 전류가 흐르면 전자석이 된다.

해설 정류자는 통전기능과 일정한 전류가 흐를 수 있도록 한다.

34. 6[Ω], 10[Ω], 15[Ω]의 저항이 병렬로 접속 되었을 때의 합성 저항은?
① 1/3[Ω]
② 3[Ω]
③ 16[Ω]
④ 31[Ω]

해설 $\dfrac{1}{R_t} = \dfrac{1}{R_1} + \dfrac{1}{R_2} + \cdots + \dfrac{1}{R_n}$

$\dfrac{1}{R_t} = \dfrac{1}{6} + \dfrac{1}{10} + \dfrac{1}{15} = \dfrac{5}{30} + \dfrac{3}{30} + \dfrac{2}{30} = \dfrac{10}{30} = \dfrac{1}{3}$

$R_t = 3\Omega$

ANSWER 28.① 29.③ 30.④ 31.① 32.③ 33.② 34.②

35. 온도가 내려가면 축전지에서 일어나는 현상이 아닌 것은?
① 전압이 낮아진다.
② 용량이 줄어든다.
③ 동결하기 쉽다
④ 전해액의 비중이 낮아진다.

해설 축전지의 온도가 내려가면 전해액의 비중이 낮아진다. 비중 = 1.28 + 0.0007 (측정온도−20)
※ 1.28의 비중은 20℃를 기준으로 한다.

36. 비오샤바르의 법칙은 어떤 관계를 나타낸 것인가?
① 전위와 전장의 세기
② 전류와 자장의 세기
③ 기전력과 자속의 밀도
④ 전류와 자속의 기전력

해설 비오샤바르의 법칙은 전류와 자기장 세기의 관계를 나타낸 법칙이다.

37. 전류의 열작용과 관계가 있는 것은 어느 것인가?
① 옴의 법칙
② 키르히호프의 법칙
③ 줄의 법칙
④ 플레밍의 법칙

해설 전류의 열작용 관계는 줄의 법칙이 적용된다.

38. 브러시의 접촉이 불량할 때 가장 소손되기 쉬운 것은?
① 계자코일
② 볼 베어링
③ 전기자
④ 정류자편

해설 브러시에서 공급받은 전류를 정류자편에 공급하는데 접촉이 불량하면 정류자편이 소손된다.

39. 납축전지에 대한 설명 중 맞는 것은?
① 전지의 양극은 (+), 음극은 (−)이다.
② 충·방전 전압의 차이가 적다.
③ 공칭단자 전압은 2.0이다.
④ Ah당 단가가 낮다.

40. 시동 전동기의 전원 전류는?
① 교류
② 맥류
③ 직류 및 교류 모두 사용한다.
④ 직류

해설 시동 전동기의 전원 전류는 직류이다.

41. 시동 전동기의 브러시 스프링의 장력 측정에 적당한 것은?
① 스프링 저울
② 필러게이지
③ 다이얼 인디케이터
④ 직정규

해설 스프링 저울로 스프링 장력을 측정한다.

42. 다음 중 광속에 대한 설명으로 틀린 것은?
① 에너지 방사 비율을 시간 단위로 측정한다.
② 단위는 루멘(lm)이다.
③ 광속의 시간 적분은 광도이다.
④ 기호는 F를 사용한다.

43. 다음 중 전하량의 단위는?
① [C]
② [A]
③ [W]
④ [V]

해설 C(전하량), A(전류), W(전력), V(전압)

ANSWER 35.④ 36.② 37.③ 38.④ 39.① 40.④ 41.① 42.③ 43.①

44. 충전경고 지시등에 점등이 되면 충전이 안 되고 있는 상태이다. 이때 점검할 사항이 아닌 것은?
① 레귤레이터의 고장 여부 점검
② 발전기 다이오드의 이상 여부 점검
③ 시동전동기의 정류자 점검
④ 경고램프의 접속 상태 및 관련 배선 접속 상태 점검

해설 충전경고 지시등과 시동전동기의 정류자와는 무관하다.

45. 그림과 같이 접속된 회로에서 저항 R의 값을 나타낸 식으로 옳은 것은?

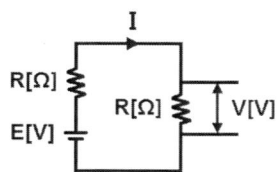

① $\dfrac{E}{E-V} r [\Omega]$ ② $\dfrac{V}{E-V} r [\Omega]$
③ $\dfrac{E-V}{V} r [\Omega]$ ④ $\dfrac{E-V}{E} r [\Omega]$

46. 동력 경운기의 운전 중 안전 사항으로 잘못된 것은?
① 오르막길에서는 차간거리를 여유 있게 둔다.
② 내리막길에서는 차간거리를 길게 잡는다.
③ 커브 길에서는 급제동을 하지 말아야 한다.
④ 내리막길에서는 반드시 조향클러치를 사용하여 조향한다.

해설 동력경운기로 내리막길에서는 조향클러치를 사용하여 조향하지 않도록 한다. 방향을 전환하고자 할 때에는 핸들을 잡고 힘으로 전환해야 안전하다.

47. 다음 중 장갑을 반드시 착용하고 작업을 하는 것은?
① 선반 작업   ② 해머 작업
③ 용접 작업   ④ 그라인더 작업

해설 용접 작업을 할 때에는 모재에 열이 많이 발생하므로 장갑을 반드시 착용해야 한다.

48. 다음 중 안전 교육 요령 중에서 잘못된 사항은?
① 상대방에게 일방적으로 지시한다.
② 상대방을 이해, 납득시킨다.
③ 태도에 대한 평가를 한다.
④ 스스로 모범을 보인다.

49. 다음 중 보호구를 착용하지 않고 작업을 할 수 있는 것은?
① 유해물을 취급하는 업무
② 유해 방사선을 쪼이는 업무
③ 보일러수위계를 점검하는 업무
④ 증기가 발산되는 장소에서 행하는 업무

해설 예제에서 보호구를 착용하지 않아도 되는 것은 보일러 수위계를 점검하는 업무이다.

50. 다음 설명 중 재해의 특징이 아닌 것은?
① 모든 재해는 사전에 방지할 수 있다.
② 모든 재해의 발생에는 원인이 존재한다.
③ 모든 재해는 대책 선정이 가능하다.
④ 모든 재해는 인적 물적 손상이 반드시 동시에 일어난다.

51. 바이스의 작업 방법으로 알맞지 않는 것은?
① 가드를 보호할 것
② 바이스를 앤빌로 사용할 것
③ 작업대가 흔들리지 않게 고정할 것
④ 작업 물체가 작업대에 닿지 않도록 사용할 것

해설 앤빌은 단조 기계에서 가열한 소재를 올려놓고 주강제 성형대이므로 바이스를 앤빌로 사용하면 안 된다.

52. 다음 중 점화원이 될 수 없는 것은?
① 정전기
② 기화열
③ 전기불꽃
④ 못을 박을 때 튀는 불꽃

해설 기화열은 액체가 기체화될 때 발생되는 열로 점화를 시킬 수 있는 정도까지 상승하지 않는다. 정전기, 전기불꽃, 못을 박을 때 튀는 불꽃은 직접적인 점화원에 해당된다.

ANSWER 44.③ 45.② 46.④ 47.③ 48.① 49.③ 50.④ 51.② 52.②

53. 다음 중 동력 경운기의 운전조작으로 알맞지 않는 것을 모두 고르시오.
① 작업기를 부착하고 경사지를 내려갈 때 전진 주행해야 한다.
② 주행 속도를 위반하지 않는다.
③ 도로 주행 시 도로의 우측 끝을 이용한다.
④ 운전 중 흡연 또는 음주는 하지 않는다.

해설 작업기를 부착하고 경사지를 내려갈 때는 되도록 후진으로 주행하는 것이 안전하다. 또한 도로 주행 시 도로의 ○측 끝을 이용하기보다 도로의 중앙을 이용하여 차량운전자가 서행 할 수 있도록 정확한 판단을 할 수 있게 해줘야 한다.

54. 동력 전달장치에서 재해가 가장 많은 것은?
① 차축   ② 아암
③ 벨트   ④ 커플링

해설 가장 많은 재해를 발생시키는 장치는 벨트이다.

55. 소화기 사용 시의 주의사항으로 틀린 것은?
① 골고루 소화해야 한다.
② 바람을 등지고 소화해야 한다.
③ 소화기는 큰 화재에만 사용한다.
④ 화점부위 가까이 접근한 후 사용한다.

56. 안전에 대한 관심과 이해가 인식되고 유지됨으로써 얻을 수 있는 이점이 아닌 것은?
① 기업의 신뢰도를 높여준다.
② 기업의 이직률이 감소된다.
③ 고유기술이 축적되어 품질이 향상된다.
④ 기업의 투자 경비를 확대해 나갈 수 있다.

57. 기계와 기계 사이 또는 기계와 다른 설비와의 사이에 설치하는 통로의 너비는 적어도 몇cm이상 이어야 하는가?
① 40cm   ② 60cm
③ 70cm   ④ 80cm

해설 기계와 기계 사이 또는 기계와 다른 설비와의 사이에 설치하는 통로의 너비는 80cm이상으로 해야 한다.

58. 감전 사고 발생 시 조치사항으로 적당하지 않은 것은?
① 귀밑에 소리를 내어 감전자의 의식 상태를 확인한다.
② 우선 손으로 감전자의 심장 박동을 확인한다.
③ 감전자를 위험 지역으로부터 이탈시킨다.
④ 전원을 차단한다.

해설 감전사고 발생 시 첫 번째는 전원을 차단하고 의식상태를 확인하고 위험지역으로부터 이탈시켜야 한다. 감전자를 손으로 만지는 것은 2차 감전이 발생할 수 있으므로 주의해야 한다.

59. 밀링 작업 방법으로 옳지 않은 것은?
① 밀링 작업 중에는 보호 안경을 착용해야 한다.
② 상하좌우 이송장치의 핸들을 사용 후 완전히 조여 준다.
③ 회전하는 커터에 손을 대지 않는다.
④ 절삭유 노즐이 커터에 부딪치지 않도록 한다.

60. 다음 중 안전 관리와 관계가 적은 것은?
① 공정관리
② 기계의 자동화
③ 시공관리
④ 보안관리

해설 안전관리를 위하여 공정, 시공관리를 하며, 위험성이 높은 작업은 기계를 자동화하는 것도 방법이다.

ANSWER 53.① 54.③ 55.③ 56.④ 57.④ 58.② 59.② 60.④

국가기술자격 복원기출문제

2018년도 복원기출문제 제3회

자격종목 및 등급(선택분야)	종목코드	시험시간	문제지형별	수검번호	성 명
농기계 운전기능사	6301	1시간			

1. 다음 중 커터 바 모워 라고도 하며 콤바인이나 바인더에 사용하는 것은?
① 로터리 모워
② 왕복 모워
③ 플레일 모워
④ 회전 모워

해설 커터 바 모워는 삼각형의 칼날이 아래위로 약간의 공간을 유지하면서 왕복하는 방식의 왕복 모워이다.

2. 관리기 조향 클러치의 적정 유격으로 가장 적합한 것은?
① 1~2mm
② 6~8mm
③ 12~14mm
④ 15~17mm

해설 관리기, 경운기의 조향클러치의 유격은 1~2mm로 한다.

3. 농용기관의 장기간 보관 시 조치사항 중 맞지 않는 것은?
① 흡·배기 밸브는 완전히 열린 상태로 보관한다.
② 기관, 트랜스미션 케이스의 윤활유를 점검 보충 한다.
③ 냉각수를 완전히 비워둔다.
④ 가솔린 기관의 연료를 완전히 비워둔다.

해설 흡·배기 밸브를 열린 상태에서 보관하게 되면 습한 공기의 유입 등에 의해 부식이 되거나 수분이 유입될 수 있으므로 흡·배기 밸브를 모두 닫힌 상태에서 보관해야한다.

4. 다목적 관리기에서 PTO축과 작업기 구동축을 연결시키는 것은?
① V벨트
② 커플링
③ 체인 케이스
④ 변속 기어

해설 다목적 관리기에서 PTO축과 작업기 구동을 연결시켜주는 장치는 체인 케이스이다.

5. 트랙터로 농작업 중 차동고정 장치(differential lock)를 사용해서는 안 될 때는?
① 쟁기작업 시 바퀴가 고랑에 미끄러졌을 때
② 선회하면서 로터리 작업할 때
③ 거친 포장이나 진흙 포장에서 주행이 곤란할 때
④ 미끄러운 포장에서 한쪽바퀴가 헛돌 때

해설 차동고정 장치는 견인력을 향상시키고 직진성을 좋게 하지만 선회할 때에는 회전반경이 커지므로 사용하지 않는다.

6. 횡류 연속식 건조기의 최대 소요 기간은?
① 2일
② 3일
③ 4일
④ 5일

7. 베일러에서 끌어올림 장치로 걸어 올려진 건초는 무엇에 의해 베일 체임버로 이송되는가?
① 픽업타인
② 오거
③ 트와인노터
④ 니들

ANSWER 1.② 2.① 3.① 4.③ 5.② 6.④ 7.②

8. 세단하고 불어 올리는 장치를 가진 본체가 있고, 앞부분의 어태치먼트를 교환함으로서 용도가 넓어질 수 있는 목초 수확 기계는 무엇인가?
   ① 플레일형 목초 수확기
   ② 헤이케리크 목초 수확기
   ③ 모워바형 목초 수확기
   ④ 헤이 베일러 목초 수확기

9. 콤바인에서 사용되는 오일로 점도가 가장 낮은 것은?
   ① 엔진오일
   ② 미션오일
   ③ 베어링오일
   ④ 그리스

   해설 오일의 점도 순서 : 엔진오일 < 미션오일 < 베어링오일 < 그리스

10. 농업 기계화의 장점이라고 할 수 없는 것은?
    ① 작업 능률의 향상
    ② 노동 생산성의 향상
    ③ 힘든 노동으로부터의 해방
    ④ 노임 및 투자비의 증가

11. 농업기계를 구입하고자 할 때에 우선 검토해야 할 사항이 아닌 것은?
    ① 지방의 기후
    ② 기체의 크기 결정
    ③ 취급성과 안락성
    ④ 애프터 서비스의 난이도

    해설 〈농업기계 구입 시 검토사항〉
    · 기계의 형식
    · 기계의 구입가격
    · 기계의 품질 : 작업기의 호환성, 편리성, 쾌적함, 안전
    · 기계의 운영비
    · 기계의 정비성 : A/S포함(애프터 서비스)

12. 트랙터 로터리 작업 중 후진 시 주의사항은?
    ① 고속에서 후진한다.
    ② 작업기를 그대로 땅에 놓은 상태에서 후진을 해야 안전하다.
    ③ 로터리의 동력을 끊은 상태에서 후진한다.
    ④ 후진 시에 뒷부분은 신경 쓰지 않아도 무방하다.

13. 콤바인 조향방식이 아닌 것은?
    ① 브레이크턴 방식   ② 전자 조향방식
    ③ 급선회 방식   ④ 완선회 방식

14. 기관 오일을 보충하거나 교환할 때의 주의사항 중 옳지 않은 것은?
    ① 기관에 알맞은 오일을 선택한다.
    ② 동일 등급의 오일을 사용한다.
    ③ 경비 절감을 위하여 재생오일을 사용한다.
    ④ 단번에 다량의 오일을 넣지 않고, 몇 번에 나누어 오일 량을 점검하면서 주입한다.

15. 겨울철에 경운기를 시동할 때는 시동 버튼을 누르고 시동해야 하는 이유는?
    ① 연료의 안개화를 위하여
    ② 연료에 공기량을 보충해주기 위하여
    ③ 연료공급량을 많게 하여 시동을 용이하게 하기 위하여
    ④ 흡입공기의 온도가 낮으므로 연료공급량을 줄여 시동을 용이하게 하기 위하여

16. 다음 중 바퀴형 트랙터의 견인 계수가 가장 큰 곳은?
    ① 목초지   ② 건조한 점토
    ③ 사질토양   ④ 건조한 가는 모래

    해설 동일한 트랙터일 경우 견인계수는 지면의 마찰계수와 연관이 있으며 마찰계수가 가장 큰 것은 건조한 점토이다.

ANSWER 8.③ 9.① 10.④ 11.① 12.③ 13.② 14.③ 15.③ 16.②

17. 물을 양수기로 양수하고 가압하여 송수하며, 자동적으로 분사관을 회전시켜 살수하는 것은?

① 버티컬 펌프
② 동력 살분무기
③ 스프링 쿨러
④ 스피드 스프레이어

18. 폭발행정 때 얻은 에너지를 저축하였다가 압축, 배기, 흡입 등의 행정 시에 공급하여 회전을 원활하게 하고 맥동을 감소시키는 역할을 하는 것은?

① 조속기(governor)
② 기화기(carburetter)
③ 플라이 휠(fly wheel)
④ 배기다기관(muffler)

> **해설** 조속기 : 엔진의 회전속도를 일정하게 유지시켜준다.
> 기화기 : 공기와 연료를 일정한 비율로 섞어 연소실로 이동시킨다.
> 배기다기관 : 배기가스를 용이하게 실린더별 배기관을 설치하여 이용하는 기관이다.

19. 이앙기에서 모가 심어지는 개수(묘취량)를 조절하는데 이용되는 부위는?

① 플로트 높이
② 주간 조절
③ 탑재판의 높낮이
④ 조향 클러치

> **해설** 식부암은 일정하게 회전하지만 탑재판의 높낮이를 조절함으로 묘의 양을 조절할 수 있다.

20. 예취기 작업 시 옳지 않은 방법은?

① 시작 전 각부의 볼트 너트의 풀림, 날 고정 볼트의 조임 상태를 확인한다.
② 장시간 작업 시 6시간마다 30분 정도 휴식한다.
③ 기관을 시동한 뒤 2~3분 공회전 후 작업을 한다.
④ 장기간 보관할 때 금속 날 등에 오일을 칠하여 보관한다.

> **해설** 예취기에서 발생되는 소음은 100데시벨 이상이므로 1일 2시간 이상 작업을 하게 되면 난청이 발생할 수 있으므로 주의해야한다.

21. 이앙기 작업에서 $3.3m^2$ 당 주 수를 80~85로 하려면 조간 거리가 30cm일 때 주간 거리는?

① 9cm
② 13cm
③ 17cm
④ 21cm

> **해설** 면적$(m^2) = 0.3m \times 11m = 3.3m^2$
> $11m$에 80~85주를 심기 위한
> 주간 거리 $= \dfrac{1100}{85} = 12.9 ≒ 13cm$

22. 동력 살분무기의 파이프 더스터(다공호스)를 이용하여 분제를 뿌리는데 기계와 멀리 떨어진 파이프 더스터의 끝으로 배출되는 분제의 양이 많다. 다음 중 고르게 배출하도록 하기위한 방법으로 가장 적당한 것은?

① 엔진의 속도를 빠르게 한다.
② 엔진의 속도를 낮춘다.
③ 밸브를 약간 닫아 배출되는 분제의 양을 줄인다.
④ 밸브를 약간 열어 배출되는 분제의 양을 늘린다.

23. 동력 경운기 작업기 연결에서 동력 취출축(PTO)에 연결하는 작업기는?

① 동력분무기
② 쟁기
③ 트레일러
④ 로터리

> **해설** 동력경운기 작업기 연결에서 동력 취출 장치인 PTO와 연결하는 작업기는 동력분무기와 로터리가 있다. 동력분무기는 PTO축에 풀리를 부착하여 사용하지만 로터리는 PTO축과 바로 연결하여 사용하는 작업기이다.

ANSWER 17.③ 18.③ 19.③ 20.② 21.② 22.② 23.④

24. 동력 경운기 데켈형 분사 펌프에서만 볼 수 있는 부품은?
① 스모크셋 장치
② 레귤레이터 스핀들
③ 초크 밸브
④ 래크

25. 배부형(배부식) 예초기에 사용하는 클러치 형식은?
① 벨트식 클러치
② 마찰식 클러치
③ 원심식 클러치
④ 밴드식 클러치

26. 동력 경운기의 작업기가 아닌 것은?
① 로더
② 배토기
③ 로터리
④ 트레일러

27. 다음은 동력 분무기가 압력이 오르지 않는 원인이다. 옳지 않은 것은?
① 압력계 입구가 막힘
② 플런저의 파손
③ 공기실에 공기가 있음
④ 레귤레이터의 작동 불량

28. 동력 분무기 운전 중 주의사항이다. 맞지 않는 것은?
① 압력조절 레버를 위로 올려 무압 상태에서 엔진을 시동한다.
② 운전초기에 이상 음이 들리면 즉시 엔진을 멈추고 점검한다.
③ 압력조절 레버를 내리고 소요압력을 적당히 조절하여 사용한다.
④ 분무작업을 시작했을 때 압력이 내려가면 이상이 있으므로 엔진을 멈추고 점검한다.

29. 다음은 경운작업 시 고랑이 고르지 않게 되는 원인이다. 틀리는 것은?
① 디스크 콜터의 조정이 불량하다.
② 플라우의 조우 수평이 불량하다.
③ 트랙터의 바퀴 중심이 안 맞는다.
④ 보습의 마멸이 균일하다.

30. 가솔린 기관에서 압축된 혼합기는 무엇에 의해 점화되는가?
① 분사노즐　　② 압축가스
③ 점화플러그　④ 분사펌프

31. 농업기계용 전조등 전기회로의 주요 구성품이 아닌 것은?
① 퓨즈
② 전조등 스위치
③ 디머 스위치
④ 콤비네이션 스위치

32. 어떤 전선의 길이를 A배, 단면적을 B배로 하면 전기저항은?
① $(\frac{B}{A})$배로 된다.
② $(A \times B)$배로 된다.
③ $(\frac{A}{B})$배로 된다.
④ $(\frac{A \times B}{2})$배로 된다.

해설 전기저항은 길이에 비례하고 단면적에 반비례하므로 (A/B)로 표현할 수 있다.

33. 1[A]의 전류를 흐르게 하는데 2[V]의 전압이 필요하다. 이 도체의 저항은?
① 1[Ω]　　② 2[Ω]
③ 3[Ω]　　④ 4[Ω]

해설 $I = \frac{E}{R} \Rightarrow \frac{2}{x} = 1$
$x = 2$

ANSWER 24.② 25.③ 26.① 27.③ 28.④ 29.④ 30.③ 31.④ 32.③ 33.②

34. 축전기의 큰 전류 방전을 막기 위하여 시동 전동기는 몇 초 이상 연속하여 사용하지 않아야 하는가?

① 10~20초 ② 30~40초
③ 40~50초 ④ 50~60초

해설 시동 전동기를 사용할 때 가장 큰 전류 방전이 일어나기 때문에 이를 막기 위해 키 스위치를 이용해 시동전동기는 10~15초 내외로 동작시켜야 한다.

35. 60[Hz]용 3상 유도 전동기의 극수가 4극이다. 이 전동기의 동기속도는?

① 900[rpm]
② 1200[rpm]
③ 1800[rpm]
④ 3600[rpm]

해설 동기속도 $= \dfrac{120 \times 주파수(Hz)}{극수} = \dfrac{120 \times 60}{4} = 1,800 rpm$

36. 축전지의 용량이 240[Ah]라면, 이 축전지에 부하를 연결하여 12[A]의 전류를 흘리면 몇 시간 동안 사용이 가능한가?

① 10시간 ② 20시간
③ 30시간 ④ 40시간

해설 축전지용량 = 사용전류 × 시간

시간 $= \dfrac{축전지용량}{사용전류} = \dfrac{240}{12} = 20시간$

37. 전자유도작용에 의하여 그 자속의 변화를 방해하는 방향으로 자신의 회로에 기전력이 유기되어 전류의 방향을 방해 하려고 하는 현상은?

① 자기유도작용
② 상호유도작용
③ 정전작용
④ 자기작용

해설 자기유도작용 : 코일에 흐르는 전류를 변화시키면 코일에 그 변화를 방해하는 방향으로 기전력이 발생하는 작용
상호유도작용 : 코일의 전류 흐름 변화에 따라 반대 코일에 기전력을 발생하는 현상

38. 2[V]의 기전력으로 20[J]의 일을 할 때 이동한 전기량은?

① 0.1[C]
② 10[C]
③ 20[C]
④ 2400[C]

해설 일$(J) = 전압(V) \times 전기량(C)$
$= 2 \times x = 20$
$x = 10C$

39. 단속기 내 축전기(콘덴서)의 역할과 관계없는 것은?

① 1차 전류의 차단시간을 단축하여 2차 전압을 높인다.
② 점화 2차 코일에 발생하는 유도전류를 흡수한다.
③ 접점 사이에 발생되는 불꽃을 흡수하여 접점의 소손을 막는다.
④ 축전 전하를 방출하여 1차 전류의 회복이 속히 이루어지도록 한다.

40. R_1, R_2의 저항을 병렬로 접속할 때 합성저항은?

① R_1+R_2 ② $\dfrac{R_1+R_2}{R_1 \cdot R_2}$
③ $\dfrac{R_1 \cdot R_2}{R_1+R_2}$ ④ $\dfrac{1}{R_1+R_2}$

해설 $\dfrac{1}{R_t} = \dfrac{1}{R_1} + \dfrac{1}{R_2} = \dfrac{R_1+R_2}{R_1 \times R_2}$ $R_t = \dfrac{R_1 \times R_2}{R_1+R_2}$

41. 다음 중 발전기와 가장 관계가 깊은 법칙은?

① 플레밍의 왼손 법칙
② 플레밍의 오른손 법칙
③ 옴의 법칙
④ 오른손 엄지손가락의 법칙

해설 발전기는 플레밍의 오른손 법칙
기동기는 플레밍의 왼손 법칙

ANSWER 34.① 35.③ 36.② 37.① 38.② 39.② 40.③ 41.②

42. 단기통 실린더의 전기불꽃 발생 점화장치로 이용되는 것은?
① 마그네트 발전기
② 축전기
③ 동기 발전기
④ 전동 발전기

43. 다음 중 방전된 축전기에 충전이 잘 되지 않는 원인으로 적합하지 않은 것은?
① 전압조정기의 조정설정이 높다.
② 조정기 접점이 오손되었다.
③ 배선 또는 연결이 불량하다.
④ 발전기가 불량하다.
해설 전압 조정기의 조정설정이 높을 경우 충전이 가능하다.

44. 다음 중 디지털 회로 시험기의 설명으로 틀린 것은?
① 비교기, 발진기, 증폭기 등으로 구성된다.
② 개인 측정 오차가 없다.
③ 아날로그, 디지털 겸용도 있다.
④ 측정값은 지침의 지시 값이다.
해설 아날로그의 측정값은 지침의 지시 값이다.

45. 단상 유도 전동기 중 고정자에 주권선외에 보조권선(기동 권선)을 두어 회전자장을 만들어 기동하고, 가속되면 주 권선만으로 운전하는 전동기는?
① 콘덴서 기동형
② 흡인 기동형
③ 반발 기동형
④ 분상 기동형

46. 산업안전관리의 의의에 해당되지 않는 것은?
① 인적 물적인 재해예방
② 근로자의 생명과 신체보전
③ 근로자의 생활 유지발전
④ 공공사회 질서 유지

47. 작업장에서의 안전보호구 착용상태를 설명한 것이다. 옳은 것은?
① 안전화 대신 슬리퍼를 착용해도 된다.
② 귀마개 대신 이어폰을 사용한다.
③ 날씨가 더우면 분진이 많아도 분진 마스크를 하지 않아도 된다.
④ 낙하 위험 작업장에서 안전모를 착용한다.

48. 간접 접촉에 의한 감전 방지 방법이 아닌 것은?
① 보호절연
② 보호접지
③ 설치장소의 제한
④ 사고회로의 신속한 차단

49. 다음 중 작업 환경의 구성 요소가 아닌 것은?
① 조명
② 소음
③ 연락
④ 채광

50. 보링의 종류에 해당되지 않는 것은?
① 수세식 보링
② 타격식 보링
③ 충격식 보링
④ 회전식 보링

51. 해머 작업 시 안전수칙에 위반되는 것은?
① 녹슨 것을 때릴 때는 반드시 보안경을 착용할 것
② 손잡이는 쐐기를 박아서 튼튼하게 공정한 것을 사용할 것
③ 마지막 작업 시 힘을 강하게 할 것
④ 작업 시는 장갑을 끼지 말 것

ANSWER 42.① 43.① 44.④ 45.④ 46.④ 47.④ 48.③ 49.③ 50.② 51.③

52. 지게차의 안전 운행 조건으로 잘못된 것은?
① 포크 위에 사람을 태워 약간의 전·후진은 안전하다.
② 운전원 외의 어떠한 자도 절대 승차시키지 않는다.
③ 경사진 위험한 곳에 장비주차를 하면 안 된다.
④ 주행 시 포크는 반드시 내리고 운전한다.

53. 프레스(Press)작업 중 안전에 가장 중요한 점검은?
① 펀치의 점검
② 다이의 점검
③ 동력의 점검
④ 클러치의 점검

54. 동력 경운기로 운반 작업 시 안전 운행사항으로 틀린 것은?
① 주행속도는 15km/h 이하로 운행 할 것
② 적재중량은 500kg 이하로 할 것
③ 급경사지에서 조향 클러치를 조향 반대방향으로 잡을 것
④ 경사지를 이동할 때는 도중에 변속조작을 하지 말 것

해설 급경사지에서 조향클러치를 사용을 최대한 지양하고, 되도록 핸들을 힘으로 사용해야한다.

55. 수공구 취급에 대한 안전수칙 중 잘못 된 것은?
① 줄 작업 시 절삭 칩은 입으로 불지 않는다.
② 해머 자루에는 쐐기를 박아 사용한다.
③ 정 작업 시 정의 머리 부분에 기름이 묻지 않도록 한다.
④ 작업 중 바이스를 조여 줄 필요는 없다.

해설 작업 중 바이스는 작업물이 움직이지 않도록 조인 후 사용해야한다.

56. 연소용기의 가스누설 검사에 가장 적합한 것은?
① 순수한 물
② 성냥불
③ 아세톤
④ 비눗물

57. 동력 경운기 관련 재해를 예방하기 위한 주의사항으로 올바른 것은?
① 정비를 위해 커버를 분리할 때 엔진 정지 후 안전하게 분리한다.
② 엔진이 뜨거운 동안에 급유 및 주유를 실시하여 시간의 낭비를 막는다.
③ 작업자가 많고 이동거리가 멀 경우 경운기 트레일러에 사람을 태워 이동한다.
④ 타이어는 취급설명서에 기재된 공기압 이상으로 주입하여 과적에도 문제가 없도록 한다.

58. 재해 빈발 발생자에 대한 대책 중 가장 적당한 것은?
① 업무를 바꾸어 준다.
② 강경한 행정 조치를 취한다.
③ 휴가를 주어 심신의 피로를 풀어 준다.
④ 권고 사직시킨다.

59. 안전 사고의 개념에 해당되지 않는 사고는?
① 교통사고
② 화재하고
③ 작업 중 기계에 의한 사고
④ 폭풍우에 의한 가옥 도괴사고

60. 독성 농약이 피부에 묻었을 때 응급처리 방법으로 올바른 것은?
① 물을 많이 마시게 한다.
② 비눗물로 깨끗이 씻는다.
③ 그냥 눈을 감고 있는다.
④ 인공호흡을 한다.

ANSWER 52.① 53.④ 54.③ 55.④ 56.④ 57.① 58.① 59.④ 60.②

강 진 석 (kangjs36@korea.kr)
한경대학교 농업기계학과 졸업, 석사, 박사과정 재학
농업기계기사, 안전교육 강사자격 보유
농촌진흥청, 한국농수산대학, 농협대학 등 강의
경기도농업기술원 농업기계분야 교관, 용인시농업기술센터 농업기계 교관

농기계 운전기능사 필기

초 판 발 행 | 2019년 01월 28일
제2판2쇄발행 | 2025년 06월 02일

지 은 이 | 강진석
발 행 인 | 김길현
발 행 처 | ㈜골든벨
등   록 | 제 1987-000018 호   ⓒ 2019 Golden Bell
I S B N | 979-11-5806-361-0
가   격 | 20,000원

ⓤ04316 서울특별시 용산구 원효로 245(원효로1가) 골든벨빌딩 6F
• TEL : 도서 주문 및 발송 02-713-4135 / 회계 경리 02-713-4137
       편집 · 디자인 02-713-7452 / 해외 오퍼 및 광고 02-713-7453
• FAX : 02-718-5510   • http : / / www.gbbook.co.kr   • E-mail : 7134135@naver.com

이 책에서 내용의 일부 또는 도해를 다음과 같은 행위자들이 사전 승인없이 인용할 경우에는
저작권법 제93조 「손해배상청구권」에 적용 받습니다.
① 단순히 공부할 목적으로 부분 또는 전체를 복제하여 사용하는 학생 또는 복사업자
② 공공기관 및 사설교육기관(학원, 인정직업학교), 단체 등에서 영리를 목적으로 복제·배포하는 대표, 또는 당해 교육자
③ 디스크 복사 및 기타 정보 재생 시스템을 이용하여 사용하는 자

※ 파본은 구입하신 서점에서 교환해 드립니다.